COURS

DE

MACHINES A VAPEUR.

Cours de navigation et d'hydrographie, par M. *Dubois*, ancien officier de marine, professeur à l'école navale. 1 fort vol. grand in-8, renfermant plus de 200 grandes figures intercalées dans le texte et 10 planches gravées.   15 fr.

De la boussole. Des connaissances des temps. Du cercle à réflexion. Du sextant et de l'octant. Des erreurs d'observations. Des chronomètres. Les règles. Détermination de l'heure vraie ou moyenne d'un lieu à l'aide d'une hauteur de soleil ou d'un autre astre. Détermination de la latitude et de la longitude. Déterminer la variation du compas. Des courants. Des cartes marines.

Géodésie. Détermination des positions géographiques des sommets principaux du canevas géodésique. Du nivellement géodésique. Lever d'une carte marine et d'un plan hydrographique. Détails topographiques.

Cours d'astronomie, géométrie céleste, mécanique céleste et notions sur les marées, à l'usage des officiers de marine, par M. *Dubois*, ancien officier de marine, professeur à l'école navale. 1 vol. grand in-8, avec de nombreuses figures intercalées dans le texte et 4 grandes planches gravées.   10 fr.

Définitions astronomiques. Mouvement général de la sphère céleste. Coordonnées servant à déterminer la position d'un astre dans la voûte céleste. Instruments propres à mesurer le temps, les instants et les angles. Etude des étoiles. Etude du soleil. Etude de la lune. Différents modes d'observation. Eclipses. Calculs des éclipses. Etudes des planètes et des satellites. Notions sur les comètes. Eléments de mécanique céleste. Détermination des rapports des masses planétaires à la masse du soleil. Aberration de la lumière. Notions sur les marées.

Cours élémentaire d'analyse, à l'usage de la marine, contenant un très-grand nombre d'applications; par M. *Meunier Joannel*, professeur à l'école navale. 1 vol. grand in-8, avec de nombreuses figures dans le texte.   10 fr.

Tableau des formules de trigonométrie. Complément de géométrie et d'algèbre. Notions de géométrie analytique. Eléments de calcul différentiel et intégral. Equations diverses et applications. Géométrie à trois dimensions.

Ouvrage approuvé par S. Exc. M. le ministre de la marine.

Instruction sur les bois de marine et leur application aux constructions navales, suivie du **Tarif officiel pour la recette et le classement des bois de construction**, par M. *de Lapparent*, ingénieur de la marine. 1 volume in-4° avec figures sur bois, accompagné

1° D'un Tarif donnant l'équarrissage au milieu et le cube, *au cinquième déduit*, des arbres dont la hauteur et le tour, au pied et sur écorce, sont connus;

2° De 42 planches gravées représentant : le *dendromètre* (instrument pour mesurer la hauteur des arbres sur pied); des *coupes* de navire, où l'on voit la fonction, dans la charpente d'un vaisseau, de chacune des pièces qui figurent au tarif officiel; enfin de *découpes* d'arbres indiquant le meilleur parti à tirer des arbres, d'après leurs formes et leurs dimensions, avec l'extrait du tarif officiel;

3° De 16 planches lithographiées *en couleur*, montrant les qualités et les vices principaux des bois de chêne.   20 fr.

Ouvrage publié d'après les ordres de S. Exc. M. le ministre de la marine.

Tarifs et tableaux divers pour le cubage et le classement des bois de marine, par M. *de Lapparent*, ingénieur de la marine. 1 vol. in-12.   3 fr.

Tarif de recette et de classement des bois de chêne.

Tableau des équarrissages théoriques, correspondant aux divers diamètres sur franc-bois.

Tableau pour servir au classement approximatif des arbres sur pied jugés propres au service de la marine.

Tableaux régulateurs des équarrissages bruts à donner aux arbres en grume.

Tarif pour le cubage estimatif, au 1/5 déduit, des arbres sur pied.

Tarif pour le cubage, au 1/5 déduit, des bois en grume ou équarris.

Tarif de cubage pour les bois équarris, comprenant toutes les longueurs de 20 en 20 cent. et tous les équarrissages de 2 en 2 cent.

Chaque tarif est précédé d'une explication détaillée.

Ouvrage approuvé par S. Exc. le Ministre de la marine.

Construction des bâtiments de mer; tracé, calculs de déplacement et stabilité hydrostatique, par M. *Viet*, dessinateur au ministère de la marine. In-8 grand raisin accompagné de 29 planches gravées.   15 fr.

COURS

DE

MACHINES A VAPEUR

FAIT A BREST

AUX MÉCANICIENS DE LA MARINE IMPÉRIALE;

PAR

M. L. DU TEMPLE,

LIEUTENANT DE VAISSEAU, CHEVALIER DE LA LÉGION D'HONNEUR,
COMMANDANT LA DEUXIÈME COMPAGNIE DES MÉCANICIENS DE LA MARINE IMPÉRIALE.

Ouvrage approuvé par S. E. M. le Ministre de la Marine.

TOME PREMIER.

ARITHMÉTIQUE. — GÉOMÉTRIE.
MÉCANIQUE.—PHYSIQUE.

RÉDIGÉ D'APRÈS LE PROGRAMME OFFICIEL.

Accompagné d'un atlas de 13 planches gravées.

PARIS

ARTHUS BERTRAND, ÉDITEUR,

LIBRAIRIE MARITIME ET SCIENTIFIQUE

RUE HAUTEFEUILLE, 21.

—

1860

A

S. Exc. M. l'amiral Hamelin,

MINISTRE DE LA MARINE.

———

HOMMAGE DU PLUS PROFOND RESPECT.

PRÉFACE DE L'AUTEUR.

L'ouvrage que je livre au public n'est, comme l'indique son titre, que le résumé d'un cours de machines, créé et fait par moi au port de Brest. D'abord je ne m'occupai que des hommes de la 2ᵉ compagnie des mécaniciens de la marine impériale, que je commande.

Le cours, peu de temps après sa création, fut réglementé par un ordre de M. le vice-amiral, préfet maritime, et sanctionné par M. l'amiral, ministre de la marine; il avait lieu trois fois par semaine, dans l'après-midi, à la caserne des marins. L'heure, surtout, ne permettait pas aux mécaniciens embarqués sur les navires dans le port, en réserve ou autres, d'assister aux leçons que je donnais; ce ne fut qu'à l'arrivée à Brest de M. le contre-amiral Pâris, comme major-général, qu'il fut question des cours du soir. M. l'amiral, ministre de la marine, sur la demande de M. le vice-amiral préfet maritime, ordonna d'éclairer au gaz les salles de l'école d'hydrographie; des instruments de physique me furent accordés, et les cours du soir devinrent réglementaires au port de Brest.

Tous les mécaniciens à la division et tous ceux embarqués sur les navires dans le port sont tenus d'y assister; les maîtres des navires en réserve sont moniteurs et répétiteurs.

J'ai déjà fait trois fois le cours complet aux mécaniciens, et une quatrième fois dans des conférences pour MM. les officiers de marine; en relation continuelle avec les premiers maîtres qui sont sous mes ordres, j'ai pu recevoir des renseignements précieux; enfin les résultats que j'ai déjà obtenus, résultats constatés et signalés par la commission des examens, qui a passé au mois d'octobre dernier, me font penser que le livre que je publie aujourd'hui est utile, et qu'il aidera beaucoup ceux qui désirent connaître les machines à vapeur.

J'ai laissé de côté la démonstration mathématique pour prendre celle du raisonnement, parce que, dans mon opinion, des connaissances mathématiques, aussi limitées que celles que peut généralement posséder un ouvrier devenu premier maître mécanicien, sont plus dangereuses qu'utiles ; ou il faut exiger le calcul différentiel et intégral, ou s'en tenir à l'arithmétique ; puis enfin, si l'on fait des mathématiciens, on n'aura plus d'ouvriers ; nous avons besoin de conducteurs de machines et non de constructeurs.

Pour la suite et la méthode indispensables dans un cours comme celui que je fais et qui était tout à créer, j'ai dû intervertir l'ordre des questions du programme officiel, mais il sera facile au lecteur de les retrouver, en observant que, dans la table des matières, un astérisque (*) précède toutes les questions qui peuvent être faites aux chauffeurs pour l'examen de quartier-maître ; les questions pour devenir second-maître sont précédées de deux astérisques (**), et celles pour devenir premier maître, de trois (***).

Toutes celles qui ne sont marquées d'aucun signe ne sont pas exigées, mais elles m'ont semblé indispensables pour l'intelligence des machines, et, si elles ne sont pas encore dans le programme, elles y seront bientôt.

Je ne pouvais accomplir la tâche que je m'étais imposée que puissamment soutenu et aidé ; aussi je me fais un devoir et un plaisir de témoigner publiquement toute ma reconnaissance à tous les chefs de service du port de Brest et particulièrement à

> MM. PELION, vice-amiral, préfet maritime ;
> PARIS, contre-amiral, major général ;
> BORIUS, capitaine de vaisseau, commandant la division ;
> GERVAIZE, ingénieur chargé des ateliers de machines ;
> VINCENT, pharmacien en chef de la marine.

L. DU TEMPLE.

DISCOURS D'OUVERTURE

DES COURS DU SOIR (*).

———

L'importance, de plus en plus grande, que prennent, chaque jour, les machines dans l'industrie nationale rend indispensable le cours que je vais commencer ; il faut, de toute nécessité, si la France veut suivre les autres nations industrielles de l'Europe, que la connaissance des machines à vapeur soit vulgarisée parmi les ouvriers français. Autrefois on demandait à ces derniers plus de force que d'intelligence, aujourd'hui les conditions sont changées ; chaque jour, le génie humain crée de nouveaux outils qui remplacent l'homme dans les travaux les plus fatigants, et cela avec économie de temps et d'argent.

L'ouvrier, bientôt, ne devra plus que conduire ces machines ; par suite, il lui faut plus d'intelligence que par le passé.

L'instruction, de tout temps utile, lui est indispensable aujourd'hui, s'il ne veut pas se trouver sans travail au milieu d'une société que l'activité dévore. Mais beaucoup, malgré leur bonne volonté, malgré le désir qu'ils ont de s'instruire, ne peuvent retirer sur leur salaire de chaque jour le prix des leçons qu'ils de-

---

(*) Pendant huit mois, le cours de M. L. du Temple a été fait à la division, et seulement pour les mécaniciens de la marine impériale ; mais, depuis le mois de novembre 1859, le cours se fait, tous les soirs, dans la salle de l'école d'hydrographie, et les ouvriers du port, les aspirants au long cours et ceux au cabotage y sont admis.

vraient prendre ; les cours du soir vont donc leur donner la possibilité d'acquérir les connaissances théoriques, indispensables à l'ouvrier qui veut devenir un jour mécanicien.

Mes leçons s'adresseront plus particulièrement à ceux qui doivent conduire les machines à vapeur employées pour la navigation ; mais, comme toutes celles de terre et celles de mer reposent sur les mêmes principes, ce que je dirai pour les unes s'appliquera également aux autres. Elles ne diffèrent, du reste, que par l'arrangement des organes et par les soins plus ou moins grands qu'il faut apporter dans leur conduite. Ainsi nos machines sont généralement plus puissantes, plus ramassées, plus solidement construites que celles de l'industrie ; l'emploi de l'eau de mer, les circonstances de la navigation, le peu d'espace dont on dispose, les complications du mécanisme rendent la conduite de nos appareils plus difficile, réclament plus d'expérience de la part des mécaniciens qui les dirigent.

Contre des accidents dont les conséquences sont toujours terribles pour ceux qui montent un navire à vapeur, la société n'a d'autres garanties que l'instruction et l'expérience des mécaniciens.

Certes, quand vous aurez suivi mes cours avec toute l'assiduité possible, avec toute l'ardeur que vous donne le désir de vous créer une position meilleure, vous ne serez pas des mécaniciens dans l'acception du sens que je donne à ce mot ; il vous restera à acquérir l'expérience que la pratique des machines et l'observation peuvent seules donner ; mais vous serez beaucoup plus à même de comprendre ce que vos yeux verront, de trouver le pourquoi de toutes ces mille obligations qui vous seront imposées, tant pour la sûreté de l'appareil que vous devez diriger que pour sa durée et sa dépense.

Tout d'abord, je partage les mécaniciens en deux grandes catégories, les constructeurs et les conducteurs. Les connaissances nécessaires aux uns et aux autres sont bien différentes. Pour les premiers, des études théoriques sont indispensables, les mathématiques doivent les guider le plus souvent ; l'expérience joue bien encore un grand rôle, mais la théorie l'emporte sur elle. Pour les seconds, le contraire a lieu, la pratique a la plus grande part dans leur instruction ; la théorie n'est pas inutile, tant s'en faut, mais elle n'a pas besoin d'être poussée aussi loin.

Pour aider ou combattre les phénomènes qui se présentent dans les machines à vapeur, ils doivent connaître les causes qui les produisent ; il faut qu'ils sachent les fonctions spéciales, le mode d'action, la nécessité d'être de tous les organes particuliers qui composent l'ensemble d'une machine ; la connaissance des relations que tous ces organes ont entre eux lui est aussi nécessaire pour pouvoir changer, modifier ces relations, ou seulement rétablir celles qui existaient. Enfin, pour entretenir et réparer l'appareil qui lui est confié, le conducteur doit avoir, sur la construction des différentes pièces qui le composent, des idées nettes et précises.

Telle est la part, assez large déjà, que je fais à la partie théorique des connaissances nécessaires aux conducteurs de machines à vapeur.

L'instruction de ces derniers est forcément du ressort de l'officier de marine appelé à utiliser les machines, comme celle de tous les hommes employés sur les navires qu'il commande. Quant aux constructeurs de ces machines, leur instruction est du domaine spécial de l'ingénieur.

Mais, pour apprendre, pour développer en soi l'intelligence que Dieu a départie dans sa justice à chaque homme, il faut vouloir d'abord et persister ensuite. Beaucoup parmi vous ont dépassé l'âge heureux où tout se grave dans l'esprit en lettres ineffaçables : pour ceux-là le travail sera peut-être plus difficile, mais qu'ils ne se découragent pas ; la volonté de l'homme, pour faire une chose bonne en soi, surmonte tous les obstacles. Si vous en voyez qui ne réussissent pas, c'est qu'ils ne veulent pas réussir.

Du reste, quand j'expliquerai les lois physiques et mécaniques sur lesquelles reposent les machines, je parlerai à vos sens en même temps qu'à votre intelligence, en faisant sous vos yeux les

expériences qui démontrent ces lois. Quant au mécanisme intérieur des machines, aux relations nécessaires qui existent entre
leurs différents organes, des modèles particuliers, faits pour la
démonstration, vous permettront de saisir plus facilement ce que
j'ai à vous dire sur toutes ces matières, que les figures au tableau
ne font pas toujours bien comprendre.

Je vous interrogerai souvent, pour vous habituer à exprimer
vos idées avec clarté ; enfin aucune peine, aucun travail ne me
coûtera pour vous instruire.

L'instruction relève l'homme à ses propres yeux, et fait germer
en lui les nobles facultés qui le distinguent des autres animaux.
En outre, voyant chaque jour davantage la grandeur immense
de la création, la bonté infinie du Créateur, qui voulut bien
faire notre part si large, on comprend mieux ses devoirs comme
membre de la grande famille humaine, comme citoyen et comme
homme ; on est plus sévère pour soi et plus indulgent pour les
autres. Les plaisirs des sens, auxquels on a tout d'abord attaché
tant de prix, font place à des jouissances immenses, que l'homme
trouve dans le développement de son intelligence ; plus il apprend, plus il veut apprendre, plus il sait, plus il veut savoir ;
et toujours l'horizon s'élargit à mesure qu'il monte, des perspec-
tives plus grandioses se découvrent, inondées de clartés nouvelles.

Déjà l'homme a franchi bien des pas :

Les éléments lui sont soumis ; à sa voix puissante la nature
change d'aspect ; les forêts font place aux prairies, les prairies
aux forêts ; les fleuves voient leur cours déplacé ; les mers sont
forcées de reculer ; les montagnes s'aplanissent, les vallées se
comblent, les marais se dessèchent.

Partout où il passe, il laisse les traces de sa souveraineté in-
contestable, soit en bien, soit en mal.

Il plia d'abord sous sa puissance les animaux qui pouvaient
exécuter sa volonté, mais bientôt les métaux et les végétaux furent domptés à leur tour ; martelés, coulés ou taillés sous son pouvoir créateur, ils devinrent des êtres animés, ne vivant que par

lui, il est vrai, mais exécutant, avec une précision et une obéissance étranges, la pensée qui avait présidé à leur création.

Le lion, l'animal le plus terrible de la création, tombe foudroyé par lui ; l'aigle, qui fend les airs, est atteint ; le poisson, qui habite le fond des mers, est retiré de l'abîme.

Il passe à travers les montagnes, enjambe les vallées, court sur les surfaces des eaux, descend dans leurs profondeurs, et bientôt il fendra l'air. Sa pensée peut se transmettre instantanément à tous les points du globe ; sa vue, agrandie, entrevoit les secrets des mondes qui peuplent l'immensité.

Chaque jour, chaque heure est marquée par une découverte nouvelle, qui rapproche la créature de la création, et qui grandit sans cesse l'homme.

Chacun de nous doit concourir au travail commun, on manque à son devoir en n'apportant pas son grain de sable ou sa goutte d'eau.

Mais revenons au cours de machines que je fais depuis hui mois, et que je vais recommencer.

Je ne procéderai jamais que du connu à l'inconnu, et je m'efforcerai de vous donner exactement la valeur, le sens précis des mots nouveaux que je serai forcé d'employer. Avant d'entrer dans les détails particuliers, je vous ferai voir l'ensemble, de manière à vous donner des idées générales du tout.

Mon cours, basé sur les questions du programme officiel pour les examens des mécaniciens de la marine impériale, est divisé ainsi qu'il suit :

PREMIÈRE PARTIE.

1º Arithmétique complète ;

Le programme s'arrête aux progressions, mais la règle de trois, celle des mélanges et l'usage des logarithmes sont d'un emploi si fréquent en machines, que j'ai complété l'arithmétique;

2º Géométrie des mécaniciens, contenant les réponses à toutes les questions du programme, plus les éléments de la géométrie descriptive, l'application de la géométrie au dessin linéaire et les conventions adoptées pour le tracé et le lavé des plans de machines ;

3° La mécanique des mécaniciens, contenant la réponse à toutes les questions du programme, plus la composition et la décomposition des forces ; la transformation des mouvements, les modificateurs, les modérateurs, les régulateurs du mouvement ; le tracé des engrenages ;

4° La physique des mécaniciens, contenant la réponse à toutes les questions du programme ; plus, des notions générales sur la nature des corps.

Dans le premier cours que je fis, je ne sortis pas du programme, mais je remarquai que certaines questions ne pouvaient pas être comprises ; c'est ainsi que je fus amené à ajouter quelques éléments nouveaux, qui facilitent beaucoup l'intelligence des machines.

J'ai dû aussi intervertir l'ordre des questions pour mettre de la suite et de la méthode dans mon enseignement.

DEUXIÈME PARTIE.

1° Exposition générale des machines à vapeur ; ce chapitre, tout à fait en dehors du programme, fait voir que toutes les machines sont composées des mêmes organes ; c'est un coup d'œil général, qui initie à l'étude des machines tout en donnant des définitions ;

2° Description des machines employées sur mer, contenant toutes les questions du programme, plus un aperçu général des nouvelles inventions, des tentatives faites qui peuvent avoir une certaine influence sur les machines marines ;

3° Montage des machines, comprenant toutes les questions du programme ;

4° Conduite des machines, comprenant toutes les questions du programme ;

5° Travail des machines, comprenant toutes les questions du programme ;

6° Entretien et réparation des machines suivant le programme;

7° Historique succinct des machines à vapeur marines, faisant comprendre les pas faits jusqu'à ce jour et laissant entrevoir ceux à faire.

Pour un ouvrier mécanicien, le dessin linéaire est de la plus grande importance; aussi je vous engage à suivre, avec assiduité, les leçons qui vous seront données par les maîtres mécaniciens répétiteurs; quand vous serez assez avancés, on vous fera prendre des croquis, exécuter des plans de machines.

Mais je ne saurais trop vous recommander de vous appliquer à devenir de bons ouvriers; dans l'industrie et dans nos arsenaux, l'outillage est assez complet pour que l'homme n'ait qu'à placer la pièce qu'il doit travailler sur les différents outils qui se chargent de planer, de buriner, de percer, etc.; mais, à bord, on est réduit à la lime, au burin et au marteau; là, aucun outillage qu'un tour, des étaux et une forge. L'ouvrier embarqué devrait être forgeron, chaudronnier et ajusteur, mais il n'a généralement qu'un seul de ces métiers, et encore est-il loin de le posséder complétement. Les travaux de réparation d'une machine de bord nécessitent souvent l'emploi de tous les mécaniciens, pour forger, ajuster ou travailler la chaudronnerie; aussi est-on souvent très-embarrassé avec les éléments que l'on possède. Appliquez-vous donc à vos travaux manuels, faites-vous une main habile dans le métier que vous avez choisi, mais tâchez aussi de ne pas rester étrangers aux autres. Dans l'industrie, on ne peut produire à bon marché qu'en divisant le travail, et l'on trouve des ouvriers qui reproduisent constamment le même ouvrage; à bord, il n'en est jamais ainsi, les réparations emploient, comme je l'ai dit plus haut, les spécialités, et souvent tout le personnel d'une machine à un même travail.

ARITHMÉTIQUE.

ARITHMÉTIQUE.

DÉFINITIONS.

1. On nomme quantité tout ce qui est susceptible d'augmentation et de diminution. — *Quantité.*

Une longueur, un poids, une somme d'argent sont des quantités.

On ne peut se faire une idée exacte d'une quantité qu'en la mesurant, c'est-à-dire en la comparant à une autre quantité de même espèce, avec laquelle on est déjà familiarisé.

2. La quantité, choisie arbitrairement pour servir de terme de comparaison à toutes les quantités de même espèce, se nomme *unité*. — *Unité.*

Le mètre est l'unité de longueur,
Le kilogramme est l'unité de poids.

3. Le résultat de la comparaison d'une quantité à son unité s'exprime par un nombre. On dit, par exemple, cette pièce de fer pèse cinq kilogrammes; le nombre cinq est le résultat de la comparaison de la pièce de fer avec l'unité de poids, le kilogramme, que l'on connaît. — *Nombre.*

4. Si les unités qui composent un nombre sont toutes entières, le nombre est dit entier; s'il est formé d'unités entières et de parties d'unités, il est dit fractionnaire; enfin, s'il ne renferme que des parties d'unités, c'est une fraction. — *Nombre entier. Nombre fractionnaire. Fraction.*

Exemple : Cinq tonneaux est un nombre entier;

Cinq mètres et soixante centimètres est un nombre fractionnaire;

Quarante-cinq millimètres est une fraction.

5. Si on n'énonce pas l'espèce des unités d'un nombre, ce nombre est dit abstrait. — *Nombre abstrait.*

Vingt-cinq est un nombre abstrait.

6. Si on énonce l'espèce des unités du nombre, ce nombre est dit concret. — *Nombre concret.*

Cinquante mètres est un nombre concret.

Arithmétique.   **7.** L'arithmétique est la partie des mathématiques qui traite des nombres ; elle apprend à résoudre les questions qui peuvent être posées sur les nombres.

Calcul.   **8.** Le calcul est la réunion des procédés pratiques ou des règles qui servent à résoudre les questions sur les nombres.

NUMÉRATION DÉCIMALE.

Numération.   **9.** La numération est l'ensemble des conventions faites pour nommer les nombres et les écrire.

Par suite, la numération se divise en deux parties : la numération parlée et la numération écrite.

Numération parlée.   **10.** On obtient tous les nombres entiers en partant d'un, qu'on nomme l'unité ; ajoutant l'unité à elle-même, puis l'unité au nouveau nombre obtenu, et ainsi de suite indéfiniment. Il en résulte que la suite des nombres est illimitée.

Unités.   **11.** En agissant comme on vient de le dire, on obtient successivement les nombres :

Un, deux, trois, quatre, cinq, six, sept, huit, neuf.

Dizaines.   **12.** Arrivé là, on est convenu de considérer la réunion de dix unités simples comme une unité d'un nouvel ordre, qu'on appelle dizaines d'unités simples.

On compte par dizaines d'unités simples comme on a compté par unités simples, et l'on dit : une dizaine, deux dizaines...... , neuf dizaines.

Ces nombres de dizaines ont reçu les noms suivants : dix, vingt, trente, quarante, cinquante, soixante, soixante-dix, quatre-vingts, quatre-vingt-dix.

Pour exprimer les nombres intermédiaires, on ajoute à chacune des dizaines le nom des neuf premiers nombres ; ainsi l'on dit : dix-un, dix-deux, dix-trois, dix-quatre, dix-cinq, dix-sept, dix-huit, dix-neuf ; vingt-un, vingt-deux.........; trente-un, trente-deux .....; cinquante-huit.......; quatre-vingt-dix-neuf.

Mais l'usage a donné d'autres noms aux six premiers nombres dont on vient de parler, et l'on dit : onze, douze, treize, quatorze, quinze et seize, au lieu de dix-un, dix-deux, dix-trois, dix-quatre, dix-cinq, dix-six.

Centaines.   **13.** En ajoutant une nouvelle unité simple au nombre quatre-vingt-dix-neuf, on a neuf dizaines d'unités simples et dix unités simples, ou dix dizaines d'unités simples. Cet assemblage de dix dizaines a fourni une nouvelle unité, qu'on a appelée centaine d'unités simples.

On compte par centaines comme on a compté par unités et par dizaines d'unités simples; par suite on dit : une centaine ou un cent, deux centaines ou deux cents, trois centaines ou trois cents......, neuf centaines ou neuf cents.

Ajoutant à chacune de ces centaines tous les nombres compris entre un et quatre-vingt-dix-neuf, on a pu exprimer par un nom particulier tous les nombres depuis un jusqu'à neuf cent quatre-vingt-dix-neuf.

14. En ajoutant une nouvelle unité au nombre neuf cent quatre-vingt-dix-neuf, on a obtenu un nouveau nombre contenant neuf centaines, neuf dizaines et dix unités, ou neuf centaines et dix dizaines, ou dix centaines. La réunion de ces dix centaines a formé une nouvelle espèce d'unités qu'on appelle mille.

On compte par mille comme on a compté par unités simples; on a donc des unités de mille, des dizaines de mille et des centaines de mille. Pour compléter tous les nombres intermédiaires, on ajoute à chaque mille le nom des neuf cent quatre-vingt-dix-neuf premiers nombres, et l'on peut ainsi donner un nom particulier à chacun des neuf cent quatre-vingt-dix-neuf mille neuf cent quatre-vingt-dix-neuf premiers nombres.

15. Procédant toujours de la même manière, l'adjonction d'une nouvelle unité au nombre neuf cent quatre-vingt-dix-neuf mille neuf cent quatre-vingt-dix-neuf a donné dix centaines de mille, qu'on a appelées million, et l'on a compté par millions comme on avait compté par unités simples et par mille. On a donc eu des unités de millions, des dizaines de millions et des centaines de millions.

16. En continuant toujours d'après le même principe, on a successivement formé de nouvelles espèces d'unités qu'on a appelées billion, trillion, quatrillion, etc.

17. Ainsi, à l'aide des conventions précédentes, on a pu donner à chaque nombre un nom particulier, qui laisse à l'esprit l'idée de sa grandeur.

18. La base du système de la numération décimale est que dix unités, d'un ordre quelconque, en forment une de l'ordre immédiatement supérieur.

Il résulte de là que, dans l'expression d'un nombre, il ne saurait y avoir plus de neuf unités d'un ordre quelconque. C'est sur

cette remarque que repose la numération écrite que nous allons
exposer.

NUMÉRATION ÉCRITE.

19. Puisqu'il ne peut y avoir dans un nombre, quelque grand
qu'il soit, plus de neuf unités d'un même ordre, neuf signes différents peuvent suffire pour représenter tous les nombres ; mais
il faut convenir que ces mêmes signes, nommés chiffres, repré-
senteront des unités de différents ordres, suivant la place qu'ils
occuperont, dans le nombre, les uns par rapport aux autres.

20. Les neuf signes ou chiffres employés pour représenter les
neuf premiers nombres sont les suivants :

$$1, 2, 3, 4, 5, 6, 7, 8, 9.$$

Un, deux, trois, quatre, cinq, six, sept, huit, neuf.

Ainsi ces neuf chiffres représentent les unités simples ; pour
les faire servir à la représentation de dizaines, on les fait suivre,
à droite, par un dixième signe 0, qu'on nomme zéro.

Ce signe n'a aucune valeur par lui-même ; il ne sert qu'à conserver aux autres chiffres la place qui convient aux unités qu'ils
doivent représenter, ou encore à remplacer les unités qui manquent, ce qui est la même chose.

Si les neuf chiffres suivis d'un zéro représentent les dizaines
d'unités simples, ces mêmes chiffres suivis de deux zéros repré-
senteront les centaines.

Ce premier groupe de trois chiffres est ce qu'on nomme l'ordre
ternaire des unités.

Les mille, les millions, etc., se représentent aussi par des
groupes ou des tranches de trois chiffres, le zéro tenant toujours
la place des unités qui manquent.

Il suit de là que le premier chiffre, à droite de tout nombre,
représente les unités simples ; le second, en allant vers la gauche,
les dizaines d'unités simples ; le troisième, les centaines d'unités
simples. Les quatrième, cinquième et sixième, en allant toujours
vers la gauche, représentent les unités, les dizaines et les centaines de mille. Les septième, huitième et neuvième représentent
les unités, les dizaines et les centaines de millions, et ainsi de suite.

En d'autres termes, à partir de la droite d'un nombre, les trois
premiers chiffres représentent l'ordre ternaire des unités simples ;

les trois autres, en allant vers la gauche, représentent l'ordre ternaire des mille ; les trois suivants, les millions ; puis les billions,
les trillions, etc.

D'après ce qui précède, le nombre suivant

27489

représentera neuf unités simples, huit dizaines d'unités simples,
quatre centaines d'unités simples, sept unités de mille et deux
dizaines de mille.

Le nombre

40703

représentera trois unités simples, sept centaines d'unités simples
et quatre dizaines de mille, les deux zéros indiquant que le nombre ne contient ni dizaines d'unités simples ni unités de mille.

Ainsi chaque chiffre a deux valeurs :

1° Celle qu'il aurait s'il était seul, isolé de tout autre, et qu'on
peut appeler sa valeur absolue ;

2° Celle que lui donne sa position dans un nombre, et qu'on
nomme sa valeur relative.

Par ce qui précède, on voit que toute la numération se réduit
à pouvoir écrire et énoncer un nombre composé de trois chiffres
ou moindre que mille.

Pour écrire un nombre moindre que mille, on écrit par ordre,
de gauche à droite, le chiffre des centaines, celui des dizaines et
celui des unités, remplaçant par un zéro chaque espèce d'unité
manquante.

Pour lire ou énoncer un nombre moindre que mille, on énonce
séparément, en allant de gauche à droite, les centaines, les dizaines et les unités.

21. Pour représenter un nombre, écrire de gauche à droite
en commençant par l'ensemble des unités de l'ordre ternaire le
plus élevé, écrire à la droite l'ensemble des unités de l'ordre ternaire immédiatement inférieur, et ainsi de suite, par ordre, jusqu'aux unités simples.

S'il manque des unités d'un ordre quelconque, inférieures aux
plus élevées du nombre, faire tenir la place de celles qui manquent par un zéro.

Exemple. Soit à écrire cinquante-quatre billions, deux cent
trente millions, cinq unités :

54 230 000 005

Ce nombre ne contenant que cinq dizaines et quatre unités de billions, 54 représentera l'ensemble des unités de l'ordre ternaire le plus élevé.

On doit ensuite écrire l'ensemble de l'ordre ternaire des millions, qui contiennent deux centaines, trois dizaines et pas d'unités ; 230 représentera donc cette partie du nombre, et, la plaçant à droite de 54, on aura 54230.

L'ordre ternaire des mille, qu'il faudrait écrire maintenant, manque complétement ; 000 représentera cette partie du nombre qui, écrite à la droite de 54230, donnera 54230000. Enfin, prenant l'ordre ternaire des unités simples, on remplacera par des zéros les centaines et les dizaines qui manquent et 005 représentera cette partie du nombre qui, écrite à la droite de 54230000, donnera 54230000005 pour l'ensemble des signes représentant le nombre donné.

Ainsi, l'on voit que l'ensemble des unités de chaque ordre doit toujours être représenté par une tranche de trois chiffres, excepté les unités de l'ordre ternaire le plus élevé qui peuvent n'en fournir qu'un ou deux. Si donc l'énoncé des unités d'un certain ordre ternaire ne fournit pas trois chiffres, c'est qu'une ou plusieurs parties de cet ordre manquent ; alors on doit les remplacer par des zéros.

22. Il suit de ce que nous venons de dire que, pour lire un nombre, on doit :

Règle générale pour lire un nombre.

Partager d'abord par la pensée, ou à l'aide d'un signe quelconque, le nombre proposé en tranches de trois chiffres chacune, en allant de droite à gauche, la première tranche à gauche seule pouvant n'avoir qu'un ou deux chiffres ;

Déterminer ensuite l'espèce des unités ternaires des diverses tranches, en allant de droite à gauche, une à une, et disant : unités simples, mille, millions, billions, etc.;

Enfin lire de droite à gauche et par ordre, en énonçant chaque tranche comme si elle était seule et nommer, à la fin de chacune d'elles, l'espèce d'unité ternaire qu'elle représente dans le nombre.

Exemple. Soit à énoncer le nombre suivant :

$$4.589.000.730.248.$$

Par la pensée, on partage ce nombre en cinq tranches de trois chiffres chacune, en allant de droite à gauche ; la dernière à gauche ne renfermant qu'un chiffre. Puis appelant chacune de ces tranches, toujours de droite à gauche, on voit que le nombre proposé contient des unités simples, des mille, des millions, des billions et des trillions. Connaissant dès lors l'espèce des unités ternaires supérieures, on lit chaque tranche comme si elle était seule, terminant l'énoncé de chacune d'elles par le nom de l'espèce des unités ternaires qu'elle représente. Ainsi l'on dit : quatre trillions, cinq cent quatre-vingt-neuf billions, sept cent trente mille, deux cent quarante-huit unités.

23. Au moyen des règles établies plus haut, on peut écrire et énoncer tous les nombres entiers ; il faut encore pouvoir écrire et lire ceux qui contiennent des parties de l'unité ou fractions. *Numération des parties décimales.*

On a vu que dans un nombre chaque chiffre, en allant de la droite vers la gauche, exprimait des unités de dix en dix fois plus grandes ; pour exprimer les parties de l'unité on a procédé d'une manière analogue, mais en sens inverse.

Ainsi on est convenu que l'unité serait divisée en dix parties qu'on nommerait dixièmes ; les dixièmes, en dix autres parties qu'on nommerait centièmes, parce que l'unité contiendrait cent de ces parties ; les centièmes en dix parties aussi, qu'on nommerait millièmes, parce que l'unité contiendrait mille de ces parties. Procédant ainsi, on a obtenu successivement des dix millièmes, des cents millièmes, etc., chaque unité nouvelle étant dix fois plus petite que la précédente.

Cette propriété a fait donner le nom de fractions décimales à ces subdivisions de l'unité.

Ces conventions établies, il en est résulté que les mêmes signes ou chiffres ont pu servir à représenter les nombres contenant des parties de l'unité, puisque ces nouveaux nombres ne pouvaient pas non plus renfermer plus de neuf unités de même espèce.

De là on a déduit la règle suivante :

24. Pour écrire un nombre décimal, c'est-à-dire composé d'unités entières et de parties de l'unité ; écrire le nombre entier qu'il renferme, comme il a été dit plus haut ; mettre une virgule à la droite de ce nombre ; à la droite de cette virgule, écrire le chiffre représentant les dixièmes du nombre proposé, puis le chiffre des centièmes, puis le chiffre des millièmes, et ainsi de suite, de gauche à droite, et par ordre, jusqu'aux plus petites unités décimales. Lorsqu'il n'y a pas d'unités entières, mettre un zéro pour les remplacer, puis la virgule, et enfin les unités déci- *Règle générale pour écrire un nombre contenant des parties décimales.*

males comme on vient de le dire. S'il manque des unités décimales, d'un ordre quelconque supérieur aux plus petites, faire tenir la place de chaque ordre manquant par un zéro, de manière à donner aux autres chiffres la place qui convient à leur valeur.

Exemple. Ainsi, pour écrire le nombre deux cent quarante unités, trois dixièmes, deux centièmes et cinq millièmes :

$$240,325.$$

Écrire d'abord la partie composée d'unités entières 240 ; à droite de ce nombre mettre une virgule ; à la droite de cette virgule écrire le chiffre 3, pour représenter les dixièmes ; le chiffre 2, pour représenter les centièmes ; et enfin le chiffre 5 pour les millièmes.

Remarquons qu'au lieu d'énoncer trois dixièmes, deux centièmes et cinq millièmes, on aurait pu dire trois cent vingt-cinq millièmes. Car trois dixièmes valent trente centièmes ou trois cents millièmes, deux centièmes valent vingt millièmes ; ce qui fait trois cent vingt-cinq millièmes contenus dans la fraction décimale. On pourrait encore dire deux cent quarante mille, trois cent vingt-cinq millièmes. Car chaque unité entière vaut mille millièmes ; les dizaines, dix mille millièmes ; et les centaines, cent mille millièmes ; par suite deux cent quarante mille millièmes est la même chose que deux cent quarante unités.

25. Ainsi donc, on peut énoncer un nombre décimal de trois manières différentes.

Première manière. Énoncer la partie entière, comme si elle était seule, puis successivement et dans l'ordre décroissant, les dixièmes, les centièmes, les millièmes, etc.

Deuxième manière. Énoncer d'abord la partie entière, puis lire la partie décimale comme un nombre isolé, et terminer par nommer les unités décimales de la plus petite espèce.

Troisième manière. Énoncer le nombre sans avoir égard à la virgule comme s'il était entier et le faire suivre du nom des unités décimales de la plus petite espèce.

26. Pour écrire un nombre décimal énoncé de la première manière, on suit exactement ce que nous avons dit plus haut.

Si le nombre est dicté comme l'indique la deuxième manière :

Écrire d'abord la partie entière du nombre, ou un zéro pour tenir sa place s'il n'y a pas de partie entière ; à la droite mettre une virgule ; à droite de la virgule écrire le nombre des unités décimales comme un nombre entier ordinaire, en ayant soin que le dernier chiffre à droite de la virgule occupe la place qui convient aux unités décimales de l'espèce énoncée. Si le nombre n'avait pas assez de chiffres pour atteindre ce but, placer entre lui et la virgule un nombre suffisant de zéros.

Exemple. Soit à écrire le nombre deux cent cinq dix-millièmes :

$$0,0205.$$

Observer d'abord que le nombre énoncé ne possède pas de parties entières, par suite écrire un zéro pour tenir leur place et une virgule à sa droite. Remarquer que pour exprimer des dix-millièmes il faut quatre chiffres, et que le nombre deux cent cinq n'en contient que trois, par conséquent mettre un zéro après la virgule et écrire à la droite de ce zéro 205.

Cette règle s'applique au cas où le nombre serait énoncé comme l'indique la troisième manière.

27. 1° Si dans un nombre décimal quelconque, on porte la virgule, qui sépare les entiers des décimales, d'un, deux, trois (etc.) rangs sur la droite de sa place primitive, on rend le nombre primitif, dix, cent, mille (etc.) fois plus grand.

Conséquences de la numération décimale.

Exemple. Soit le nombre 547,338.

En portant la virgule d'un rang sur la droite, le nombre primitif devient 5473,38. Il est évidemment dix fois plus grand que 547,338. Car le premier chiffre à droite 8, qui exprimait des millièmes, représente maintenant des centièmes ; le second chiffre 3, qui était des centièmes, est devenu des dixièmes ; de même le troisième chiffre est devenu des unités, le quatrième des dizaines, etc. Ainsi tous les chiffres du nouveau nombre expriment des unités dix fois plus grandes que ces mêmes chiffres dans le nombre précédent.

Donc, en déplaçant la virgule d'un rang vers la droite, dans un nombre décimal, on rend ce nombre dix fois plus grand.

On prouverait de la même manière qu'on le rend cent fois plus grand, en avançant la virgule de deux rangs sur la droite, et ainsi de suite.

2° Si, dans un nombre décimal quelconque, on porte la virgule d'un, deux, trois, etc., rangs sur la gauche de sa place primitive, on rend le nombre dix fois, cent fois, mille fois, etc., plus petit.

On le démontrerait par le même raisonnement que dans la proposition précédente, en faisant voir les mêmes chiffres, dans les nombres successivement obtenus par le déplacement de la virgule, représentant des unités, dix, cent, mille fois, plus petites que dans le nombre primitif.

Ainsi donc, pour rendre un nombre entier, dix, cent, mille, etc., fois plus petit, il suffit de séparer sur la droite de ce nombre, par une virgule, un, deux, trois, etc., chiffres.

3° Si on ajoute à la droite d'un nombre entier, un, deux, trois, etc., zéros, on rend ce nombre dix, cent, mille, etc., fois plus grand ; ou ce qui est la même chose, on multiplie ce nombre par dix, cent, mille, etc.

Et réciproquement, on rend un nombre dix, cent, mille, etc., fois plus petit, en supprimant sur la droite de ce nombre, un, deux, trois, etc., zéros.

4° En ajoutant, sur la gauche d'un nombre entier, un nombre quelconque de zéros, on ne change rien à la valeur du nombre.

5° En ajoutant sur la gauche d'une fraction décimale, c'est-à-dire entre la virgule et son premier chiffre, un, deux, trois, etc., zéros, on rend cette fraction, dix, cent, mille, etc., fois plus petite.

6° En ajoutant ou en retranchant, à la suite d'une fraction décimale, un nombre quelconque de zéros, on ne change rien à la valeur de la fraction.

Pour démontrer chacune de ces conséquences, il suffit toujours de faire voir que les chiffres des différents nombres obtenus représentent des unités, ou plus grandes, ou plus petites, ou égales.

ADDITION DES NOMBRES ENTIERS.

28. L'addition des nombres entiers est une opération qui a pour but de réunir en un seul plusieurs nombres de même espèce. Le résultat se nomme la somme ou le total.

L'addition s'indique par le signe $+$, qui veut dire plus ; exemple, $22 + 30$ signifie 22 plus 30 ou qu'il faut ajouter 30 à 22.

Pour indiquer que deux quantités sont égales, on se sert du signe $=$.

Exemple. $5 + 3 + 8 = 16$ veut dire : 5 plus 3, plus 8, égalent 16.

Soient à additionner les nombres suivants :

5.840 , 23.702 , 19.258 , 647 et 69.759.

On commence par les écrire les uns au-dessous des autres, de manière que les unités soient sous les unités, les dizaines sous les dizaines, etc.

5.840
23.702
19.258
647
69.759
─────────
119.206

Commençant par la première colonne à droite ou celle des unités simples, on dit : 2 et 8, 10 ; 10 et 7, 17 ; 17 et 9, 26. En 26 unités simples, il y a 2 dizaines d'unité et 6 unités simples ; on pose le 6, qui représente les unités simples de la somme sous la colonne des unités simples, et on retient les deux dizaines pour les ajouter aux dizaines des différents nombres renfermés dans la seconde colonne.

Passant à cette seconde colonne, on dit : 2 dizaines de retenues et 4, 6 ; 6 et 5, 11 ; 11 et 4, 15 ; 15 et 5, 20. En 20 dizaines il n'y a pas d'unités de dizaines ; on pose donc un zéro sous la colonne des dizaines, et l'on retient les 2 dizaines de dizaine ou les deux centaines, pour les ajouter aux centaines de la troisième colonne.

Additionnant les chiffres de cette troisième colonne, on trouve 32 centaines ou 3 mille et 2 centaines. On écrit les deux centaines sous la colonne des centaines, et l'on retient les trois mille pour les porter à la colonne des mille.

Agissant pour cette quatrième colonne comme on l'a fait pour les précédentes, on trouve pour somme des chiffres qu'elle contient 29 mille ; on écrit les unités de mille 9 et l'on retient les 2 dizaines de mille, qui, jointes aux chiffres de la colonne des dizaines de mille, donnent pour somme 11 dizaines de mille.

Écrivant sous la colonne des dizaines de mille le chiffre 1 et à sa gauche le chiffre des dizaines de dizaines de mille ou des centaines de mille, on a pour somme des nombres donnés :

119.206

On a rangé les unités de même espèce les unes sous les autres, parce que, devant additionner les chiffres qui les représentent dans chaque nombre, l'opération est plus facile s'ils sont ainsi disposés.

Quant à l'obligation de commencer par additionner les chiffres de la première colonne à droite, deux exemples vont faire sentir cette nécessité.

Soit à effectuer les deux additions suivantes :

Premier exemple.

```
  1.253
  2.125
    410
 ──────
  3.788
```

Second exemple.

```
  9.348
  5.764
    958
 ──────
   14.
    1.9
     15
     20
 ──────
   15.
  1.070
 ──────
 16.070
```

Dans le premier exemple, la somme des chiffres contenus dans chaque colonne ne dépasse pas 9 ; il est donc possible d'obtenir immédiatement la somme cherchée en commençant l'opération par la première colonne à gauche.

Dans le second exemple, si l'on commence l'opération par la première colonne à gauche, on peut voir que les chiffres obtenus ainsi ne seront pas ceux de la somme cherchée, et qu'il faudra recommencer de nouvelles additions pour arriver à la somme des nombres donnés. Il est donc préférable de commencer toujours l'addition par la première colonne à droite.

Règle générale.　　29. Pour additionner plusieurs nombres donnés :

Écrire ces nombres les uns sous les autres, de manière que les unités de même espèce se trouvent dans une même colonne verticale ; tirer une barre horizontale au-dessous ou souligner le tout. Puis, commençant par la première colonne à droite, qui est celle des unités simples, ajouter ces unités les unes aux autres. Si la somme ne dépasse pas 9, écrire le chiffre trouvé au-dessous du trait ; s'il dépasse 9, n'écrire que les unités simples et retenir les dizaines pour les ajouter aux dizaines de la deuxième colonne, en partant de la droite. Additionner les chiffres de la colonne des dizaines ; si leur somme ne dépasse pas 9, écrire au-dessous le chiffre trouvé ; dans le cas contraire, écrire seulement les unités de dizaines et retenir les dizaines de dizaines ou centaines pour les ajouter aux centaines de la troisième colonne, que l'on additionne immédiatement après. Continuer de la même manière jusqu'à ce qu'on ait additionné la dernière colonne à gauche, au-dessous de laquelle on écrit le nombre tel qu'on le trouve.

Dans toute opération on peut se tromper ; il faut donc avoir un moyen de vérifier le résultat obtenu : c'est ce qu'on appelle faire la preuve.

30. Pour faire la preuve d'une addition, on recommence l'opération en additionnant les chiffres de chaque colonne dans un autre ordre. Ainsi, en supposant qu'on ait additionné premièrement les chiffres de chaque colonne de haut en bas, on recommence de bas en haut, et la nouvelle somme doit être la même que celle déjà obtenue. Preuve de l'addition.

On n'acquiert pas ainsi une certitude complète, parce que les erreurs commises la première fois, quoique les chiffres ne se présentent plus dans le même ordre, peuvent être compensées par les erreurs commises la seconde fois ; mais, du moins, il y a une très-grande probabilité pour l'exactitude.

SOUSTRACTION DES NOMBRES ENTIERS.

31. La soustraction des nombres entiers a pour but, deux nombres étant donnés, de trouver un troisième nombre qui, ajouté au plus petit, donne le plus grand. Le résultat s'appelle reste, excès ou différence. Soustraction. Définition.

Le signe de la soustraction est — , qui veut dire moins. Exemple, $8 - 2 = 6$ signifie 8 moins 2 égale 6.

Ainsi, d'après la définition, soustraire 4 de 7, c'est chercher le nombre 3, qui, ajouté à 4, donne 7 ; 3 est alors le reste des deux nombres ou l'excès du plus grand sur le plus petit, ou encore leur différence.

Exemple. Soit à soustraire 20.654.273 de 40.080.524.

On écrit ces deux nombres, le plus petit sous le plus grand, de manière que les unités de même espèce soient les unes sous les autres, et l'on souligne le tout.

$$40.080.524$$
$$20.654.273$$
$$\overline{19.426.251}$$

Commençant par la droite, on dit : 3 ôté de 4, il reste 1, qu'on écrit au-dessous ; 7 ôté de 2 ne peut se faire ; alors on convertit en dizaines une des centaines du nombre supérieur.

Ces 10 dizaines, réunies aux deux qui existent déjà, donnent 12 dizaines. Alors on dit : 7 dizaines de 12 dizaines, il reste 5 qu'on écrit au-dessous. Passant à la colonne des centaines, il faut remarquer qu'au lieu de 5 centaines qui existent dans le nombre supérieur il ne faut plus en compter que 4, puisqu'on en a converti une en dizaines, et dire 2 de 4 reste 2, qu'on écrit au-dessous.

Passant à la colonne des mille on trouve 4 à retrancher de zéro, ce qui ne peut se faire ; mais on peut convertir une des dizaines de mille en mille sans changer la valeur du nombre, et dire : 4 de 10 reste 6, qu'on écrit au-dessous. Passant à la colonne des dizaines de mille, dont le chiffre 8 supérieur est remplacé par 7, on dit : 5 de 7 reste 2, qu'on écrit au-dessous.

Arrivé aux centaines de mille, une nouvelle difficulté se présente ; on a 6 à retrancher de zéro et on ne peut convertir en centaines de mille une des unités de millions, puisque cette unité est remplacée par un zéro. Dans ce cas, il faut avoir recours au premier chiffre significatif à gauche. Dans l'exemple qui nous occupe on empruntera une dizaine de million, qui fournira 9 millions et 10 centaines de mille ; on pourra donc continuer la soustraction et dire : 6 centaines de mille de 10 centaines de mille, reste 4 qu'on écrit au-dessous. Passant à la colonne suivante, celle des millions, on doit retrancher zéro de 9, ou rien de 9, il reste évidemment 9 millions, qu'on écrit au-dessous. Puis enfin, arrivant aux dizaines de millions, il faut se souvenir qu'au lieu de 4 au nombre supérieur on n'a plus que 3, et dire : 2 de 3, reste 1, qu'on écrit.

Ce qui donne pour résultat de l'opération :

$$19.426.251$$

Si tous les chiffres du nombre supérieur étaient plus grands que ceux correspondants du nombre à retrancher, il est évident qu'on pourrait indifféremment commencer la soustraction par la gauche ou par la droite ; car les chiffres que l'on obtiendrait seraient bien ceux de la différence cherchée. Mais s'il en était différemment, si un ou plusieurs chiffres du nombre à soustraire étaient plus grands que ceux correspondants du nombre supérieur, les chiffres obtenus ne seraient plus ceux du résultat cherché, et les mêmes inconvénients remarqués dans l'addition se présenteraient encore ici.

Il est donc préférable de commencer toujours la soustraction par la droite.

52. Pour soustraire un nombre d'un autre :

Écrire le plus petit des deux nombres sous le plus grand, de manière que les unités de même ordre soient les unes sous les autres. Souligner le tout. Puis, opérant de droite à gauche et successivement, retrancher chaque chiffre inférieur de son correspondant supérieur, et écrire chaque reste au-dessous. S'il arrive qu'un chiffre inférieur soit plus grand que son correspondant supérieur, augmenter celui-ci de dix unités, provenant d'une unité empruntée au chiffre voisin à gauche, et retrancher de la somme le chiffre inférieur. Mais, en continuant la soustraction, se souvenir que le chiffre suivant à gauche, du nombre supérieur, a prêté une de ses unités ; et par suite que le chiffre inférieur doit être retranché du chiffre supérieur diminué de 1.

Règle générale pour la soustraction.

Souvent, au lieu de diminuer de 1 le chiffre supérieur, on augmente de 1 celui inférieur, c'est évidemment la même chose et la différence n'est pas changée.

Soient à effectuer les trois soustractions suivantes :

1er exemple.	2e exemple.	3e exemple.
18	$18 + 5 = 23$	$18 - 4 = 14.$
12	$12 + 5 = 17$	$12 - 4 = 8.$
6	$6 + 0 = 6$	$6 - 0 = 6.$

Dans le premier exemple on a 12 à retrancher de 18, la différence entre ces deux nombres est 6.

Dans le second exemple, on a ajouté la même quantité aux deux nombres 18 et 12, et leur différence est restée la même ; enfin dans le troisième exemple on a retranché une même quantité à chacun des nombres 18 et 12, et la différence est encore restée la même.

On peut donc conclure que la différence entre deux nombres reste la même, quand on ajoute ou quand on retranche une même quantité à chacun de ces nombres.

33. D'après la définition de la soustraction, le reste ajouté au plus petit nombre doit donner le plus grand. Ainsi donc, pour s'assurer que la différence est bien celle cherchée, il suffit d'ajouter celle trouvée au plus petit nombre, et on doit obtenir le plus grand.

Reprenant l'exemple cité plus haut, on voit que la différence obtenue est bien celle cherchée, puisqu'en l'ajoutant au plus petit nombre on trouve le plus grand.

$$40.080.524$$
$$20.654.273$$
$$\overline{19.426.251}$$
$$\overline{40.080.524}$$

MULTIPLICATION DES NOMBRES ENTIERS.

34. La multiplication est une opération par laquelle on répète un nombre, appelé multiplicande, autant de fois qu'il y a d'unités dans un autre nombre, appelé multiplicateur. Le résultat se nomme le produit. Ou encore, c'est composer un troisième nombre avec le premier, comme le second est composé avec l'unité.

35. Le multiplicande et le multiplicateur se nomment aussi les facteurs du produit.

La multiplication s'indique par le signe $\times$ ou par un point. Ainsi 3×4 ou 3.4 signifie 3 à multiplier par 4.

36. D'après la définition donnée plus haut, la multiplication n'est qu'une addition; en effet, soit 24×4, pour avoir le produit de ces deux nombres il faut répéter 24, multiplicande, autant de fois qu'il y a d'unités dans 4, multiplicateur. Écrivant donc 24 quatre fois sous lui-même et faisant l'addition, la somme 96 sera le produit cherché. On comprend que l'opération, si simple quand le multiplicande ne renferme qu'un seul chiffre, pourrait être très-longue et parfois interminable s'il était composé de plusieurs chiffres.

$$\begin{array}{r} 24 \\ 24 \\ 24 \\ 24 \\ \hline 96 \end{array}$$

Remarquons que, si l'on avait répété 4 fois les unités et 4 fois les dizaines du multiplicande, on serait arrivé au même résultat qu'en additionnant 4 fois 24 : en effet, 4 fois les unités de 24 font 16 unités, et 4 fois les dizaines de 24 donnent 8 dizaines; ce qui fait 9 dizaines et 6 unités, ou 96 unités.

D'après ce qui précède, on voit que la multiplication est, en résumé, un moyen abrégé de faire l'addition.

57. Si le multiplicateur, au lieu de contenir 4 unités, contenait 4 dizaines, en effectuant la multiplication comme on l'a fait plus haut, on trouverait encore 96. Mais ce nombre ne représenterait plus des unités, mais bien des dizaines.

On aurait donc 24 unités $\times$ 4 dizaines $=$ 96 dizaines ou $24 \times 40 = 960$.

De là on peut conclure que l'espèce des unités du produit est toujours la même que celle du multiplicateur, quelle que soit celle du multiplicande.

Si l'on devait multiplier 24 par 444, ou par 4 centaines, 4 dizaines et 4 unités, il suffirait donc de multiplier successivement les unités et les dizaines du multiplicande d'abord par le chiffre des unités, puis par celui des dizaines, puis enfin par celui des centaines du multiplicateur ; la somme de ces trois produits partiels donnerait le produit total.

Ainsi, dans une multiplication d'un nombre composé d'autant de chiffres que l'on voudra, par un autre aussi grand que possible, on n'aura jamais à faire des multiplications partielles par chacun des chiffres représentant les différentes unités du multiplicateur. Il suffit donc de connaître les produits des deux nombres, composés d'un seul chiffre.

58. Tous ces produits se trouvent réunis dans le tableau suivant, nommé table de multiplication ou table de Pythagore.

1	2	3	4	5	6	7	8	9
2	4	6	8	10	12	14	16	18
3	6	9	12	15	18	21	24	27
4	8	12	16	20	24	28	32	36
5	10	15	20	25	30	35	40	45
6	12	18	24	30	36	42	48	54
7	14	21	28	35	42	49	56	63
8	16	24	32	40	48	56	64	72
9	18	27	36	45	54	63	72	81

Pour former cette table on décompose un carré, comme on le voit ci-dessus, au moyen de lignes horizontales et verticales, de manière à avoir 9 colonnes horizontales, partagées en 9 petits carrés destinés à recevoir les nombres.

Dans les cases de la première colonne horizontale on écrit les neuf premiers nombres. Les nombres de la deuxième colonne horizontale s'obtiennent en ajoutant chacun des nombres de la première colonne à lui-même ; les résultats s'écrivent au-dessous dans les cases correspondantes de la deuxième colonne horizontale. Cette deuxième colonne donne tous les produits des neuf premiers nombres par 2.

Pour avoir les produits des neuf premiers nombres par trois, on ajoute les nombres de la première colonne à ceux de la seconde, et l'on écrit les résultats au-dessous, dans les cases correspondantes de la troisième colonne.

Pour composer la quatrième colonne horizontale, on ajoute les nombres de la première à ceux de la troisième. Cette colonne donne les produits des neuf premiers nombres par 4.

On agit de la même manière pour remplir les cases des autres colonnes, c'est-à-dire que l'on ajoute toujours les nombres de la première colonne horizontale à ceux correspondants de la dernière obtenue.

39. Pour trouver dans cette table un produit demandé, prendre le multiplicande dans la première colonne horizontale et le multiplicateur dans la première colonne verticale à gauche. Partant de ce dernier, suivre la colonne horizontale dont il fait partie jusqu'à ce qu'on soit dans la colonne verticale qui commence par le multiplicande ; le nombre que l'on trouve alors est le produit cherché.

Exemple. Soit, par exemple, à chercher le produit de 7 par 5. Cherchez le multiplicateur 5 dans la première colonne verticale à gauche ; suivez sa colonne horizontale jusqu'à ce que vous soyez dans la colonne verticale qui commence par 7 multiplicande donné ; 35, que vous trouvez à la rencontre de ces deux colonnes, est le produit demandé.

Si l'on prend 5 pour multiplicande et 7 pour multiplicateur, on trouve encore 35 pour produit ; renouvelant cette expérience pour d'autres produits, on verra que le produit de deux facteurs ne change pas quand on intervertit l'ordre de ces facteurs.

Les trois règles suivantes sont la suite de ce qui précède.

1° Pour multiplier un nombre quelconque par un autre d'un seul chiffre, il suffit de multiplier successivement, à partir de la droite, chacun des chiffres du multiplicande par le chiffre qui représente le multiplicateur.

En effet, multiplier 2.738 par 6, c'est multiplier successivement 8 unités par 6, 3 dizaines par 6, 7 centaines par 6, et 2 mille par 6.

$$
\begin{aligned}
8 \times 6 &= 48 \\
30 \times 6 &= 180 \\
700 \times 6 &= 4.200 \\
2.000 \times 6 &= 12.000 \\
\hline
2.738 \times 6 &= 16.428
\end{aligned}
$$

Additionnant ces quatre produits partiels on obtient 16.428.

Dans la pratique on fait l'addition des différents produits en composant ces produits et l'on dit : $6 \times 8 = 48$ unités; on pose seulement 8 et l'on retient les 4 dizaines pour les joindre au produit des dizaines par 6. 3 dizaines $\times$ par $6 = 18$ dizaines et 4 de retenues font 22 dizaines ; on écrit les unités de dizaines à la gauche des unités 8, et l'on retient les dizaines de dizaine ou les centaines pour les joindre au produit suivant. 7 centaines $\times 6 = 42$ centaines et 2 de retenues font 44 centaines; on écrit les unités de centaines à la gauche du chiffre des dizaines obtenues déjà et l'on retient les mille pour les joindre au produit suivant. 2 mille $\times$ 6 = 12 mille et 4 de retenus font 16 mille, qu'on écrit à la gauche des centaines obtenues déjà, parce qu'il n'y a plus de chiffre à multiplier. Le produit ainsi obtenu est le même que celui trouvé de l'autre manière, et l'opération est beaucoup plus prompte et plus simple.

2° Pour multiplier un nombre quelconque par un autre composé d'un chiffre suivi d'autant de zéros qu'on voudra, il suffit de multiplier le nombre par ce chiffre et d'ajouter, à la droite du produit ainsi obtenu, un nombre de zéros égal à celui des zéros qui suivent le chiffre significatif du multiplicateur.

3° Le produit d'un nombre quelconque par un autre nombre quelconque est la somme des produits partiels de ce nombre par les unités, les dizaines, les centaines, etc., du multiplicateur.

Suivant ces trois règles multiplions 345.267 par 5.832. Écrivons le multiplicateur sous le multiplicande, les unités de même espèce les unes sous les autres, comme dans l'addition et la soustraction, et soulignons le tout.

$$
\begin{array}{r}
345.267 \\
5.832 \\
\end{array}
$$

$$
\begin{array}{rcl}
345.267 \times 2 &=& 690.534 \\
345.267 \times 30 &=& 10.358.010 \\
345.267 \times 800 &=& 276.213.600 \\
345.267 \times 5.000 &=& 1.726.335.000 \\
\hline
345.267 \times 5.832 &=& 2.013.597.144 \\
\end{array}
$$

Multipliant chacun des chiffres du multiplicande 345.267, à partir de la droite, par 2, chiffre des unités du multiplicateur, nous obtiendrons pour produit 690.534 que nous écrivons au-dessous du trait, les unités sous celles du multiplicateur.

Multipliant ensuite le multiplicande 345.267 par 3, chiffre des dizaines de multiplicateur, nous aurons pour produit 1.035.801 dizaine, ou 10.358.010 que nous écrivons sous le premier produit partiel.

Passant à la multiplication du multiplicande par les 8 centaines du multiplicateur, nous aurons 2.762.136 centaines ou 276.213.600 que nous écrirons sous les deux premiers produits.

Nous aurons de la même manière le produit 1.726.335 mille

ou 1.826.335.000 du multiplicande par les 5 mille du multiplicateur.

Soulignant ces différents produits et les additionnant, la somme
2.013.597.144 sera le produit de 345.267 par 5.832.

Remarquons qu'en opérant comme on vient de le voir, c'est-à-
dire en plaçant chaque produit partiel sous celui ou ceux obtenus
précédemment, les unités de même espèce les unes sous les autres,
il était inutile de mettre à la suite de chacun d'eux les zéros indiquant la multiplication par des dizaines, des centaines, de
mille, etc. Il suffisait de placer le premier chiffre de ces produits
au-dessous de celui des chiffres du multiplicateur qui l'avait
donné.

De tout ce qui précède on tire la règle générale suivante :

40. Pour multiplier un nombre de plusieurs chiffres par un
nombre de plusieurs chiffres.

Écrire le multiplicateur sous le multiplicande, les unités sous
les unités, les dizaines sous les dizaines, les centaines sous les
centaines (etc.). Souligner le tout.

Multiplier tout le multiplicande par le chiffre des unités du
multiplicateur. Puis, allant de droite à gauche, multiplier successivement tout le multiplicande par chacun des autres chiffres
du multiplicateur. Écrire tous ces produits partiels les uns sous
les autres au-dessous du multiplicateur, de manière que le premier chiffre à droite de chacun soit dans la colonne des unités de
même ordre que celles du chiffre multiplicateur qui sert à le former ; souligner le tout, et faire l'addition de tous ces produits
partiels pour avoir le produit total.

41. On a vu, à propos de la table de multiplication, que dans
un produit de deux facteurs on peut intervertir l'ordre de ces
facteurs sans changer le produit.

Ainsi $5 \times 4 = 4 \times 5 = 20$, $20 \times 3 = 3 \times 20 = 60$, 60×9
$= 9 \times 60$. Si dans la dernière égalité on remplace 60 par ses
facteurs contenus dans la seconde égalité, on aura $20 \times 3 \times 9$
$= 9 \times 3 \times 20$; si l'on remplace aussi 20 par ses facteurs de la
première égalité, on aura l'égalité, $5 \times 4 \times 3 \times 9 = 9 \times 3 \times$
4×5, qui prouve que l'observation faite pour un produit de deux
facteurs est générale, quel que soit le nombre des facteurs du
produit.

On peut donc conclure que :

Le produit d'un nombre quelconque de facteurs ne change
pas, quand on intervertit arbitrairement l'ordre de ces facteurs.

42. 1° On multiplie une somme par un nombre en multipliant chacune des parties par ce nombre, et additionnant ensuite les produits partiels.

2° On multiplie une différence par un nombre en multipliant les deux termes de cette différence par ce nombre.

3° On multiplie un produit par un nombre en multipliant un des facteurs du produit par ce nombre.

4° Pour multiplier entre eux des nombres terminés par des zéros, on multiplie les deux nombres, abstraction faite des zéros qui les terminent, puis on ajoute à la droite du produit autant de zéros qu'il y en a dans les deux facteurs à la fois.

43. La preuve de la multiplication se fait par la division, dont il va être question dans le numéro suivant. On divise le produit obtenu par l'un de ses deux facteurs, le résultat ou quotient doit être l'autre facteur.

DIVISION DES NOMBRES ENTIERS.

44. La division est une opération par laquelle un produit étant donné, et l'un de ses facteurs, on trouve l'autre facteur.

Le produit donné se nomme le dividende, le facteur connu se nomme le diviseur, et celui cherché le quotient.

Il y a deux manières d'indiquer la division.

$48 : 6$ et $\dfrac{48}{6}$ signifient 48 à diviser par 6.

Or, diviser 48 par 6 (48 étant le produit des deux facteurs et 6 l'un de ces facteurs), c'est chercher le nombre qui, multiplié par 6, donne 48.

45. Ou bien encore, c'est chercher combien 48 contient de fois 6. On peut arriver au résultat au moyen de la soustraction.

Soustrayant 6 de 48, il reste 42 ; $42 - 6 = 36$; $36 - 6 = 30$; $30 - 6 = 24$; $24 - 6 = 18$; $18 - 6 = 12$; $12 - 6 = 6$; $6 - 6 = 0$. Ainsi donc, on a soustrait 6 huit fois de 48 ; donc 6 est contenu 8 fois dans 48. Et 8 est bien le quotient cherché ; car $8 \times 6 = 48$, le produit donné.

Mais on comprend que cette opération, possible dans le cas qui nous occupe, serait excessivement longue si les nombres étaient plus grands.

Il a donc fallu chercher un moyen abrégé pour faire ces soustractions successives.

Remarquons que si, consultant la table de multiplication, nous prenons la colonne verticale qui commence par 6, et que nous descendions jusqu'au nombre 48, nous trouverons le chiffre 8 commençant la colonne horizontale qui contient 48; nous aurons ainsi immédiatement le facteur cherché ou le quotient de 48 divisé par 6. Mais, pour cela, il faut :

1° Que le produit donné, ou le dividende, ne soit pas composé de plus de deux chiffres;

2° Qu'il soit exactement le produit du facteur donné par un nombre entier;

3° Que le facteur donné, ou le diviseur, ne soit exprimé que par un chiffre. Sans ces trois conditions on ne trouverait pas le nombre dans la table de multiplication.

Ainsi, supposons que 47 soit à diviser par 6 au lieu de 48, on trouve bien dans la table 42 qui contient 7 fois 6, et 48 qui contient 8 fois 6, mais on ne trouve pas 47.

Dans ce cas, la division a pour but de trouver combien de fois, au plus, le diviseur 6 est contenu dans le dividende; et, pour retrouver le dividende, on devra nécessairement ajouter le reste au produit du diviseur par le quotient.

Exemple. 47 : 6 a pour quotient 7 et pour reste 5.
$$47 = 6 \times 7 + 5 = 42 + 5 = 47.$$

Plus loin, lorsqu'il sera question des fractions décimales, on verra que l'on peut alors continuer la division et connaître, ou le véritable quotient, ou un nombre qui l'approche autant qu'on peut le désirer.

. Pour bien se rendre compte des moyens à employer pour trouver le quotient d'une division, ou le second facteur du produit donné, il faut examiner comment les différents produits partiels d'une multiplication entrent dans le produit total.

Soit 5.438 à multiplier par 725.

<table>
<tr><td>5.438</td><td></td><td>3.942.550</td></tr>
<tr><td>725</td><td></td><td>— 3.806.6</td></tr>
<tr><td>27.190</td><td></td><td>135.950</td></tr>
<tr><td>108.76</td><td></td><td>— 108.76</td></tr>
<tr><td>3.806.6</td><td></td><td>27.190</td></tr>
<tr><td>3.942.550</td><td></td><td></td></tr>
</table>

On voit d'abord que le produit du multiplicande par les centaines du multiplicateur, ne donnant que des centaines, est tout entier contenu dans les cinq premiers chiffres à gauche du produit total. Et si l'on retranche, du produit total 3.942.550, le produit partiel du multiplicande par les centaines du multiplicateur, le reste 135.950 ne contiendra plus que les produits du multiplicande par les dizaines, et celui par les unités du multiplicateur. On voit encore que le premier de ces deux produits (celui du multiplicande par les dizaines du multiplicateur), ne pouvant donner que des dizaines, sera tout entier contenu dans les cinq premiers chiffres à gauche du reste 135.950 ; et si l'on retranche ce produit partiel, 10.876, de 135.950, le reste 27.190 est le produit du multiplicande par les unités du multiplicateur.

Ces remarques faites, supposons que l'on donne pour dividende le produit 3.942.550 et pour diviseur le facteur 5.438 ; il s'agit de retrouver le facteur 725.

46. Voyons d'abord s'il est possible de savoir combien le quotient aura de chiffres. D'après ce que nous avons vu plus haut, le produit du diviseur, par le chiffre des unités les plus élevées du quotient, ne peut être contenu que dans la partie à gauche du dividende. Prenons d'abord autant de chiffres qu'il y en a dans le diviseur ; nous voyons tout d'abord que 3.942 ne contient pas 5.438, donc il faut 39.425 qui contient un chiffre de plus que le diviseur et qui renferme bien le produit de ce dernier par le chiffre des unités les plus élevées du quotient. On voit, dès lors, que 39.425 exprimant des centaines, le chiffre des unités les plus élevées du quotient représentera des centaines ; donc le quotient n'aura que trois chiffres : des centaines, des dizaines et des unités.

Il faut alors diviser 39.425 par 5.438, ou chercher combien le premier nombre contient de fois le second, opération difficile et qu'on peut beaucoup simplifier, en observant que chacun des chiffres du diviseur a été multiplié par les centaines du facteur que l'on cherche ; le dernier chiffre à gauche 5, celui des mille, a donc été aussi multiplié par le chiffre des centaines du quotient, et son produit doit nécessairement être contenu dans les deux derniers chiffres à gauche du dividende ou produit. Ainsi 39 contient le produit des 5 mille du dividende par le chiffre des centaines du quotient.

47. En cherchant combien 39 contient de fois 5, on trouve 7. Mais ce chiffre peut être ou trop fort ou trop faible. Il sera trop fort, si le produit du diviseur par ce chiffre donne un produit plus grand que 39.425, car ce nombre peut contenir des mille et des centaines provenant des produits du diviseur par les dizaines et les unités du quotient que l'on cherche. Il sera trop faible, si le produit de 5.438 multiplié par 7, retranché de 39.425, donne un reste égal au diviseur ou plus grand que lui. Dans l'exemple que nous avons choisi, 7 est bien le chiffre des centaines du quotient, car, retranchant le produit de 5.438 par 7 de 39.425, il reste 1.359, qui est plus petit que le diviseur.

Le reste 135.950 du dividende ne contient plus que deux produits partiels, celui du diviseur par les dizaines du quotient, et celui du diviseur par les unités du quotient. D'après ce que nous avons vu plus haut, le premier de ces produits ne peut être contenu que dans les dizaines de 135.950 ou 13.595 ; pour avoir le chiffre des dizaines du quotient, il faut donc savoir combien 13.595 contient de fois 5.438, ou combien 13 contient de fois 5. On trouve 2 ; en essayant ce chiffre, c'est-à-dire en faisant le produit du diviseur par 2 et le comparant à 13.595, on voit s'il est trop faible ou trop fort. Le produit de 5.438×2 est 10.876 qui est plus faible que 13.595, donc il n'est pas trop fort. Retranchant ce produit du dividende 13.595, on a pour reste 2.719, qui ne contient plus 5.438, donc 2 est le chiffre des dizaines du quotient ; et 27.190, reste du dividende primitif après cette seconde soustraction, ne contient plus que le produit du diviseur 5.438 par le chiffre des unités du quotient.

Pour connaître ce dernier chiffre, il faut savoir combien 27,190 contient de fois 5.438, ou combien 27 contient de fois 5. On trouve que 5 est contenu 5 fois dans 27, et ce chiffre est bien celui cherché, puisque $5.438 \times 5 = 27.190$.

Ainsi le quotient de la division de 3.942.550 par 5.438 est 725.

48. Si, après avoir trouvé le chiffre des centaines, le reste 13.595 dizaines, qui devait renfermer le produit du diviseur par les dizaines du quotient, se fût trouvé plus petit que 5.438, on en aurait conclu que le quotient n'avait pas de dizaines. Il aurait donc fallu mettre au quotient un zéro pour tenir la place des dizaines ; et, joignant à 13.595 le chiffre des unités du dividende laissé de côté, on aurait considéré 135.950 comme le produit du diviseur par les unités du quotient.   Remarque.

On dispose la division de la manière suivante :

$$
\begin{array}{r|l}
\text{Dividende.} \quad 3942550 & 5438 \quad \text{Diviseur.} \\
38066 & \overline{} \\
\overline{13595} & 725 \quad \text{Quotient.} \\
10876 & \\
\overline{27190} & \\
27190 & \\
\overline{00000} &
\end{array}
$$

Dans la pratique on simplifie encore l'opération, en retranchant les produits partiels du diviseur par les différents chiffres du quotient, sans les écrire. Ainsi l'on dit, après avoir trouvé le chiffre 7 des centaines du quotient : $7 \times 8 = 56$, 56 de 65 reste 9, qu'on écrit sous le chiffre des centaines du dividende, et l'on retient 6 ; $7 \times 3 = 21$ et 6 de retenus 27, 27 de 32 reste 5, qu'on écrit sous les mille du dividende, et l'on retient 3 ; $7 \times 4 = 28$ et 3 de retenus 31, 31 de 34 reste 3, qu'on écrit sous les dizaines de mille du dividende, et l'on retient 3 ; $5 \times 7 = 35$ et 3 de retenus 38, 38 de 39 reste 1, qu'on écrit.

Agissant de la même manière pour les produits du diviseur par les autres chiffres du quotient, l'opération se présente sous la forme suivante :

$$
\begin{array}{r|l}
3942550 & 5438 \\
13595 & \overline{} \\
27190 & 725 \\
0000 &
\end{array}
$$

Après chacune des soustractions que nous venons d'indiquer, on descend, à la droite des restes et successivement, chacun des chiffres laissés de côté à la droite du dividende, lors du commencement de l'opération.

Dans le cas qui précède, la division du dividende par le diviseur est exacte, par suite le produit du diviseur par le quotient doit nécessairement donner le dividende. Mais dans l'exemple suivant les choses ne se passent pas ainsi :

3942578	5438
13597	725
27218	
0028	

Le produit de 5.438 par 725 ne donne pas 3.942.578, mais
bien 3.942.550, auxquels il faut ajouter le reste 28 pour retrouver
le produit donné, ou dividende.

On verra, lorsqu'il s'agira des fractions, que, dans une division
qui a un reste, la fraction qui a pour numérateur ce reste et pour
dénominateur le diviseur complète le quotient.

De tout ce qui précède on déduit la règle générale suivante :

49. Pour diviser un nombre entier par un autre nombre en- *Règle générale.*
tier, écrire le dividende et le diviseur sur la même ligne horizontale, les séparer par un trait vertical, et souligner le diviseur.
Prendre, sur la gauche du dividende, assez de chiffres pour que la
partie ainsi séparée contienne au moins une fois le diviseur ; s'il
est possible, diviser le premier chiffre à gauche du dividende par
le premier chiffre à gauche du diviseur, sinon diviser les deux
premiers chiffres à gauche du dividende par le premier chiffre à
gauche du diviseur. Le chiffre fourni par cette division est le chiffre
des plus hautes unités du quotient, ou un chiffre trop fort. Multiplier tout le diviseur par le chiffre du quotient et retrancher le
produit de la partie séparée à gauche du dividende. Si la soustraction ne peut pas se faire, c'est que le chiffre trouvé est trop
fort. Le diminuer successivement d'une unité jusqu'à ce que la
soustraction du produit du diviseur par ce chiffre puisse se
faire.

A la droite du reste abaisser le premier chiffre du dividende
qui suit immédiatement à droite le dividende partiel dont on vient
de se servir, puis diviser le nombre ainsi formé par le diviseur,
comme on vient de le dire précédemment. Écrire le chiffre qui
résulte de cette division à la droite du premier chiffre déjà écrit
au quotient. Multiplier le diviseur par ce deuxième chiffre, puis
retrancher ce produit du second diviseur partiel. A droite du
reste obtenu, écrire le chiffre du dividende qui est immédiatement à droite du premier chiffre abaissé, et l'on a ainsi un troisième dividende partiel, que l'on divise par le diviseur. Continuer
de même jusqu'à ce qu'on ait abaissé et employé tous les chiffres

laissés à gauche du dividende principal, lors de la séparation du premier dividende partiel.

Si un dividende partiel ne contient pas le diviseur, c'est que le quotient n'a pas d'unités de l'ordre du dernier chiffre abaissé ; mettre alors un zéro au quotient et, considérant ce dividende partiel comme un reste, abaisser à sa droite le chiffre suivant du dividende principal pour continuer la division.

Chaque reste doit être moindre que le diviseur ; s'il en était autrement, le dividende contiendrait le diviseur au moins une fois de plus qu'on ne l'a marqué, par suite le dernier chiffre écrit au quotient serait trop faible au moins d'une unité ; dans ce cas, augmenter ce chiffre d'une unité et le vérifier de nouveau.

Preuve de la division.

50. Pour faire la preuve de la division, multiplier le diviseur par le quotient, et au produit ajouter le reste, s'il y en a un. On doit ainsi retrouver le dividende ; c'est la conséquence de la définition de la division.

Preuve de la multiplication.

51. Il suit aussi, de la définition de la division, que, si l'on divise le produit de deux facteurs par l'un de ces deux facteurs, le quotient sera l'autre facteur. Ainsi, pour vérifier le résultat d'une multiplication, il suffit de diviser le produit par l'un des facteurs, et la division, effectuée sans reste, doit donner l'autre facteur pour quotient.

En multipliant et en divisant le dividende et le diviseur d'une division par un même nombre, on ne change pas le quotient.

52. Si deux nombres entiers peuvent se diviser l'un par l'autre sans donner de reste, on peut multiplier ou diviser par un même nombre le dividende et le diviseur sans changer le quotient.

En effet, soit 72 qui contient 9 huit fois, si l'on multiplie le dividende 72 par 3, par exemple, on rend ce nombre 3 fois plus grand et il contient le diviseur 9 un nombre de fois trois fois plus grand que 8 premier quotient, mais si en même temps on multiplie le diviseur 9 par 3, on rend ce nombre trois fois plus grand et il est contenu dans le dividende 72×3 un nombre de fois trois fois moins grand que 8 premier quoitient. Le quotient 8 restera donc le même.

Par un raisonnement semblable on prouverait qu'on ne change pas le quotient en divisant le dividende et le diviseur par un même nombre.

De ce qui précède on déduit les deux règles suivantes :

En multipliant ou en divisant le dividende par un nombre, on multiplie ou l'on divise le quotient par ce nombre.

53. 1° En multipliant le dividende seul par un certain nombre on multiplie le quotient par ce nombre, et en divisant le dividende seul par un certain nombre on divise le quotient par ce nombre.

54. 2° En multipliant le diviseur seul par un certain nombre on divise le quotient par ce nombre, et en divisant le diviseur seul par un nombre on multiplie le quotient par ce nombre.

DIVISIBILITÉ DES NOMBRES.

55. 1° Un nombre est divisible par un autre, quand la division du premier par le second se fait sans reste; par suite, un nombre est diviseur d'un autre, quand la division du premier par le second se fait sans reste.

Exemple. 48 est divisible par 8, et 8 est diviseur de 48.

56. 2° Un nombre premier est celui qui n'est divisible que par lui-même ou par l'unité.

Exemple. 3, 5, 7 sont des nombres premiers.

3° Des nombres sont dits premiers entre eux, quand ils n'ont d'autre diviseur commun que l'unité.

Exemple. 12 et 5 ; 7, 8, 22, 31 sont premiers entre eux.

57. 4° Tout diviseur de plusieurs nombres divise la somme de ces nombres.

Exemple. 4, diviseur de 20, de 28, de 36, de 40, divise nécessairement la somme 124; en effet

$$20 = 4 \times 5 = 5 \times 4$$
$$28 = 4 \times 7 = 7 \times 4$$
$$36 = 4 \times 9 = 9 \times 4$$
$$40 = 4 \times 10 = 10 \times 4$$

$$20 + 28 + 36 + 40 = (5 \times 4) + (7 \times 4) + (9 \times 4) + (10 \times 4$$
$$\text{ou } 124 \qquad = (5 + 7 + 9 + 10) \times 4$$
$$\text{ou } 124 \qquad = (31 \times 4 = 124.$$

58. Il suit de là que tout diviseur d'un nombre divise les multiples de ce nombre.

Exemple. 5 divisant 20 divisera 40, 60, 100, 400, etc.

59. 5° Un nombre étant la somme de deux autres, tout nombre qui divise l'une des parties sans diviser l'autre ne divise pas la somme.

Car, s'il divisait la somme, il devrait diviser aussi chacune des parties, d'après ce qui a été dit plus haut; ce qui est contraire à l'hypothèse.

60. 6° Il suit de là que tout nombre qui divise une somme et l'un des deux nombres qui la composent divise nécessairement l'autre ; ou, ce qui est la même chose, tout diviseur de deux nombres divise leur différence.

61. 7° Un nombre est divisible par deux quand ce nombre èst pair, c'est-à-dire terminé à droite par l'un des chiffres 0, 2, 4, 6 et 8.

62. 8° Un nombre est divisible par 3, quand la somme des chiffres de ce nombre, additionnés comme des unités simples, égale 3 ou un multiple de 3.

Exemple. 51 est divisible par 3 parce que $5 + 1 = 6$ multiple de 3.

63. 9° Un nombre est divisible par 9, quand la somme des chiffres de ce nombre, additionnés comme des unités simples, égale 9 ou un multiple de 9.

Exemple. 1.152 est divisible par 9, puisque $1 + 1 + 5 + 2 = 9$.

64. 10° Tout nombre qui en divise deux autres divise le reste de leur division.

Exemple. Soient les deux nombres 66 et 24, divisibles par 6. En divisant 66 par 24 on trouve pour quotient 2 et pour reste 18.

66 égale donc $24 \times 2 + 18 = 48 + 18$.

Or 6 divise 66, qui est la somme des deux parties 48 et 18. Mais 6 divise aussi 24 et par suite son multiple 48. On retombe donc dans le cas d'un nombre qui divise une somme et l'une de ses parties. Donc, le reste de la division de deux nombres, divisibles par un même nombre, est aussi divisible par ce nombre.

PROBLÈMES SUR L'ADDITION,
LA SOUSTRACTION, LA MULTIPLICATION ET LA DIVISION
DES NOMBRES ENTIERS.

1. — Depuis son départ du port, un navire a fait plusieurs traversées, pendant lesquelles il a consommé les différentes quantités de charbon qui suivent :

$$18^{\text{tx}}, \ 27^{\text{tx}}, \ 150^{\text{tx}}, \ 97^{\text{tx}} \ \text{et} \ 39^{\text{tx}}.$$

On veut savoir de combien de tonneaux doit être la demande de charbon qu'il doit faire pour remplacer le charbon qu'il a dépensé.

2. — Un navire à vapeur a mis quatre jours pour se rendre de Tou-

lon à Alger ; le premier jour il a été sous vapeur pendant 8 heures, le second pendant 11 heures, et pendant les deux derniers jours 5 heures de plus que pendant le second. Combien a-t-il eu d'heures de chauffe pendant sa traversée ?

3. — Un navire rentre au port après une absence de plusieurs mois. En additionnant le nombre de jours de chauffe de chacun d'eux, on trouve les résultats suivants : pendant les deux premiers mois, il n'a eu que 7 jours et 6 heures de chauffe ; dans le mois suivant, il a été sous vapeur pendant 19 jours et 18 heures ; dans les cinq mois suivants, il n'a pas chauffé plus que dans les trois premiers ; enfin, dans les 14 derniers mois de son absence, il a été sous vapeur autant de jours que pendant les premiers mois, plus 5 jours et 6 heures.

Combien le navire a-t-il eu de mois d'absence et combien de jours de chauffe pendant cette absence ?

4. — Une escadre est composée de 4 vaisseaux, 2 frégates et 3 corvettes. Tous ces navires sont à vapeur. Les vaisseaux sont montés chacun par 860 hommes et ont des machines de 900 chevaux ; les frégates portent ensemble 1.025 hommes, mais chacune d'elles a 650 chevaux ; enfin les corvettes sont montées chacune par 370 hommes et ont des machines de 320 chevaux.

Quelle est la force de l'escadre en hommes et en chevaux ?

5. — La machine d'un navire est de 1.800 chevaux ; celle d'un autre n'est que de 750 chevaux.

Quelle est la différence de force de ces deux machines ?

6. — Dans une première traversée, on a consommé 548.025 kilogrammes de charbon et 275 kilogrammes de matière grasse ; une seconde fois, faisant la même traversée, on n'a dépensé que 437.279 kilogrammes de charbon et 199 kilogrammes de matières grasses.

Quelles sont les économies réalisées dans la seconde traversée ?

7. — Une roue fait 746 tours en une minute ; une autre roue fait 545 tours dans le même temps : combien la première en fait-elle de plus que la seconde ?

8. — M. Charles Dallery, né le 4 septembre 1754, présente, en 1803, la chaudière à bouilleurs tubulaires, l'hélice comme moyen de propulsion et les mâts rentrants ; la chaudière tubulaire de M. Seguin ne paraît qu'en 1828 ; l'hélice de Sauvage ne date que de 1832. Combien de temps chacune de ces inventions est-elle restée sans être appliquée ?

9. — Un navire dépense 50 kilogrammes de charbon par 24 heures de chauffe ; combien dépensera-t-il de combustible pour une traversée de 27 jours de marche ?

10. — En calculant ce qu'il faudrait de mécaniciens pour armer tous nos navires à vapeur, on trouve qu'il faut un chauffeur pour 20 chevaux, un quartier-maître pour 72, un second maître pour 165 et un premier maître pour 370.

Combien 269 maîtres pourraient-ils conduire de chevaux ? Combien 603 seconds maîtres pourraient-ils conduire de chevaux ? Combien 1.358 quartiers-maîtres pourraient-ils conduire de chevaux ? Combien 2.920 chauffeurs pourraient-ils conduire de chevaux ?

11. — Le charbon coûte 3 francs les 100 kilogrammes ; à combien revient le chargement d'un navire portant 1.800 tonneaux ?

12. — Le cylindre d'une machine, par chaque coup de piston, consomme 2.733 litres de vapeur ; le propulseur fait 45 tours à la minute. Combien les chaudières doivent-elles produire de vapeur par minute pour satisfaire aux besoins de la machine ?

13. — Nous avons 1.300 tonneaux de charbon à bord, nous en consommons 125 par 24 heures de chauffe. Combien de jours de chauffe avons-nous à bord ?

14. — Au bout de 2 heures 50 minutes, le compteur de la machine à vapeur d'un navire marque 15.300 coups de piston. Combien le propulseur de ce navire fait-il de tours par minute ?

15. — Un navire à vapeur a parcouru une distance de 64.800 mètres en 6 heures. Quelle est la distance parcourue par ce navire en une minute ?

16. — Pour 500 tonneaux de charbon embarqués sur un navire, on a pris 750 kilogrammes d'huile pour graisser. Combien de grammes d'huile doit-on dépenser pour chaque tonneau de charbon ?

17. — On a à bord trois espèces de charbon ; l'une coûte 30 francs le tonneau, l'autre 27 et la troisième 52 : sur les 500 tonneaux embarqués, il y en a 189 de la première espèce, 258 de la seconde.

Combien y a-t-il de tonneaux de la troisième espèce ? A combien revient le tonneau du mélange des trois espèces ?

18. — Dans une certaine machine, on a dépensé 180 kilogrammes d'huile par 24 heures avec les godets graisseurs ordinaires ; l'établissement de lubrifieurs mécaniques a fait réaliser une économie de 384 kilogrammes en 12 jours de marche. Combien a-t-on dépensé d'huile par jour et quelle était l'économie journalière ?

19. — Dans une traversée de 10 jours, un navire portant 1.000 tonneaux de marchandises a brûlé 180 tonneaux de charbon, à 30 francs l'un ; il a dépensé pour 191 francs de corps gras ; la solde et la nourriture de l'équipage ont coûté aux armateurs 2.010 francs ; l'assurance et l'intérêt du capital engagé ont été de 399 francs ; les armateurs ont reçu 12.000 francs

pour fret. Combien ont-ils gagné réellement et à combien leur revenait le fret du tonneau?

20. — La pression de la vapeur dans la chaudière est de 4 atmosphères, c'est-à-dire qu'elle fait un effort de 4 kilogrammes par centimètre carré de surface; le manomètre de la boîte du tiroir ne marque que trois atmosphères; le piston a 1.727 centimètres carrés de surface. Quelle est la pression exercée sur le piston et quelle est la différence entre cette pression et celle qui serait exercée, si la vapeur ne perdait pas de sa force en passant de la chaudière au cylindre?

FRACTIONS ORDINAIRES.

65. En partageant l'unité en un certain nombre de parties égales, on forme des unités fractionnaires. Une ou plusieurs de ces parties forment ce qu'on appelle une fraction.

66. Un certain nombre qui renferme une partie entière et une fraction s'appelle nombre fractionnaire.

67. Pour exprimer une fraction, on emploie deux nombres : l'un, appelé dénominateur, indique en combien de parties on a divisé l'unité; l'autre, appelé numérateur, indique combien on a pris de ces parties pour former la fraction.

68. Pour écrire une fraction on écrit d'abord le numérateur; on trace au-dessous une petite barre horizontale; et, sous ce trait, on écrit le dénominateur.

69. Pour énoncer une fraction, on énonce d'abord le numérateur, puis le dénominateur, en ajoutant à ce dernier la terminaison *ième*.

Si l'on partage l'unité en 12 parties égales, le douzième est l'unité fractionnaire.

$\frac{3}{12}$ est une fraction. 3 est le numérateur, qui indique que l'on prend 3 unités fractionnaires ; 12 est le dénominateur, qui montre en combien de parties l'unité a été partagée.

$\frac{3}{12}$ s'énonce ainsi : trois douzièmes.

$4\frac{3}{12}$ (quatre unités, trois douzièmes) est un nombre fractionnaire.

Lorsque l'unité a été partagée en 2, 3, 4 parties, les unités fractionnaires ne se nomment pas des deuxièmes, des troisièmes, des quatrièmes; l'usage veut qu'on les appelle des demies, des tiers, des quarts.

$\frac{1}{2}$ représente une demie ; $\frac{2}{3}$ représente deux tiers; et $\frac{3}{4}$ représente trois quarts.

70. Les deux nombres nécessaires pour énoncer une fraction se nomment aussi les deux termes de la fraction.

71. Une fraction peut être considérée comme le quotient de la division de son numérateur par son dénominateur.

Ainsi $\frac{2}{7}$ serait le quotient de la division de 2 par 7; donc $\frac{2}{7} \times 7$ doit donner le numérateur 2.

En effet, multiplier $\frac{2}{7}$ par 7, c'est composer un nombre, avec $\frac{2}{7}$, comme 7 est composé avec l'unité; c'est donc prendre 7 fois $\frac{2}{7}$ ou 14 septièmes, ou 2, puisqu'il faut 7 septièmes pour faire un entier. Donc $\frac{2}{7}$ est bien le quotient de 2 divisé par 7, puisque, en multipliant ce quotient par le diviseur 7, on reproduit le dividende 2.

72. D'après ce qui précède, on voit que, lorsque la division de deux nombres entiers donne un reste, on complète le quotient entier en y joignant une fraction, ayant pour numérateur le reste, et pour dénominateur le diviseur.

Ainsi, soit 237 à diviser par 9.

$$
\begin{array}{c|c}
237 & 9 \\
57 & \overline{26 + \dfrac{3}{9}} \\
3 &
\end{array}
$$

On trouve 26 pour quotient et 3 pour reste ; le quotient entier 26, multiplié par 9, ne reproduit pas exactement le dividende, il s'en faut de 3 unités.

Il faut donc ajouter à 26 un nombre qui, multiplié par 9, donne pour produit 3. Or $\frac{3}{9}$ est justement ce quotient, car 9 fois $\frac{3}{9}$ donne 27 neuvièmes ou 3 entiers.

Ainsi donc, $26 + \frac{3}{9}$ est bien le quotient complet de 237, divisé par 9.

73. Une fraction étant le quotient d'une division qui a pour dividende le numérateur de cette fraction, et pour diviseur le dénominateur de cette même fraction, il s'ensuit que ce que nous avons dit, au sujet de la division n° 52 et suivants, est encore vrai pour les fractions. Ainsi, en multipliant ou en divisant par un même nombre les deux termes d'une fraction, on ne change pas la valeur de cette fraction.

74. En multipliant le numérateur ou en divisant le dénominateur, on multiplie les fractions par le nombre qui a servi de multiplicateur ou de diviseur, puisque, dans le premier cas, on augmente le dividende et que, dans le second, on diminue le diviseur.

75. En divisant le numérateur ou en multipliant le dénominateur on divise la fraction.

76. Le dénominateur d'une fraction indiquant en combien de parties l'unité a été partagée, si le numérateur d'une fraction est égal à son dénominateur, cette fraction contient toutes les parties de l'entier; par suite, elle est égale à l'unité.

77. Si le numérateur est plus petit que le dénominateur, la fraction contiendra moins de parties qu'il y en a dans l'entier; elle sera donc plus petite que l'unité.

78. Si enfin le numérateur est plus grand que le dénominateur, la fraction contiendra plus de parties qu'il y en a dans l'entier, et par suite sera plus grande que l'unité.

Exemples. $\frac{6}{6}$ est égal à l'unité.

$\frac{2}{3}$ est plus petit que l'unité.

$\frac{8}{6}$ est plus grand que l'unité.

Dans ce dernier cas, on peut retirer la partie entière : pour cela, il suffit de diviser le numérateur par le dénominateur; le quotient est le nombre d'unités entières contenues dans la fraction. Le reste, ayant pour dénominateur le dénominateur de la fraction primitive, sera nécessairement une fraction plus petite que l'unité.

Ainsi, soit $\frac{47}{8}$; il est évident qu'il y aura autant d'unités entières qu'il y a de fois 8 parties dans 47, puisqu'il faut huit de ces parties pour faire un entier.

$\frac{47}{8}$ égale donc 5 entiers plus $\frac{7}{8}$.

79. Il suit de là que, pour faire entrer dans une fraction des entiers qui l'accompagnent, il faut multiplier le nombre entier par le dénominateur de la fraction, ajouter au produit le numérateur de cette fraction, et donner cette somme pour numérateur à l'ancienne fraction.

Exemple. Soit $3 + \frac{5}{7}$ à convertir en fraction. On multiplie 3 par 7, ce qui donne 21 ; on ajoute 5 à ce produit, on a ainsi la somme 26, que l'on donne pour numérateur à l'ancienne fraction $\frac{5}{7}$.

$$3 + \frac{5}{7} = \frac{26}{7}.$$

80. On peut voir aussi que tout nombre entier pourra être mis sous la forme d'une fraction, en lui donnant l'unité pour dénominateur.

Exemple. Soit le nombre 5, si l'on donne à ce nombre l'unité pour dénominateur, on aura $\frac{5}{1}$, qui indique la division de 5 par 1.

Le quotient de cette division, multipliée par le diviseur 1, doit donner le dividende 5 ; c'est en effet ce qui arrive, donc $5 = \frac{5}{1}$.

Cette observation servira pour la multiplication et la division des fractions.

81. De même aussi, pour convertir un nombre entier quelconque en une fraction ayant un dénominateur donné, il suffira de multiplier le nombre entier par le dénominateur, et de prendre le produit pour numérateur de la fraction ayant le dénominateur donné.

Exemple. Convertir 18 en une fraction ayant 6 pour dénominateur :

$$\frac{18 \times 6}{6} = \frac{108}{6}.$$

82. Supposons que l'on veuille comparer entre elles plusieurs fractions, $\frac{2}{3}$ et $\frac{3}{4}$ par exemple, pour savoir quelle est la plus grande des deux. L'unité, dans les deux cas, n'ayant pas été partagée en un même nombre de parties, il peut être très-difficile de se former une idée de la grandeur relative de ces deux quantités. Si, au contraire, on pouvait transformer ces fractions en d'autres de même valeur, mais ayant le même dénominateur, la comparaison des numérateurs montrerait immédiatement la plus grande des deux fractions.

Or nous pouvons multiplier les deux termes de la fraction $\frac{2}{3}$ par 4 dénominateur de la seconde fraction, et la fraction $\frac{8}{12}$ aura la même valeur que $\frac{2}{3}$; de même, en multipliant les deux termes de la seconde fraction $\frac{3}{4}$ par 3, dénominateur de la première, $\frac{9}{12}$ sera égal à $\frac{3}{4}$. Les deux fractions $\frac{2}{3}$ et $\frac{3}{4}$ peuvent donc être remplacées par les deux autres $\frac{8}{12}$ et $\frac{9}{12}$ qui ont même dénominateur ; et, en comparant les numérateurs, on voit de suite que la seconde est plus grande que la première de $\frac{1}{6}$. L'opération que l'on vient de faire s'appelle réduire des fractions au même dénominateur.

Ainsi, réduire des fractions au même dénominateur, c'est trouver des fractions égales aux fractions données, ayant toutes le même dénominateur.

Étendant à un nombre quelconque de fractions ce que nous venons de dire pour deux, on tire la règle générale suivante.

83. Pour réduire des fractions au même dénominateur, multiplier les deux termes de chacune d'elles par le produit effectué du dénominateur de toutes les autres.

Exemple. Soient les fractions $\frac{1}{2}$, $\frac{2}{3}$, $\frac{3}{4}$, $\frac{4}{5}$ à réduire au même dénominateur.

Multipliant les deux termes de chaque fraction par le produit effectué du dénominateur de toutes les autres, on obtient les fractions suivantes :

$$\frac{60}{120}, \quad \frac{80}{120}, \quad \frac{90}{120} \text{ et } \frac{96}{120}.$$

84. On doit toujours chercher à simplifier une fraction donnée ; mais il faut que la division de chacun des termes par un même nombre se fasse sans reste.

C'est ici le lieu de parler d'une opération qui consiste à chercher le plus grand commun diviseur entre deux nombres, et qui donne le moyen de réduire à sa plus simple expression une fraction donnée.

Or, dans la comparaison de deux nombres, on peut toujours considérer l'un comme le numérateur, et l'autre comme le dénominateur d'une fraction ; ainsi la question générale se réduit à trouver le plus grand commun diviseur entre deux nombres.

Soient donc, par exemple, les deux nombres 96 et 180 qu'on peut considérer comme les deux termes de la fraction $\frac{96}{180}$, entre lesquels il faut trouver le plus grand commun diviseur.

Il est d'abord évident que ce plus grand commun diviseur ne peut pas être plus grand que le plus petit des deux nombres, 96, mais il pourrait être 96 lui-même ; pour cela il devrait diviser exactement 180, car il se divise déjà lui-même.

En divisant 180 par 96, on trouve pour quotient 1 et pour reste 84 ; donc 96 n'est pas le plus grand commun diviseur, et ce plus grand commun diviseur sera nécessairement plus petit que 96. D'après la division que l'on vient de faire, 180 = 96 + 84 : le plus grand commun diviseur cherché doit diviser la somme 180 et une des parties de cette somme 96 ; donc il doit aussi diviser l'autre partie 84 (voir 59). Il suffit donc de chercher le plus grand commun diviseur entre 96 et 84 ; pour cela, divisons 96 par 84.

On trouve pour quotient 1 et pour reste 12. 84 n'est donc pas le nombre cherché. D'après ce qui a été dit plus haut, le plus

Règle générale pour réduire des fractions au même dénominateur.

Réduction des fractions à leur plus simple expression.

Recherche du plus grand commun diviseur.

grand commun diviseur devra diviser le reste 12; mais 12 pourrait être le diviseur cherché : en effet, il suffit qu'il divise exactement 84, puisqu'il se divise lui-même. Divisant donc 84 par 12, on trouve pour quotient 7 et pour reste zéro ; par suite, 12 est le plus grand commun diviseur entre 180 et 96.

Si on considère ces deux nombres comme les deux termes de la fraction $\frac{96}{180}$, divisant le numérateur et le dénominateur par leur plus grand commun diviseur 12, on obtiendra la fraction $\frac{8}{15}$ qui sera la plus simple expression de $\frac{96}{180}$.

On dispose l'opération de la manière suivante :

$$\begin{array}{c|c|c|c} & \overset{1}{} & \overset{1}{} & \overset{7}{} \\ 180 & 96 & 84 & 12 \\ \hline 84 & 12 & 00 & \end{array}$$

Les deux nombres, entre lesquels on doit chercher le plus grand commun diviseur, se placent en présence l'un de l'autre, comme pour la division, mais le quotient s'écrit au-dessus du diviseur.

85. Si, dans la suite des opérations que l'on doit faire pour trouver le plus grand commun diviseur, on arrive à avoir pour dernier reste l'unité, ce sera la preuve qu'il n'y a pas de commun diviseur autre que l'unité, entre les deux nombres donnés.

Dans ce cas, les nombres sont dits premiers entre eux et la fraction est irréductible.

86. De ce qui précède on déduit la règle générale suivante :

Pour trouver le plus grand commun diviseur entre deux nombres, diviser le plus grand par le plus petit. Si la division se fait sans reste, le plus petit nombre est le plus grand commun diviseur cherché ; si la division ne se fait pas sans reste, diviser le plus petit nombre par le reste. Si la division se fait sans reste, le premier reste est le diviseur cherché ; si la division ne se fait pas sans reste, diviser le premier reste par le second. Si la division se fait sans reste, le second reste est le diviseur cherché ; si la division ne se fait pas sans reste, diviser le deuxième reste par le troisième, et continuer ainsi jusqu'à ce qu'on trouve un reste qui divise exactement le précédent.

Ce reste diviseur sera le plus grand commun diviseur entre les deux nombres donnés : si l'on parvient à avoir l'unité pour dernier reste, les deux nombres sont premiers entre eux.

87. Pour trouver le plus grand commun diviseur entre plusieurs nombres, chercher le plus grand commun diviseur entre deux de ces nombres, comme on l'a dit plus haut : puis chercher le plus grand commun diviseur entre le premier diviseur trouvé et un autre de ces nombres donnés, et ainsi de suite.

Plus grand commun diviseur entre plusieurs nombres.

ADDITION DES FRACTIONS ORDINAIRES.

88. Additionner plusieurs fractions, c'est réunir toutes leurs parties pour en composer une seule fraction, qu'on appelle leur somme.

Addition des fractions ordinaires

Mais on ne peut réunir en un seul nombre que des parties égales ou de même espèce ; il faut donc, avant d'additionner des fractions, les réduire au même dénominateur. Alors la somme des numérateurs donnera la somme de toutes les parties contenues dans les fractions à additionner ; donnant à cette somme le dénominateur commun, on aura une nouvelle fraction qui sera la somme de toutes les autres.

Exemple. Additionner les fractions suivantes :

$$\frac{1}{2} + \frac{3}{4} + \frac{2}{5} + \frac{5}{6}.$$

Ces fractions réduites au même dénominateur deviennent :

$$\frac{120}{240} + \frac{180}{240} + \frac{96}{240} + \frac{200}{240}.$$

Faisant la somme des numérateurs et donnant à cette somme, pour dénominateur, le dénominateur commun, on trouve la fraction $\frac{596}{240}$ qui, réduite à sa plus simple expression, devient :

$$1 + \frac{11}{15}.$$

D'où il résulte la règle générale suivante :

89. Pour additionner plusieurs fractions, les réduire d'abord au même dénominateur ; additionner ensuite les numérateurs des nouvelles fractions, et donner à la somme, pour dénominateur, le dénominateur commun.

Règle générale pour additionner plusieurs fractions.

Extraire les entiers de la fraction, s'il y en a; dans tous les cas, la réduire à sa plus simple expression.

90. Si un des dénominateurs des fractions, qu'il faut additionner, était un multiple de tous les autres, on devrait prendre ce dénominateur comme dénominateur commun.

Ainsi, dans l'exemple suivant :

$$\frac{1}{2} + \frac{3}{4} + \frac{5}{8} + \frac{11}{24}.$$

24 est le multiple de 2 (2×12), de 4 (4×6), de 8 (8×3). 24 peut donc être pris pour dénominateur commun, et les fractions proposées deviennent :

$$\frac{12}{24} + \frac{18}{24} + \frac{15}{24} + \frac{11}{24}, \text{ dont la somme}$$

$$\text{est } \frac{56}{24} \text{ ou } 2 + \frac{1}{3}.$$

On peut encore trouver un nombre qui soit un multiple de tous les dénominateurs; dans ce cas, ce nombre peut servir de dénominateur commun.

Ainsi, s'il s'agit d'additionner les fractions

$$\frac{1}{3} + \frac{5}{6} + \frac{3}{4}.$$

6 est un multiple de 3 (3×2), il suffit de trouver un multiple de 6 et de 4; 12 par exemple est multiple de 6 (6×2) et de 4 (4×3). 12 peut donc être pris pour dénominateur commun ; les trois fractions à additionner deviennent alors :

$$\frac{4}{12} + \frac{10}{12} + \frac{9}{12}, \text{ dont la somme}$$

$$\text{est } \frac{23}{12} \text{ ou } 1 + \frac{11}{12}.$$

91. Pour additionner des nombres composés d'entiers et de fractions, additionner les fractions comme si elles étaient seules ; extraire les entiers de cette première somme, si elle en contient, et les réunir aux entiers donnés, qu'on additionne ensuite.

Exemple. Additionner : $3\frac{1}{2} + 2\frac{4}{5} + 15\frac{1}{5}$.

La somme des fractions $\frac{1}{2}$, $\frac{4}{5}$ et $\frac{1}{5}$ donne $\frac{49}{30}$ ou $1 + \frac{19}{30}$. Ajoutant cette unité aux entiers 3, 2 et 15, on obtient 21 ; et la somme totale est $21 + \frac{19}{20}$.

SOUSTRACTION DES FRACTIONS ORDINAIRES.

92. Soustraire une fraction d'une autre, c'est en chercher une troisième qui, ajoutée à la plus petite, donne la plus grande.

De même que, pour l'addition, il faut d'abord réduire les fractions au même dénominateur.

Ainsi, soit à soustraire $\frac{3}{4}$ de $\frac{6}{7}$, on ne peut comparer ces deux quantités qu'autant qu'elles expriment des mêmes parties de l'unité. Réduites au même dénominateur, elles deviennent $\frac{21}{28}$ et $\frac{24}{28}$; dès lors, il est facile de voir que $\frac{24}{28}$ moins $\frac{21}{28}$ donne $\frac{3}{28}$.

De là, on déduit la règle générale suivante :

93. Pour soustraire une fraction d'une autre, réduire d'abord les deux fractions au même dénominateur ; retrancher le plus petit numérateur du plus grand, et donner à la différence obtenue le dénominateur commun.

La fraction ainsi obtenue et réduite à sa plus simple expression est la différence demandée.

94. Dans la soustraction d'un nombre fractionnaire d'un autre nombre fractionnaire, il peut se présenter deux cas :

1º La fraction du nombre fractionnaire à retrancher peut être plus petite que celle du nombre dont on doit la retrancher.

Dans ce cas, on réduit les deux fractions au même dénominateur ; on retranche la plus petite de la plus grande ; et le reste de cette soustraction, joint à la différence des nombres entiers, donne la différence entre les deux nombres fractionnaires.

Exemple. Soit à retrancher $7\frac{1}{2}$ de $10\frac{3}{4}$.

La différence des deux fractions est $\frac{1}{4}$, celle des parties entières est 3, et la différence entre les deux quantités données est $3\frac{1}{4}$.

2º La fraction du nombre fractionnaire à retrancher peut être plus grande que celle du nombre dont on la doit retrancher.

On réduit encore les deux fractions au même dénominateur ; mais, comme la soustraction n'est pas possible, on ajoute à la plus petite un des entiers du nombre le plus grand, et l'on agit comme on vient de le voir plus haut.

Exemple. Soit à retrancher $7\frac{3}{4}$ de $10\frac{1}{2}$ ou $7\frac{3}{4}$ de $10\frac{2}{4}$; on prend un des entiers du nombre le plus grand, et on le convertit en quarts; on a ainsi $7\frac{3}{4}$ à retrancher de $9\frac{6}{4}$, dont la différence est $2\frac{3}{4}$.

95. Si l'on doit retrancher un nombre fractionnaire ou une fraction d'un nombre entier, on fera de ce nombre entier un nombre fractionnaire en convertissant un de ses entiers en une fraction de la même espèce que celle qu'il faut retrancher, et on agira comme on l'a vu plus haut.

Exemple. Soit à retrancher $4\frac{7}{8}$ de 7, on met 7 sous la forme fractionnaire suivante : $6\frac{8}{8}$; retranchant alors $4\frac{7}{8}$ de cette quantité, on a pour différence $2\frac{1}{8}$.

96. Enfin, si l'on doit retrancher un nombre entier d'un nombre fractionnaire, il suffit de faire la différence des parties entières et de joindre au reste la fraction du nombre fractionnaire.

Ainsi la différence entre $7\frac{3}{5}$ et 4 est $3\frac{3}{5}$.

MULTIPLICATION DES FRACTIONS ORDINAIRES.

97. Multiplier un nombre quelconque par une fraction, c'est composer un troisième nombre, avec celui donné pour multiplicande, comme la fraction multiplicateur est composée par rapport à l'unité.

Dans la multiplication des fractions, il peut se présenter trois cas :

1° L'un des facteurs, seulement, étant une fraction ;

2° Les deux facteurs étant des fractions ;

3° Les deux facteurs, ou l'un d'eux, étant un nombre fractionnaire. Mais ces trois cas se réduisent à un seul. Car un nombre entier peut se mettre sous la forme d'une fraction, en lui donnant l'unité pour dénominateur; et on peut toujours faire entrer dans une fraction les entiers qui l'accompagnent. Il n'y a donc, par le fait, que la multiplication d'une fraction par une autre fraction.

Ainsi donc, soient à multiplier, l'une par l'autre, les deux fractions $\frac{4}{5}$ et $\frac{7}{8}$.

D'après la définition, on doit prendre les $\frac{7}{8}$ de $\frac{4}{5}$.

Prenons d'abord le huitième; nous savons que, pour rendre une fraction huit fois plus petite, il suffit de multiplier son dénominateur par 8 (n° 75).

Par suite, $\dfrac{4}{5 \times 8}$ exprime le huitième de $\dfrac{4}{5}$. Mais ce n'était pas

le huitième seulement de $\dfrac{4}{5}$ qu'il fallait prendre, on devait prendre

les $\dfrac{7}{8}$; $\dfrac{4}{5 \times 8}$ est donc 7 fois trop petit. On sait que, pour rendre

cette fraction 7 fois plus grande (n° 74), il suffit de multiplier son

numérateur par 7; $\dfrac{4 \times 7}{5 \times 8}$ sera donc le produit demandé.

Dans le numérateur et dans le dénominateur de cette fraction, on peut intervertir l'ordre des facteurs sans changer les produits.

$$\frac{4 \times 7}{5 \times 8} = \frac{7 \times 4}{8 \times 5}.$$

Donc le produit de $\frac{4}{5}$ par $\frac{7}{8}$ est le même que celui de $\frac{7}{8}$ par $\frac{4}{5}$.

Si l'un des facteurs était un nombre entier, et que l'on eût, par exemple, 7 à multiplier par $\frac{4}{5}$, on mettrait 7 sous la forme suivante $\frac{7}{1}$, on aurait à multiplier $\frac{7}{1}$ par $\frac{4}{5}$, ce qui rentre dans le cas de la multiplication de deux fractions l'une par l'autre.

Enfin, si l'un des nombres donnés, ou les deux, sont des nombres fractionnaires, on les convertit en fraction, et on retombe encore dans le cas de deux fractions.

De ce qui précède, on tire la règle générale suivante :

98. Pour multiplier une fraction par une fraction, multiplier le numérateur de l'une par le numérateur de l'autre, et donner pour dénominateur à ce produit le produit des deux dénominateurs.

Règle générale pour la multiplication des fractions.

Si l'un des facteurs est un nombre entier, multiplier le numérateur de la fraction par ce nombre entier et donner, pour dénominateur au produit, le dénominateur de la fraction.

Si l'un des facteurs, ou les deux, sont des nombres fractionnaires, faire entrer les entiers dans les fractions et multiplier les nouvelles fractions l'une par l'autre.

99. 1° Le produit de plusieurs fractions s'obtient en multipliant les numérateurs entre eux et les dénominateurs entre eux. Les deux produits sont les termes de la fraction égale au produit de toutes les autres.

Remarques sur la multiplication des fractions.

2° Le produit d'un nombre quelconque par l'unité étant ce nombre lui-même, il s'ensuit que le produit d'un nombre quelconque, multiplié par une quantité plus petite que l'unité ou fraction, sera toujours moindre que le nombre donné pour multiplicande.

3° Le produit, d'autant de facteurs ou de nombres fractionnaires que l'on voudra, ne change pas quand on intervertit l'ordre des facteurs.

100. Le produit de deux ou de plusieurs fractions donne naissance aux fractions de fractions. On nomme ainsi une suite de fractions liées entre elles par l'article *de* ou *des*.

Pour évaluer des fractions de fractions, il suffit de faire le produit de tous les numérateurs et de donner à ce produit, pour dénominateur, le produit de tous les dénominateurs.

Exemple. Soient à évaluer les fractions de fractions suivantes :

$$\text{Les } \frac{2}{3} \text{ des } \frac{3}{4} \text{ des } \frac{5}{6} = \frac{2}{3} \times \frac{3}{4} \times \frac{5}{6} = \frac{2 \times 3 \times 5}{3 \times 4 \times 6} = \frac{30}{72} = \frac{15}{36}.$$

DIVISION DES FRACTIONS ORDINAIRES.

101. Diviser un nombre par un autre, c'est trouver un troisième nombre appelé quotient, tel que, multiplié par le diviseur, il reproduise le dividende.

Ainsi, diviser $\frac{4}{5}$ par $\frac{2}{3}$, c'est trouver un nombre tel que, multiplié par $\frac{2}{3}$, il donne pour produit $\frac{4}{5}$. Par conséquent, les $\frac{2}{3}$ du quotient cherché égaleront $\frac{4}{5}$; donc $\frac{1}{3}$ vaut deux fois moins que $\frac{4}{5}$; $\frac{4}{5 \times 2}$ sera le $\frac{1}{3}$ du quotient, et trois fois cette fraction ou $\frac{4 \times 3}{5 \times 2}$ sera le quotient de $\frac{4}{5}$ divisé par $\frac{2}{3}$.

En effet, $\frac{12}{10} \times \frac{2}{3} = \frac{24}{30} = \frac{4}{5}$, le dividende donné.

Remarquons que $\frac{3}{2}$, qui multiplie le dividende $\frac{4}{5}$, est la fraction diviseur $\frac{2}{3}$ renversée.

Si, au lieu d'une fraction pour dividende, on a un nombre entier, 7 à diviser par $\frac{4}{5}$ par exemple. En mettant 7 sous la forme $\frac{7}{1}$, on aura la fraction $\frac{7}{1}$ à diviser par l'autre fraction $\frac{4}{5}$.

Le quotient s'obtiendra en multipliant $\frac{7}{1}$ par $\frac{5}{4}$.

Ainsi, pour diviser un nombre entier par une fraction, on multiplie ce nombre entier par le dénominateur de la fraction, et l'on donne pour dénominateur à ce produit le numérateur de la fraction diviseur.

S'il s'agit, au contraire, de diviser une fraction par un nombre entier, par exemple $\frac{4}{5}$ à diviser par 7.

On pourra, comme précédemment, mettre 7 sous la forme $\frac{7}{1}$, dont le quotient sera $\frac{4}{5} \times \frac{1}{7}$ ou $\frac{4 \times 1}{5 \times 7} = \frac{4}{5 \times 7}$.

D'où il résulte que, pour diviser une fraction par un nombre entier, il faut multiplier le dénominateur de la fraction par le nombre entier, le numérateur restant le même.

Enfin, si l'un des membres de la division, ou les deux, sont des nombres fractionnaires, il suffira de faire entrer les entiers dans les fractions pour avoir à diviser une fraction par une fraction.

De tout ce qui précède il résulte la règle générale suivante :

102. Pour diviser une fraction par une fraction, multiplier la fraction dividende par la fraction diviseur renversée.

Règle générale pour la division des fractions ordinaires.

Pour diviser un nombre entier par une fraction, multiplier le nombre entier par la fraction renversée.

Pour diviser une fraction par un nombre entier, multiplier le dénominateur de la fraction par le nombre entier.

Pour diviser une fraction ou un nombre fractionnaire par un nombre fractionnaire ou par une fraction, faire entrer les entiers dans les fractions et multiplier la fraction dividende par la fraction diviseur renversée.

FRACTIONS DÉCIMALES.

103. On appelle fractions décimales les fractions ayant pour dénominateur l'unité suivie d'un ou de plusieurs zéros.

Fractions décimales.

$$\frac{4}{10}, \quad \frac{35}{100}, \quad \frac{543}{1000}, \quad \frac{4248}{10000}, \text{ etc.,}$$

sont des fractions décimales.

Les parties décimales sont donc des dixièmes, des centièmes, des millièmes, des dix-millièmes, etc., de dix en dix fois plus petites les unes que les autres, à partir des dixièmes, qui sont eux-mêmes dix fois moindres que les unités simples entières.

On a vu, dans le n° **23**, la numération des parties décimales.

On sait que 0,1 représente un dixième, 0,23 exprime 23 centièmes, et 0,565, 565 millièmes.

En donnant aux fractions décimales la forme des fractions ordinaires, tout ce qu'on a vu au sujet des fractions ordinaires s'applique aussi aux fractions décimales.

ADDITION DES FRACTIONS DÉCIMALES.

Addition des fractions décimales.

104. La définition est la même que celle donnée pour l'addition des nombres entiers (n° 28).

Soient à additionner les fractions décimales suivantes, qu'on écrit les unes sous les autres de manière que les unités de même espèce se trouvent dans une même colonne verticale, comme on l'a vu pour les nombres entiers.

$$
\begin{array}{r}
0,538 \\
0,25 \\
0,467 \\
0,582 \\
\hline
1,837
\end{array}
$$

Commençant par la dernière colonne à droite, qui contient les millièmes, on dit : 8 et 7 font 15, 15 et 2 font 17, 17 millièmes ou 1 centième et 7 millièmes. On écrit 7 millièmes sous la colonne des millièmes et l'on retient le centième pour le joindre aux centièmes de la colonne immédiatement à gauche. 1 de retenu et 3 font 4 ; 4 et 5 font 9, et 6 font 15, et 8 font 23 ; 23 centièmes ou 2 dixièmes et 3 centièmes. On écrit les trois centièmes sous la colonne des centièmes et l'on retient les dixièmes pour les joindre aux dixièmes de la colonne immédiatement à gauche. 2 de retenus et 5 font 7, et 2 font 9, et 4 font 13, et 5 font 18 ; 18 dixièmes ou une unité entière et 8 dixièmes. On écrit 8 sous la colonne des dixièmes, et l'on pose 1 à gauche, en le séparant des dixièmes par une virgule.

Si les nombres à ajouter avaient renfermé des parties entières, on aurait ajouté les unités entières provenant de la somme des dixièmes à ces parties entières, et l'on aurait continué l'opération comme pour les nombres entiers.

On sait qu'au lieu d'écrire 0,25 on aurait pu mettre 0,250, sans changer la valeur de cette fraction décimale. On pourrait, du reste, le prouver en s'appuyant sur ce principe, qu'une fraction ne change pas quand on multiplie ses deux termes par un même nombre.

$$\text{En effet, } 0,25 = \frac{25}{100} = \frac{25 \times 10}{100 \times 10} = \frac{250}{1.000} = 0,250.$$

De ce qui précède on déduit la règle générale suivante :

105. Pour additionner des fractions décimales ou des nombres décimaux, les écrire les uns sous les autres, de manière que les unités de même espèce se trouvent dans une même colonne verticale ; faire ensuite l'addition comme celle des nombres entiers, sans avoir égard à la virgule. Après avoir fait la somme, séparer par une virgule, sur la droite de cette somme, autant de chiffres qu'il y en a dans le nombre à additionner qui en a le plus.

SOUSTRACTION DES FRACTIONS DÉCIMALES.

106. Même définition que pour les nombres entiers (nᵒ 31). Soit à retrancher 5421,7385 de 8913,21.

On dispose les deux nombres, comme on l'a vu pour les nombres entiers. Mais, observant que $0,21 = 0,2100$, on ajoute deux zéros à la droite du nombre dont il faut soustraire 5420,7385 pour que les unités décimales soient de même espèce dans les deux nombres. C'est, en résumé, réduire les deux fractions au même dénominateur.

$$
\begin{array}{l}
8913,2100 \\
5421,7385 \\
\hline
3491,4715 \quad \text{Différence.} \\
\hline
8913,2100 \quad \text{Preuve.}
\end{array}
$$

Puis on fait la soustraction, disant : 5 dix-millièmes de 0 dix-millième ne peut se faire ; j'emprunte un centième qui vaut 9 millièmes et 10 dix-millièmes ; 5 de 10 reste 5 ; 8 millièmes de 9 millièmes reste 1 millième ; 3 centièmes de 0 centième ne se peut, j'emprunte 1 dixième, qui vaut 10 centièmes ; 3 centièmes de 10 centièmes restent 7 centièmes ; 7 dixièmes de 1 dixième ne se peut, j'emprunte une unité entière qui vaut 10 dixièmes et 1 dixième font 11 dixièmes ; 7 dixièmes de 11 dixièmes restent 4 dixièmes ; une unité de 2 unités reste une unité. Continuant l'opération pour les nombres entiers, on obtient le reste 3491,4715.

La preuve de l'opération se fait comme pour les nombres entiers.

De ce qui précède on tire la règle suivante :

107. Pour soustraire une fraction décimale d'une autre fraction décimale ou d'un nombre décimal, ou pour soustraire une fraction décimale ou un nombre décimal d'un autre nombre décimal, écrire le plus petit nombre sous le plus grand, de manière que les unités de même espèce se correspondent ; faire alors la soustraction sans avoir égard à la virgule, comme celle des nombres entiers ; puis enfin séparer par une virgule, sur la droite du résultat, autant de chiffres décimaux qu'il y en a dans chacun des nombres sur lesquels on a opéré.

Si les deux nombres donnés n'ont pas le même nombre de chiffres décimaux, ajouter à la droite de celui qui en a le moins, avant de commencer l'opération, un nombre de zéros suffisant, pour que les deux fractions représentent des fractions décimales de même espèce.

Règle générale
de la soustraction
des fractions déci-
males.

MULTIPLICATION DES FRACTIONS DÉCIMALES.

108. Même définition que pour la multiplication des nombres entiers (n° 34).

Supposons qu'on ait à multiplier 0,54 par 0,2. Si l'on multiplie 54 par 0,2, il est évident que le produit sera 100 fois trop grand, puisque 54 est 100 fois plus grand que 0,54. Si d'un autre côté on multiplie 54 par 2, le produit sera encore 10 fois trop grand, puisque 2 est 10 fois plus grand que 0,2.

Donc le produit de 54 par 2 sera 100×10 fois plus grand, ou 1.000 fois plus grand que celui de 0,54 par 0,2 qui est demandé ; il faudra donc le diviser par 1,000, ou séparer sur sa droite 3 chiffres décimaux.

Remarquons que ce nombre de chiffres décimaux est égal à la somme de ceux contenus dans les deux facteurs 0,54 et 0,2.

Si, au lieu de prendre des fractions décimales, on avait pris des nombres décimaux, le même raisonnement aurait conduit au même résultat. Ainsi :

Multiplication
des
fractions décimales.

109. Pour multiplier deux fractions décimales, ou deux nombres décimaux l'un par l'autre, multiplier les deux nombres proposés, sans avoir égard aux virgules, comme deux nombres en-

Règle générale pour la
multiplication des
fractions décimales.

tiers ; puis, séparer sur la droite du produit un nombre de chiffres décimaux égal à la somme de ceux contenus dans les deux facteurs.

Cette règle peut encore se démontrer en écrivant les facteurs sous la forme des fractions ordinaires.

$$27,237 \times 123,58 = \frac{27237}{1000} = \frac{12358}{100} =$$
$$\frac{27237 \times 12358}{1000 \times 100} = \frac{27237 \times 12358}{100000}.$$

Ce qui revient à séparer sur la droite du produit 5 chiffres décimaux, qui est la somme de ceux contenus dans les deux facteurs.

110. Il peut arriver que le produit obtenu ne contienne pas autant de chiffres que la règle prescrit d'en séparer sur la droite du nombre. Dans ce cas on ajoute, à la gauche du produit, un nombre de zéros suffisant. A gauche du dernier zéro ajouté, on met une virgule, et à gauche de cette virgule un zéro, pour remplacer les entiers qui manquent.

Ainsi, si l'on doit multiplier 0,27 par 0,2, le produit 0,54 ne contenant pas assez de chiffres pour séparer les trois chiffres décimaux, on mettra un zéro à la gauche de 54 ; et le produit de 0,27 par 0,2 sera 0,054.

Remarque.

DIVISION DES FRACTIONS DÉCIMALES.

111. Même définition que pour les nombres entiers (n⁰ 44). Soit à diviser 0,54 par 0,238.

Division des fractions décimales.

0,54 = 0,540, donc le résultat de la division de 0,54 par 0,238 sera le même que celui de la division de 0,540 par 0,238.

D'un autre côté, nous pouvons multiplier le dividende et le diviseur par mille, par exemple, sans changer le quotient.

Par suite, le quotient de 540, divisé par 238, sera le même que celui de 0,540 divisé par 0,238.

Il en serait de même si les nombres proposés étaient des nombres décimaux.

Il s'ensuit que la division des fractions décimales se fait comme celle des nombres entiers.

112. Pour diviser une fraction décimale par une autre fraction décimale, ou un nombre décimal par une fraction décimale,

Règle générale pour la division des fractions décimales.

ou un nombre décimal par un autre nombre décimal, s'il y a lieu, compléter d'abord les décimales par des zéros, de manière que le dividende et le diviseur aient le même nombre de chiffres décimaux ; puis, supprimer la virgule dans les deux fonctions et faire la division des deux nombres entiers résultants. Le quotient obtenu sans aucun changement est celui des deux nombres décimaux proposés.

CONTINUER UNE DIVISION QUI NE SE FAIT PAS SANS RESTE.

115. A l'article de la division (n° 44), nous avons dit qu'après avoir trouvé le quotient entier il pouvait rester un nombre plus petit que le diviseur ; ce reste, ayant pour dénominateur le diviseur, est la fraction qu'il faut ajouter au quotient pour que, multipliant le diviseur, il reproduise le dividende. Les fractions décimales donnent un moyen de continuer la division, alors que le reste du dividende est plus petit que le diviseur. On obtient ainsi une fraction décimale qui complète le quotient véritable ou, du moins, qui en approche aussi près qu'on peut le diviser.

Soit à diviser 453 par 324.

$$\begin{array}{r|l} 453 & 324 \\ 1290 & \overline{} \\ 3180 & 1{,}398 \\ 2640 & \\ 48 & \end{array}$$

On obtient pour quotient 1, et pour reste 129, qui ne peut plus être divisé par 324.

Mais si l'on multiplie le reste 129 par 10, le produit 1.290 contient alors le diviseur 324 ; seulement le quotient de ce nombre divisé par 324 est évidemment dix fois trop grand, il faut donc le diviser par 10, ou, ce qui revient au même, le placer au rang des dixièmes, à la droite du quotient entier.

Continuant ainsi la division indiquée plus haut, on aura pour quotient 1,3 et pour reste 318. Multipliant de nouveau ce reste par 10, il se trouve par le fait multiplié par 100, puisque précédemment le nombre dont il provient a été multiplié par 10. Le quotient de 3.180 divisé par 324 sera 100 fois trop grand ; pour le rendre 100 fois plus petit on le met au rang des centièmes.

Continuant ainsi, on arrive soit à trouver un reste nul, ce qui prouve que la division est terminée ; soit à un quotient qui se rapproche du véritable à moins d'une unité de l'espèce de la dernière décimale obtenue. Dans l'exemple donné plus haut, 1,398 est le quotient de 453 par 324 à moins d'un millième près.

Si l'on s'était arrêté à 1,39, le quotient n'aurait été approché qu'à moins d'un centième près.

FRACTIONS PÉRIODIQUES.

114. En poussant plus loin, la division donnée pour exemple, nous aurons l'occasion de faire plusieurs remarques importantes.

Fractions périodiques.

$$
\begin{array}{r|l}
453 & 324 \\
1290 & \\
3180 & 1,39814\ldots\ldots \\
-\ 2640 & \\
480 & \\
1560 & \\
-\ 264 & \\
\end{array}
$$

Ainsi l'on voit qu'après avoir obtenu le cinquième chiffre décimal 4 on a pour reste 264, qui a déjà été obtenu ; par suite, les dividendes partiels 480,1560 reviendront nécessairement ; il en sera de même pour les chiffres 814 du quotient fournis par ces dividendes partiels.

115. Cette succession indéfinie de chiffres toujours les mêmes se nomme période, et la fraction décimale qui la renferme porte le nom de fraction périodique.

Période.

116. La fraction périodique est simple, si la période commence immédiatement après la virgule ; elle est mixte dans le cas contraire.

Fraction périodique simple.
Fraction périodique mixte.

Exemples.   0,247247247

est une fraction périodique simple ;

1,398148148148

est une fraction périodique mixte.

Dès qu'on a atteint le premier chiffre de la période, il est inutile de continuer l'opération ; il suffit d'ajouter, à la suite du quotient, autant de fois la période qu'il le faut pour obtenir le quotient à moins d'une unité près de l'ordre désigné d'avance.

CONVERTIR UNE FRACTION ORDINAIRE EN FRACTION DÉCIMALE.

Convertir une fraction ordinaire en fraction décimale.

117. Le moyen que l'on vient de donner pour continuer la division de deux nombres qui ne fournissent pas un quotient, composé seulement d'entiers, sert aussi à convertir une fraction ordinaire en une fraction décimale. C'est, du reste, ce qui a été fait dans le cas précédent, car le quotient de 453 divisé par 324 était $1\frac{129}{324}$; en continuant la division, la fraction ordinaire $\frac{129}{324}$ est devenue 0,39814814.

On peut donc déduire de ce qui précède la règle suivante :

Règle générale pour convertir une fraction ordinaire en une fraction décimale.

118. Pour convertir une fraction ordinaire en une fraction décimale de la même valeur, poser la division du numérateur par le dénominateur. Écrire un zéro à la place marquée pour le quotient, et une virgule à la droite du zéro ; mettre alors un zéro à la droite du numérateur, et diviser le nombre résultant par le dénominateur ; écrire à la droite de la virgule le quotient entier obtenu ; mettre un zéro à la droite du reste de cette division, diviser par le dénominateur le nombre ainsi formé, écrire le quotient entier obtenu à la droite du premier. A la droite du reste de cette nouvelle division mettre un zéro, pour diviser encore par le dénominateur, et ainsi de suite jusqu'à ce qu'on arrive au reste nul, ou qu'on ait trouvé au quotient un nombre suffisant de décimales pour le degré d'approximation que l'on veut atteindre.

119. PROBLÈMES SUR LES FRACTIONS ORDINAIRES ET SUR LES FRACTIONS DÉCIMALES.

1. — Le volume engendré par un piston, en se mouvant dans un cylindre, est de **1.236** litres ; la machine dont il s'agit n'a pas de détente fixe, mais seulement une détente variable. Pendant une heure et demie, on a fait trois expériences d'une demi-heure chacune. Pendant la première demi-heure, on a marché avec **0,8** d'introduction, on donnait alors **42** tours de roue ; dans la seconde demi-heure, on a marché avec **0,7** d'introduction, donnant **39** tours de roue ; enfin, dans la dernière demi-heure, on a mis la détente à **0,5**, et on ne donnait plus que **21** tours de

roue. Combien a-t-on dépensé de litres de vapeur dans chaque
expérience ?

2. — A bord d'un navire, la quantité de charbon embarquée est de
720 tonneaux. Les soutes alimentaires contiennent les $\frac{3}{4}$ de la to-
talité, mais l'une d'elles, celle qui ne donne pas passage au
tuyau de décharge, surpasse l'autre de $\frac{1}{5}$. Le reste du charbon est
logé dans une soute transversale placée sur l'avant des chaudières. Combien chacune des soutes contient-elle de tonneaux
de charbon ?

3. — Le tuyau d'injection donne **235** litres d'eau en trois minutes : en
combien de minutes remplirait-il le condenseur, dont la capacité est de **1.567** $\frac{3}{7}$?

4. — On a **327** trous de rivets à percer dans l'intérieur du foyer d'une
chaudière, et l'on ne peut les percer que l'un après l'autre. Les
deux ouvriers employés à ce travail ont mis une heure à per-
cer **7** $\frac{5}{8}$. Quel temps emploiera-t-on pour percer tous les trous ?

5. — On brûle par quart, dans une machine, **24** tonneaux $\frac{2}{3}$, mais, si les
chauffeurs étaient plus expérimentés, la consommation serait
réduite de $\frac{1}{8}$ au moins. Quelle serait l'économie réalisée ainsi au
bout de **9** jours de chauffe ?

SYSTÈME DES MESURES LÉGALES.

120. Pour donner une base durable au système des nouvelles Système métrique.
mesures, on a choisi dans la nature une unité dont on a fait dé-
pendre plus ou moins les autres unités, même d'espèces différentes. Cette première unité, qu'on a appelée le mètre, est l'unité
de longueur ; et le système des nouvelles mesures a pris de là le
nom de système métrique.

Le mètre est la dix millionième partie du quart de la circonférence de la terre, mesurée sur le méridien de Paris.

Les mesures plus grandes ou plus petites que l'unité principale
sont toutes soumises au principe de la numération décimale ;
ainsi les multiples sont 10, 100, 1000 fois plus grands que l'unité,
et les sous-multiples 10, 100, 1000 fois plus petits. Cela posé,
pour exprimer les multiples, on place devant le nom de l'unité
principale les mots suivants tirés du grec :

Déca, qui signifie..................... Dix.
Hecto........................... Cent.
Kilo............................ Mille.
Myria........................... Dix mille.

Pour les mesures plus petites que l'unité, on met devant le nom de l'unité principale les mots suivants tirés du latin :

Déci, qui signifie................... Dixième.
Centi............................ Centième.
Milli............................. Millième.

Employant ces mots pour le mètre, on obtient les noms suivants :

Millimètre............... Millième partie du mètre.
Centimètre............... Centième partie du mètre.
Décimètre............... Dixième partie du mètre.
Décamètre............... Dix fois un mètre.
Hectomètre. .... Cent fois un mètre ou dix décamètres.
Kilomètre .... Mille mètres ou dix hectomètres, ou cent décamètres.
Myriamètre.............. Dix mille mètres, ou dix kilomètres, ou cent hectomètres, ou mille décamètres.

MESURES DE LONGUEUR.

121. Les longueurs ordinaires se mesurent avec le mètre et ses subdivisions.

Pour les distances géographiques, celles qui séparent un lieu d'un autre, on emploie l'hectomètre, le kilomètre et le myriamètre, que l'on appelle mesures itinéraires.

La loi n'autorise pas toutes les mesures multiples ou sous-multiples du mètre; celles qui sont poinçonnées par le vérificateur sont les seules reconnues par la loi, et on les désigne sous le nom de mesures réelles. Ce sont les suivantes :

1° Le double décamètre, c'est-à-dire.. . . . 20 mètres.
2° Le décamètre (la chaîne d'arpenteur). . 10 —
3° Le demi-décamètre. . . . . 5 —
4° Le double mètre. . . . . 2 —
5° Le mètre. . . . . 1 —
6° Le demi-mètre. . . . . 5 décimètres.
7° Le double décimètre. . . . . 2 —
8° Le décimètre. . . . . 1 —

Les autres mesures décimales, telles que l'hectomètre ou le centimètre, seraient trop grandes ou trop petites pour être commodément employées dans la pratique.

MESURES DES SURFACES.

122. L'unité de mesure, pour les surfaces, est le mètre carré, Mesures des surfaces.
c'est-à-dire un carré ayant un mètre sur chacun de ses côtés.

Les sous-multiples et multiples de cette unité sont :

Le *millimètre carré*, qui est la millionième partie de la surface d'un
mètre carré.

Le *centimètre carré*, qui est la dix millième partie de la surface d'un
mètre carré.

Le *décimètre carré*, qui est la centième partie de la surface d'un mètre
carré.

Le *décamètre carré*, qui contient   100 mètres carrés.

L'*hectomètre carré*,   —   10.000   —

Le *kilomètre carré*,   —   1.000.000   —

Le *myriamètre carré*,   —   100.000.000   —

Ainsi, les sous-multiples de l'unité, pour la mesure des surfaces, sont de 100 en 100 fois plus petits ; les multiples sont de 100 en 100 fois plus grands ; tandis que les mesures de longueur ne le sont que de 10 en 10 seulement.

123. Par conséquent, pour lire un nombre contenant des Lire un nombre décimal dont l'unité est le mètre carré.
mètres carrés et des parties de mètres carrés, on doit rendre le nombre des chiffres décimaux pair, s'il ne l'est pas, par l'addition d'un zéro ; cela fait, énoncer les mètres carrés à gauche de la virgule, puis la fraction, en prenant les chiffres décimaux deux à deux, et en donnant le nom de décimètres carrés aux deux premiers chiffres à la droite de la virgule, le nom de centimètres carrés aux deux chiffres suivants, et ainsi de suite.

Exemple. Pour lire 376$^{m.\,c.}$473240, on dira 376 mètres carrés, 47 décimètres carrés, 32 centimètres carrés, 40 millimètres carrés.

Si l'on voulait convertir le nombre 376 mètres carrés en décimètres carrés, il faudrait porter la virgule de deux rangs sur la droite de la position qu'elle occupe.

Le nombre 37.647$^{d.\,c.}$,3240 représenterait 37647 décimètres carrés, 32 centimètres carrés et 40 millimètres carrés.

3764732$^{c.\,c.}$,40 exprimerait des centimètres et des millimètres carrés.

376473240$^{m.\,c.}$ ne représenterait que des millimètres carrés.

124. Pour écrire un nombre exprimant la mesure d'une sur- Écrire un nombre exprimant la mesure d'une surface.
face, on doit se rappeler qu'il faut après les mètres carrés, à

droite de la virgule, deux chiffres pour représenter les décimètres carrés, deux pour les centimètres carrés, deux pour les millimètres carrés, et ainsi de suite.

Ainsi, pour exprimer une surface de 6 mètres carrés, 4 décimètres carrés, 24 centimètres carrés et 3 millimètres carrés, on écrira :

$$6^{\text{m. c.}},042403,$$

en mettant des zéros pour remplacer les dizaines qui peuvent manquer dans chaque subdivision.

Are. **125.** Le mètre n'est employé que pour mesurer de petites surfaces ; pour les grandes étendues, on se sert, comme unité de mesure, du décamètre carré, auquel on a donné le nom d'are.

L'are est donc un carré qui a 10 mètres sur chacun de ses côtés, et qui contient 100 mètres carrés.

On n'emploie qu'un sous-multiple et qu'un multiple de l'are. Le sous-multiple est le centiare, qui est, par le fait, le mètre carré, et le multiple est l'hectare (contraction d'hecto-are), qui vaut 100 ares, ou 1.000 mètres carrés ; c'est l'hectomètre carré sous un autre nom.

Exemple. $27^{\text{a}},28$ représente **27** ares **28** centiares, ou **2.728** mètres carrés.

En géographie, on emploie souvent le kilomètre carré et le myriamètre carré, lorsqu'il s'agit de la superficie d'une contrée ou d'un pays.

MESURES DES VOLUMES.

Mesures des volumes. **126.** L'unité principale des mesures de volume est le mètre cube ; c'est un cube dont toutes les faces sont des mètres carrés.

Les subdivisions usitées sont :

Le *décimètre cube*.......	La millième partie d'un mètre cube.
Le *centimètre cube*......	La millionième partie d'un mètre cube.
Le *millimètre cube*......	La billionième partie d'un mètre cube.

Ainsi, les subdivisions du mètre cube sont de 1.000 en 1.000 fois plus petites, tandis que celles du mètre carré sont de 100 en 100 fois plus petites, et celles du mètre, mesure linéaire, sont seulement de 10 à 10 fois plus petites.

Lire un nombre dé- **127.** Pour lire un nombre composé de mètres cubes et de subdivisions décimales du mètre cube, on rend le nombre des chiffres décimaux multiple de 3 s'il ne l'est pas, en ajoutant un ou deux zéros à sa droite. Cela fait, on partage par la pensée la partie décimale en tranches de trois chiffres, à partir de la virgule ; et on dit, comme dans l'exemple suivant :

$$37^{\text{m. cub.}},476832540.$$

37 mètres cubes, 476 décimètres cubes, 832 centimètres cubes et 540 millimètres cubes.

Pour convertir les 37 mètres cubes en décimètres cubes, il faudrait porter la virgule de trois rangs sur la droite de sa position primitive : $37476^{\text{d. cub.}},832540$ représenterait 37476 décimètres cubes, 832 centimètres cubes et 540 millimètres ; $37476832^{\text{c. cub.}},540$ représenterait 37476832 centimètres cubes et 540 millimètres cubes ; $37476832540^{\text{m. cub.}}$ ne représenterait que des millimètres cubes.

128. Pour écrire un nombre de mètres cubes et de parties de mètre cube, il faut se rappeler que chaque subdivision doit être exprimée par trois chiffres. Ainsi, pour représenter 18 mètres cubes, 58 décimètres cubes, 4 centimètres cubes et 325 millimètres cubes, on écrira :

$$18^{\text{m. cub.}},058004325.$$

en mettant des zéros à la place des centaines et des dizaines qui manquent dans chaque subdivision.

129. Le mètre cube prend le nom de stère, lorsqu'il sert à mesurer les bois de chauffage et de construction.

Le stère n'a qu'un seul composé ou multiple, c'est le décastère ou 10 stères, et qu'un sous-multiple, le décistère ou dixième de stère.

La loi ne reconnaît que trois mesures réelles, qui sont :

1° Le *demi-décastère* ou.................... 5 stères.
2° Le *double stère* ou...................... 2   —
3° Le *stère* 1   —

130. L'unité principale des mesures de volume ou de capacité pour les liquides et les grains est le litre.

Le litre est la capacité d'un décimètre cube, ou ce que peut contenir un cube qui aurait pour faces des décimètres carrés.

Dans le commerce cette mesure est un cylindre dont la hauteur est double du diamètre de la base.

Les multiples du litre sont : le décalitre (10 litres) et l'hecto-litre (100 litres).

Les sous-multiples sont : le décilitre et le centilitre.

La loi autorise 13 mesures réelles de capacité, ce sont :

1° *L'hectolitre*......................	100	litres.
2° Le *demi-hectolitre*.................	50	—
3° Le *double décalitre*................	20	—
4° Le *décalitre*......................	10	—
5° Le *demi-décalitre*.................	5	—
6° Le *double litre*........	2	—
7° Le *litre*.........................	1	—
8° Le *demi-litre*.	5	décilitres.
9° Le *double-décilitre*................	2	—
10° Le *décilitre*.....................	1	—
11° Le *demi-décilitre*.................	5	centilitres.
12° Le *double centilitre*.	2	—
13° Le *centilitre*....	1	—

La forme des mesures de capacité est toujours cylindrique mais les dimensions varient suivant qu'elles sont destinées aux liquides ou aux matières sèches.

MESURES DE POIDS.

Mesures de poids. **131.** L'unité de poids est le gramme, qui est égal au poids d'un centimètre cube d'eau distillée au maximum de densité, c'est-à-dire à la température de 4 degrés du thermomètre centigrade.

Les sous-multiples du gramme sont :

Le décigramme, le centigramme, et le milligramme usité seulement dans les pesées délicates.

Kilogramme. **132.** Les multiples sont le décagramme, l'hectogramme, le kilogramme ou millegramme. Ce dernier est l'unité de poids la plus usitée dans les pesées ordinaires. On compte donc par kilogrammes, après lesquels on place la virgule décimale, et alors les dixièmes sont des hectogrammes, les centièmes des décagrammes et les millièmes des grammes.

Le gramme étant le poids d'un centimètre cube d'eau, le kilogramme est celui d'un décimètre cube ou d'un litre d'eau.

133. 100 kilogrammes forment le quintal métrique.

134. 1.000 kilogrammes forment le tonneau de poids.

Quintal métrique.

Tonneau.

135. POIDS USUELS LÉGAUX.

GROS POIDS.	50 *Kilogrammes*	50 kilogrammes.
	20 —	20 —
	10 —	10 —
	5 —	5 —
	2 —	2 —
POIDS MOYENS.	*Kilogramme*	1 —
	Demi-kilogramme	500 grammes.
	Double hectogramme	200 —
	Hectogramme	100 —
	Demi-hectogramme	50 —
	Double décagramme	20 —
	Décagramme	10 —
	Double gramme	2 —
	Gramme	1 —
PETITS POIDS.	*Demi-gramme*	5 décigrammes.
	Double décigramme	2 —
	Décigramme	1 —
	Demi-décigramme	5 centigrammes.
	Double centigramme	2 —
	Centigramme	1 —
	Demi-centigramme	5 milligrammes.
	Double milligramme	2 —
	Milligramme	1 —

UNITÉ MONÉTAIRE.

136. L'unité monétaire est le franc. C'est une pièce de monnaie pesant cinq grammes, composée d'un alliage d'argent et de cuivre, dont la proportion de neuf parties d'argent et une de cuivre.

Unité monétaire.

Les sous-multiples sont le décime et le centime.

La pièce d'argent de 5 francs pèse 25 grammes, quarante pièces de 5 francs donnent le kilogramme.

UNITÉ DE TEMPS.

137. Le temps, employé par la terre pour faire une révolution complète autour de son axe, est ce qu'on appelle le jour.

Unité de temps.

Le jour est l'unité de temps la plus usitée.

Il se subdivise en 24 heures ; l'heure se subdivise en 60 minutes, la minute en 60 secondes, et la seconde en 60 tierces.

On écrit ainsi 2 jours, 20 heures, 56 minutes, 15 secondes et 10 tierces.

$$2^{\text{j}} \ 20^{\text{h}} \ 56' \ 15'' \ 10'''.$$

PUISSANCES DES NOMBRES ET RACINES DES PUISSANCES.

Définition.

138. On nomme puissances d'un nombre les produits que l'on trouve en multipliant ce nombre un certain nombre de fois par lui-même.

Première puissance.

139. Tout nombre est lui-même sa première puissance.

Exemple. La première puissance de 4 est 4.

Deuxième puissance ou carré.

140. La deuxième puissance ou le carré d'un nombre est le produit de ce nombre multiplié par lui-même.

Exemple. La deuxième puissance ou le carré de 4 est $4 \times 4 = 16$. Le carré de $\frac{3}{4}$ est $\frac{3}{4} \times \frac{3}{4} = \frac{3 \times 3}{4 \times 4} = \frac{9}{16}$.

Exposant.

141. La deuxième puissance s'indique par un petit ^{2} que l'on met à la droite et au-dessus du nombre qui doit être élevé au carré. On appelle ce signe exposant.

Ainsi 4^2 indique que 4 doit être élevé au carré ; il en est de même pour les quantités $\left(\frac{3}{6}\right)^2$, $\left(2 + \frac{7}{8}\right)^2$.

Troisième puissance ou cube.

142. La troisième puissance ou le cube d'un nombre est le produit de ce nombre multiplié deux fois par lui-même, ou le produit du nombre par son carré.

Le cube de 4 est $4 \times 4 \times 4$ ou $4^2 \times 4$..

Le cube de $\frac{3}{4}$ est $\frac{3}{4} \times \frac{3}{4} \times \frac{3}{4}$ ou $\left(\frac{3}{4}\right)^2 \times \frac{3}{4}$.

L'exposant de la troisième puissance est 3.

Ainsi 4^3 indique la troisième puissance ou le cube de 4, $\left(\frac{5}{6}\right)^3$ indique le cube de $\frac{5}{6}$.

Puissances supérieures à la troisième.

143. La quatrième puissance d'un nombre est le produit de ce nombre multiplié trois fois par lui-même, ou le produit de ce nombre par sa troisième puissance.

Il en est de même pour les puissances supérieures. Les chiffres

4, 5, 6, etc., sont les exposants des quatrième, cinquième, sixième, etc., puissances des nombres.

Élever un nombre à une certaine puissance, c'est multiplier ce nombre par lui-même assez de fois pour former cette puissance.

144. On appelle racine d'une puissance le nombre qui, multiplié par lui-même un certain nombre de fois, produit cette puissance.

La racine première et la puissance première sont la même chose; mais il en est différemment pour les racines des autres puissances.

Le nombre générateur de la seconde puissance s'appelle racine carrée, celui de la troisième puissance se nomme racine cubique.

Ainsi 4 est la racine carrée de 16; $\frac{3}{4}$ est celle de $\frac{9}{16}$.

On indique la racine carrée de la manière suivante :

$$\sqrt[2]{4}, \quad \sqrt[2]{\frac{3}{4}}, \quad \sqrt[2]{2 \times \frac{7}{8}}.$$

Ordinairement on ne met pas d'exposant pour la racine carrée, 5 est la racine cubique de 125; $\frac{2}{3}$ celle de $\frac{8}{27}$.

Elle s'indique comme la racine carrée; seulement on met l'exposant 3 entre les branches du signe $\sqrt{}$.

$$\sqrt[3]{125}, \quad \sqrt[3]{\frac{8}{27}}, \quad \sqrt[3]{125 \cdot \frac{8}{27}}.$$

Du reste, toutes les racines s'indiquent de la même manière, en plaçant l'exposant de la puissance dont il s'agit entre les branches du signe $\sqrt{}$.

L'opération qu'il faut faire pour trouver la racine d'une puissance se nomme extraction de la racine.

ÉLEVER UN NOMBRE A UNE PUISSANCE QUELCONQUE.

145. Ces notions bien entendues, nous pouvons nous proposer les deux questions suivantes :

1° Étant donné un nombre, déterminer telle puissance que l'on voudra de ce nombre.

2° Étant donné un nombre, que l'on regarde comme une certaine puissance d'un autre nombre, trouver cet autre nombre.

La première question ne présente aucune difficulté, car il ne s'agit, pour la résoudre, que de multiplier la quantité donnée un certain nombre de fois par elle-même.

146. Mais, comme il est indispensable de savoir comment se compose un carré pour pouvoir extraire la racine, nous allons élever le nombre 2.325 au carré.

Auparavant nous décomposerons ce nombre en dizaines et unités, et nous aurons à effectuer la multiplication suivante :

$$
\begin{array}{r}
2320 + 5 \\
2320 + 5 \\
\hline
2320 \times 5 + 5 \times 5 \\
2320 \times 2320 + 2320 \times 5 \\
\hline
\overline{2320}^2 + 2 \text{ fois } 2320 \times 5 + \overline{5}^2.
\end{array}
$$

En multipliant tout le multiplicande par les unités du multiplicateur, on a un produit partiel qui se compose du produit des dizaines par les unités, et du carré des unités. En multipliant le multiplicande par les dizaines du multiplicateur, on a un second produit partiel qui renferme le carré des dizaines et le produit des dizaines par les unités.

Le produit total se compose donc du carré des dizaines de ce nombre, de deux fois le produit des dizaines par les unités et du carré des unités.

On peut donc conclure que le carré d'un nombre entier quelconque (car tout nombre entier peut se décomposer en dizaines et en unités) se compose du carré des dizaines, de deux fois le produit des dizaines par les unités et du carré des unités.

147. Observant ensuite le tableau suivant, qui contient le carré des neuf premiers nombres et qu'il faut savoir de mémoire, on fera les remarques suivantes :

Nombres...	1	2	3	4	5	6	7	8	9
Carrés....	1	4	9	16	25	36	49	64	81

148. 1° Le carré de 1 est 1 ; du reste, toutes les puissances de ce nombre ne peuvent être que 1.

2° De 1 à 100 il n'y a que neuf carrés parfaits ; 1, 4, 9, 16, 25, 36, 49, 64, 81. Donc, si l'on doit extraire la racine d'un nombre compris entre ceux-ci, on ne pourra avoir que celle du plus grand carré contenu dans ce nombre.

Nous ferons observer, à ce sujet, que la racine d'un nombre entier, qui n'est pas un carré parfait, ne pourra jamais être qu'un nombre fractionnaire. Pour se convaincre de cette vérité, il suffit de multiplier par lui-même un nombre fractionnaire, soit que la fraction se trouve sous la forme ordinaire, soit qu'elle se trouve sous celle des décimales, et toujours on trouvera pour carré un nombre fractionnaire. On peut en conclure qu'un nombre entier, qui n'est pas le carré d'un nombre entier, n'est pas un carré parfait.

3° On remarquera encore que le carré d'un nombre composé d'un seul chiffre ne renferme jamais que deux chiffres, par suite il n'a que des dizaines et des unités ; tandis que le plus petit nombre composé de deux chiffres, 10, élevé au carré, donne un nombre composé de trois chiffres. Par suite, un nombre de dizaines, élevé au carré, ne peut donner que des centaines.

4° D'après la composition du carré, il est évident que la deuxième puissance d'un nombre entier sera toujours terminée par le même chiffre que le carré de son dernier chiffre à droite. Ainsi, connaissant les carrés des neuf premiers nombres, on peut affirmer que tout nombre entier qui se termine par l'un des chiffres 2, 3, 7, 8 n'est pas un carré parfait.

5° Élevant au carré différents nombres suivis de zéros, on verra que le carré de ces nombres est toujours terminé par un nombre de zéros double de celui du nombre générateur, et que le nombre de ces zéros est pair.

6° Parmi les carrés des 9 premiers chiffres, celui de 5 est le seul qui se termine par 5 ; élevant au carré des nombres de plus d'un chiffre terminé par 5, on remarquera que tous ces produits sont terminés par 25. On peut donc en conclure qu'un nombre terminé par 5 ne sera un carré parfait qu'autant qu'il sera terminé par 25.

7° La racine carrée d'un nombre qui n'est pas un carré parfait est incommensurable.

8° La racine carrée d'un nombre fractionnaire est nécessairement fractionnaire aussi ; de même que la racine carrée d'une fraction ne peut être qu'une fraction.

Bien d'autres remarques, plus curieuses qu'utiles, pourraient encore être faites sur les carrés des nombres, mais l'élève pourra les faire lui-même en élevant au carré des nombres de différentes espèces.

EXTRACTION DE LA RACINE CARRÉE.

Définition.   **149.** L'extraction de la racine carrée est une opération par laquelle on trouve un nombre qui, multiplié par lui-même, donne, ou le nombre dont il s'agit d'extraire les racines carrées, ou le plus grand carré contenu dans ce nombre.

On a vu plus haut que la racine carrée d'un nombre composé de deux chiffres au plus n'en contenait qu'un seul, et que celle d'un nombre composé de plus de deux chiffres en contenait au moins deux.

Ainsi, un nombre exprimé par plus de deux chiffres aura une racine qui contiendra toujours un ou plusieurs chiffres de dizaines et un chiffre d'unités, et il renfermera le carré des dizaines, le double produit des dizaines par les unités et le carré des unités de sa racine.

Extraction de la racine carrée.   **150.** Soit donc à extraire la racine carrée du nombre 3458, ou du plus grand carré contenu dans ce nombre, car le chiffre 8 indique que 3458 n'est pas un carré parfait. (Voir la quatrième remarque qui précède.)

La racine carrée du nombre 3458, composé de plus de deux chiffres, renferme au moins un chiffre pour représenter les dizaines et un chiffre pour représenter les unités. Sans connaître ces dizaines et ces unités, on sait cependant que 3458 contient le carré des dizaines, le double produit des dizaines par les unités et le carré des unités. Or, le carré des dizaines, étant un produit de dizaines par des dizaines, ne peut renfermer que des centaines. Il ne peut donc se trouver que dans les centaines du nombre 3458 ou dans 34.

On dispose le nombre dont il faut extraire la racine comme on le voit dans l'exemple suivant.

$$
\begin{array}{r|l}
34|58 & 58 \\
25 & 108 \\
\hline
95|8 & \\
86\ 4 & \\
\hline
9\ 4 &
\end{array}
$$

On sépare sur la droite les unités et les dizaines inutiles pour trouver les dizaines de la racine ; 34, la partie du nombre donné dans laquelle est contenu le carré des dizaines, n'étant représentée que par deux chiffres, n'aura qu'un chiffre à sa racine, et ce chiffre ne peut être plus grand que 5, racine du plus grand carré contenu dans 34. On écrit 5 au-dessus de la barre horizontale, et 25 son carré sous 34. On retranche 25 de 34 et à la droite du reste 9 on pose les deux chiffres 58, laissés de côté dans la première partie de l'opération.

Puisque du nombre 3458 on a retranché 2500 , carré des dizaines de la racine, le reste 958 ne contient plus que deux fois le produit des dizaines par les unités et le carré des unités. Or, de ces deux parties, la première ne peut contenir que des dizaines (puisqu'une seule dizaine multipliée par une seule unité donne une dizaine), et par suite elle ne peut être contenue que dans les dizaines de 958 ou dans 95. On écrit 10, double des dizaines trouvées, au-dessous de la barre horizontale, et l'on divise 95 par 10, le quotient devant donner les unités de la racine. On trouve 9 pour quotient.

Mais il faut observer que 95, outre les dizaines provenant du double produit des dizaines par les unités, peut renfermer aussi des dizaines fournies par le carré des unités : 9 pourrait donc être trop fort ; avant de l'écrire à la racine, c'est-à-dire à la droite du 5, il faut donc l'essayer.

Pour cela on écrit 9 à la droite de 10, le nombre 109, qui en résulte, renferme le double des dizaines de la racine (10), et les unités supposées de cette racine (9). Multipliant 109 par 9, on obtiendra un produit qui contiendra le double produit des dizaines par les unités ($5 \times 2 \times 9 = 10 \times 9$) et le carré des unités (9×9). Si 9 est bien le chiffre des unités de la racine, le produit de 109 par 9 devra pouvoir se retrancher de 958, qui contient le double produit des dizaines par les unités et le carré des unités.

Faisant ce qui vient d'être indiqué, on voit que le produit de 109×9 ou 981 est plus grand que 958, donc 9 est trop fort pour être le chiffre des unités de la racine. On diminue ce chiffre d'une unité et on l'essaye de nouveau ; le produit de 108×8 donne 864, qui peut être retranché de 958 ; donc 8 est le chiffre des unités de la racine cherchée. On écrit 8 à la droite des chiffres des dizaines 5 ; 58 est la racine du plus grand carré contenu dans 3458 ; le reste 94, provenant de la soustraction du produit (108×8) de 958, est la quantité dont le nombre donné surpasse le plus grand carré qu'il contient.

Pour s'assurer que l'opération a été bien faite, il suffit d'élever 58 au carré, ce qui donne 3366, et de le retrancher de 3458 ; la différence doit être de 94. C'est, en effet, ce qui a lieu ; par suite, 58 est bien la racine cherchée.

Prenons maintenant, pour exemple, un nombre qui puisse donner une racine composée de plus de deux chiffres. Soit à extraire la racine carrée de 3745945, ou, comme ce nombre n'est pas un carré parfait, puisqu'il n'est pas terminé par 25, soit à extraire la racine carrée du plus grand carré contenu des 3745945.

Disposant l'opération comme dans l'exemple précédent :

$$
\begin{array}{l|l}
3|7\,4|5\,9|4\,5 & 1935 \\
1 & \\ \hline
27|4 & 29 \times 9 \\
2\,6\,1 & 383 \times 3 \\ \hline
1\,3\,5|9 & 3865 \times 5 \\
1\,1\,4\,9 & \\ \hline
2\,1\,0\,4|5 & \\
1\,9\,3\,2\,5 & \\ \hline
1\,7\,2\,0 &
\end{array}
$$

Il faut considérer deux parties dans la racine que l'on cherche : un nombre de dizaines, qui peut être exprimé lui-même par plusieurs chiffres, et un nombre d'unités, qui n'est jamais représenté que par un seul chiffre.

D'après ce qui a été dit plus haut, le carré des dizaines de la racine ne pourra être contenu que dans les centaines du nombre donné; on peut donc laisser de côté les deux derniers chiffres à droite, 45, et ne considérer que la partie 37459.

Ce nombre, étant lui-même composé de deux chiffres, aura pour racine un nombre composé de dizaines et d'unités; mais ces dizaines et ces unités seront des dizaines et des unités de dizaines. Le carré des dizaines de dizaines ne pouvant renfermer que des centaines de dizaines, on doit encore laisser deux chiffres sur la droite du nombre. On sépare donc 59 de 37459, et il reste 374.

Dès lors, la racine de 374 ne devant plus renfermer que deux chiffres, un chiffre de dizaine et un autre d'unité, on rentre dans l'exemple précédent, et l'on agit comme on l'a fait alors.

Le plus grand carré contenu dans 3 est 1, que l'on écrit à la racine et que l'on retranche de 3, car le carré de 1 est 1; la soustraction donne 2 pour reste; à la droite, on abaisse la tranche 74 laissée de côté. On divise 27 par 2, double des dizaines; le quotient est 13, mais on ne peut pas mettre plus de 9 à la racine; autrement, on aurait pu mettre plus de 1 pour le premier chiffre. On écrit donc 9 à la racine, et à côté de 2, double des dizaines; on multiplie 29 par 9, pour soustraire le produit 261 de 274, ce qui donne pour reste 13.

A côté du reste 13 et à sa droite, on abaisse la seconde tranche 59; considérant alors 19 comme les dizaines de la racine du nombre 37459, on remarque que, par l'opération précédente, on a retranché le carré de 19 de la partie 374, puisqu'on a retranché le carré des unités, le double produit des dizaines par les unités et le carré des unités ($19 \times 19 = 361$, $374 - 361 = 13$, second reste auquel on ajoute la tranche 59); par suite, le reste 1359 ne contient plus que le double produit des dizaines 19 par le chiffre inconnu qui représente les unités, plus le carré de ces unités.

Or le double produit des dizaines par les unités ne peut renfermer que des dizaines, il ne peut donc être contenu que dans 135. Divisant 135 par 38, double de 19, on doit avoir pour quotient les unités de la racine. Ce quotient est 3, qui, essayé, n'est pas trop grand; on l'écrit donc à la droite de 19, à la racine, et à la droite de 38, double de cette racine. Puis on multiplie 383 par 3, et l'on retranche le produit 1149 de 1359; il reste 210.

A côté de ce reste, on abaisse la dernière tranche 45. Raisonnant de la même manière que précédemment, on regarde 193

comme les dizaines de la racine du nombre 3745945, et, comme
par les opérations précédentes on a retranché le carré de ces dizaines de la partie 37459, le reste 21045 ne doit plus contenir
que le double produit des dizaines 193, par le chiffre inconnu des
unités de la racine, plus le carré de ces unités. Le premier de ces
deux produits ne renfermant pas d'unités, on laisse un chiffre sur
la droite du nombre 21045, et on divise 2104 par 386, double
de 193; le quotient sera les unités de la racine. L'épreuve fait
voir qu'on ne peut mettre plus de 5 à la racine. Écrivant donc 5
à la racine, et à droite de 386, on multiplie 3865 par 5, et on
soustrait le produit 19326 de 21045; le reste 1720 est l'excédant du nombre proposé sur le carré de 1935.

On voit, par ce second exemple, que l'extraction de la racine
des nombres exprimés par plus de quatre chiffres ne présente
pas plus de difficultés que celle des nombres qui n'ont que trois
ou quatre chiffres. Quelque grand que soit le nombre dont on se
propose d'extraire la racine carrée, les chiffres de cette racine se
trouvent successivement par des extractions partielles, qui se
font absolument de la même manière que si la racine ne devait
être exprimée que par deux chiffres.

De tout ce qui précède, on tire la règle générale suivante :

151. Pour extraire la racine carrée d'un nombre, le partager
en tranches de deux chiffres chacune en allant de droite à gauche ;
la dernière tranche à gauche pouvant, seule, n'avoir qu'un seul
chiffre. Extraire ensuite la racine du plus grand carré contenu
dans la première tranche à gauche ; cette racine est le dernier
chiffre à gauche de la racine cherchée : il représente les unités
de l'ordre le plus élevé. Écrire ce chiffre à droite du nombre
donné, en le séparant de ce dernier par une barre verticale. Retrancher, de la première tranche à gauche, le carré de ce chiffre ; à côté du reste, abaisser la seconde tranche du nombre, en
allant de gauche à droite. Séparer le premier chiffre à droite du
nombre ainsi obtenu, et diviser le nombre restant à gauche, par
le double du premier chiffre écrit à la racine. Le quotient entier
de cette division est le chiffre de la racine, ou un chiffre trop
fort. Pour éprouver ce chiffre, le placer à droite du double de
la racine et multiplier le nombre, ainsi obtenu, par le chiffre à
éprouver ; retrancher ce produit du nombre qui forme le premier
reste, suivi de la dernière tranche ; si la soustraction peut se
faire, écrire le chiffre essayé, à la droite du premier chiffre de la
racine. Si la soustraction est impossible, diminuer successive-

ment le chiffre d'une unité, jusqu'à ce que la soustraction indiquée puisse se faire.

On peut encore élever au carré la racine comprenant le chiffre à essayer, et voir si ce carré peut être soustrait du nombre représenté par les deux premières tranches à gauche.

Le dernier chiffre essayé ayant été écrit à la droite du premier chiffre de la racine, abaisser à droite du deuxième reste la troisième tranche du nombre proposé ; séparer un chiffre sur la droite de ce nombre, et diviser le nombre restant par le double du nombre exprimé par les chiffres trouvés de la racine ; le quotient est le troisième chiffre de la racine ou chiffre trop fort. Essayer ce chiffre en le mettant à droite du double de la racine trouvée précédemment, et multiplier le nombre ainsi obtenu par ce chiffre lui-même, pour retrancher le produit du nombre que forme le deuxième reste, suivi de la troisième tranche. Si la soustraction peut se faire, écrire le chiffre à la racine, sinon le diminuer successivement jusqu'à ce que la soustraction puisse se faire.

A côté du troisième reste, abaisser la quatrième tranche ; séparer le dernier chiffre à droite du nombre ainsi obtenu ; diviser le nombre restant à gauche par le double du nombre écrit à la racine ; essayer le chiffre qui représente le quotient, comme il a été dit pour les chiffres obtenus déjà à la racine, et ainsi de suite. Continuer de cette manière jusqu'à ce qu'on ait abaissé et employé toutes les tranches du nombre proposé : autant de tranches, autant de chiffres à la racine.

Si dans le courant de l'opération un reste, à la gauche duquel on a abaissé une tranche, ne pouvait pas être divisé par le double de la racine obtenue, on serait prévenu que la racine manque des unités de l'ordre inférieur aux dernières trouvées à la racine.

Dans ce cas, mettre un zéro à la racine et considérer ce dividende trop faible comme un nouveau reste ; abaisser la tranche suivante du nombre proposé, et continuer l'opération comme il a été dit.

152. Pour faire la preuve de l'opération, élever au carré la racine trouvée ; à ce carré ajouter le reste, s'il y en a un ; la somme doit reproduire le nombre donné.

153. Nous avons vu plus haut que la racine d'un nombre entier, qui n'est pas un carré parfait, ne pouvait pas être trouvée (on dit alors que cette racine est incommensurable); mais on peut toujours, à l'aide de parties décimales, déterminer une racine approximative, qui ne diffère pas de la véritable, d'une unité décimale de tel ordre désigné d'avance.

Ainsi, soit à extraire la racine carrée de **2** à moins d'un millième près, par exemple :

<table>
<tr><td>2.00.00.00</td><td>1.414</td><td>Preuve.</td></tr>
<tr><td>1</td><td></td><td>1,414</td></tr>
<tr><td></td><td>24 × 4</td><td>1,414</td></tr>
<tr><td>100</td><td>281 × 1</td><td></td></tr>
<tr><td>96</td><td>2824 × 4</td><td>5,656</td></tr>
<tr><td></td><td></td><td>14,14</td></tr>
<tr><td>400</td><td></td><td>565,6</td></tr>
<tr><td>281</td><td></td><td>1.414</td></tr>
<tr><td>11900</td><td></td><td>1.999,396</td></tr>
<tr><td>11296</td><td></td><td>604</td></tr>
<tr><td>604</td><td></td><td>2.00.00.00</td></tr>
</table>

Remarquons d'abord que, si cette racine était connue et qu'on voulût revenir au carré qu'elle a donné, la multiplication de ce nombre décimal par lui-même donnerait un produit qui aurait deux fois autant de chiffres décimaux que cette racine ; donc, si nous voulons que la racine de **2** ait trois chiffres décimaux, il faut mettre six zéros à sa suite. Cela fait, on extrait la racine du nombre 2000000, qui est 1414, et l'on sépare, sur la droite de cette racine, trois chiffres décimaux : 1,414 est la racine carrée de 2 à moins d'un millième près.

EXTRACTION DE LA RACINE CARRÉE DES FRACTIONS.

154. Pour élever une fraction au carré, il faut multiplier cette fraction par elle-même. Ainsi, le carré d'une fraction est une autre fraction ayant pour numérateur le carré du numérateur de la première fraction, et pour dénominateur le carré du dénominateur de cette même fraction.

Par suite, pour extraire la racine carrée d'une fraction, il faudra chercher la racine carrée de son numérateur et celle de son dénominateur ; la fraction qui aura pour numérateur la première racine et pour dénominateur la seconde sera la racine cherchée. Mais avant d'opérer il faut toujours prendre la précaution de réduire la fraction proposée à sa plus simple expression.

Or, dans l'extraction de la racine carrée d'une fraction, il peut se présenter trois cas, que nous allons examiner successivement:

1º Si le numérateur et le dénominateur sont des carrés parfaits ;

2º Si le dénominateur seulement est un carré parfait;

3º Si le numérateur et le dénominateur ne sont, ni l'un ni l'autre, des carrés parfaits.

Dans le premier cas, les deux termes de la fraction étant des carrés parfaits, il suffira d'extraire la racine carrée de chacun de ces termes, pour avoir le numérateur et le dénominateur de la fraction racine.

Dans le second cas, le dénominateur seul étant un carré parfait, la fraction racine aura pour numérateur la racine du plus grand carré contenu dans le numérateur de la fraction proposée, et pour dénominateur la racine carrée du dénominateur de cette fraction. La racine ainsi obtenue est à moins d'une unité de l'espèce indiquée par le dénominateur de la fraction racine.

Ainsi la racine carrée de $\frac{225}{400}$ étant de $\frac{15}{20}$ est obtenue à moins de $\frac{1}{20}$; ce qui veut dire qu'elle ne diffère pas de la racine véritable de $\frac{1}{20}$.

Dans le troisième cas, le numérateur et le dénominateur n'étant pas des carrés parfaits, on multiplie généralement les deux termes de la fraction proposée par son dénominateur, et l'on rentre dans le cas précédent. Par ce moyen, la racine obtenue est à moins d'une unité de l'espèce indiquée par le dénominateur de la fraction dont il fallait extraire la racine.

Soit à extraire la racine carrée de $\frac{8}{13}$, si l'on prenait, pour termes de la fraction racine la racine du plus grand carré contenue dans 8 et dans 13, on obtiendrait $\frac{2}{3}$ dont il serait impossible de donner le degré d'approximation.

Tandis qu'en multipliant les deux termes par le dénominateur 13 on a la nouvelle fraction :

$$\frac{8 \times 13}{13 \times 13} = \frac{104}{169} = \frac{100}{169} + \frac{4}{169}.$$

dont la racine est $\frac{10}{13}$ à moins de $\frac{1}{13}$ près.

En effet, $\frac{10}{13} \times \frac{10}{13} + \frac{4}{13^2} = \frac{104}{13^2} = \frac{8}{13}.$

Extraction de la racine carrée d'un nombre à moins d'une unité fractionnaire d'une espèce donnée.

155. Il peut arriver que l'on désire avoir la racine carrée d'un nombre, qui n'est pas un carré parfait, à moins d'une unité fractionnaire d'une espèce donnée. Ce qui précède nous conduit au moyen d'arriver à ce but.

Il suffit, en effet, de convertir le nombre donné en une fraction ayant pour dénominateur le carré du dénominateur que l'on veut avoir à la racine.

Ainsi, supposons que l'on demande la racine carrée de 743 à moins de $\frac{1}{27}$ près. On mettra 743 sous la forme suivante :

$$\frac{743 + 27^2}{27^2}.$$

La racine de cette nouvelle fraction sera celle de 743 à moins de $\frac{1}{27}$ près.

Extraction de la racine carrée d'un nombre fractionnaire.

156. Il suit aussi de ce qui précède que, pour extraire la racine carrée d'un nombre fractionnaire, on devra faire entrer les entiers dans les fractions et agir ensuite comme pour les fractions ordinaires.

Extraction de la racine carrée des nombres décimaux et des fractions décimales.

157. On a vu plus haut que les chiffres décimaux servaient aussi à approcher, autant qu'on le désirait, d'une racine incommensurable.

Cette opération est basée sur cette remarque que le produit de deux nombres décimaux a autant de chiffres décimaux qu'il y en a dans ses deux facteurs. Par suite, le carré d'un nombre décimal a deux fois autant de chiffres décimaux que sa racine ; et, de plus, un carré parfait a toujours un nombre pair de chiffres décimaux.

L'extraction de la racine carrée des nombres décimaux et des fractions décimales repose sur cette même remarque.

Si le nombre des chiffres décimaux est pair, on supprime la virgule, et on extrait la racine carrée du nombre résultant à moins d'une unité (un nombre terminé par un nombre pair de chiffres décimaux n'étant pas nécessairement un carré parfait). Puis on sépare, sur la droite de la racine obtenue, deux fois moins de chiffres décimaux qu'il y en a dans le nombre donné.

Si le nombre des chiffres décimaux est impair, on le rend pair par l'addition d'un zéro, ce qui ne change en rien la valeur du nombre donné, et l'on agit comme on l'a dit plus haut.

CUBES ET RACINES CUBIQUES.

Cubes et racines cubiques.

158. Pour élever un nombre à la troisième puissance ou au cube, aucune difficulté ne se présente, puisqu'il suffit de former d'abord le carré du nombre et de multiplier cette puissance par le nombre.

Mais l'extraction de la racine cubique d'un nombre n'est pas aussi simple, et il est indispensable, avant de nous occuper de cette opération, de faire plusieurs remarques sur les cubes des nombres composés d'un seul chiffre et sur la composition d'un cube par rapport à la racine qui l'a fourni.

Nombres . . .	1	2	3	4	5	6	7	8	9
Cubes	1	8	27	64	125	216	343	511	729

Tableau des cubes des neuf premiers nombres.

159. En examinant ce tableau, on voit que le cube d'un nombre exprimé par un seul chiffre ne peut avoir plus de trois chiffres. Si l'on prend 10, le plus petit nombre exprimé par deux chiffres, et qu'on élève ce nombre à la troisième puissance, on trouve 1000, nombre composé de quatre chiffres.

Pour la deuxième puissance nous avons remarqué que les nombres ne pouvaient être des carrés parfaits que s'ils étaient terminés par certains chiffres ; mais pour les cubes l'inspection de la table précédente fait voir que tous les chiffres peuvent terminer un cube parfait.

Tous les nombres entiers, compris entre ceux donnés dans la table, ne peuvent avoir des racines entières.

De ces observations on peut donc tirer les conséquences suivantes :

1° Un nombre composé de trois chiffres au plus n'aura qu'un chiffre à sa racine cubique.

2° Un nombre exprimé par plus de trois chiffres aura des unités et des dizaines à sa racine.

3° La racine cubique d'un nombre entier ne peut être qu'un nombre entier.

4° La racine cubique d'un nombre qui n'est pas un cube parfait est incommensurable.

5° La racine cubique d'un nombre fractionnaire est nécessairement fractionnaire aussi ; de même que la racine cubique d'une fraction ne peut être qu'une fraction.

On peut se rendre compte de cette dernière conclusion en élevant à la troisième puissance des nombres fractionnaires et des fractions.

Voyons maintenant comment est composé le cube d'un nombre. Soit 25 à élever au cube :

$$25 = 2 \text{ dizaines} + 5 \text{ unités} = 20 + 5.$$

Le carré de ce nombre est

$\overline{20}^2 + 2\,(20 \times 5) + \overline{5}^2$. Multiplions cette puissance par

$$20 + 5$$

$$(20^2 \times 20) + (2 \times 20 \times 20 \times 5) + (20 \times 5^2)$$
$$(20^2 + 5) + (2 \times 20 \times 5 \times 5) + (5^2 \times 5)$$
$$20^3 + 3\,(20^2 \times 5) + 3\,(20 \times 5^2) + 5^3$$

et nous avons le cube du nombre.

Ainsi donc, le cube d'un nombre quelconque, étant décomposé en dizaines et unités, sera composé des produits partiels suivants :

1° Le cube des dizaines ;

2° Trois fois le produit du carré des dizaines par les unités ;

3° Trois fois le produit des dizaines par le carré des unités ;

4° Le cube des unités.

La première partie ne peut contenir que des mille $(10 + 10 + 10 = 1000)$; la seconde ne renfermera que des centaines $(10 + 10 = 100)$; la troisième ne contiendra que des dizaines ; la quatrième seule aura des unités.

Ceci bien compris, passons à l'extraction de la racine cubique d'un nombre.

Soit à extraire la racine cubique de 34567, ou du plus grand cube compris dans ce nombre.

34567 étant composé de plus de trois chiffres, la racine cubique en aura plus d'un ; elle contiendra nécessairement des unités et des dizaines. Or le nombre 34567 contient le cube des dizaines, trois fois le carré des dizaines multiplié par les unités, trois fois le carré des unités multiplié par les dizaines ; et le cube des unités. De plus, le cube des dizaines ne peut avoir que des mille, il sera donc contenu dans les 34000 du nombre proposé ; par suite, on peut séparer, sur la droite de ce nombre, les trois chiffres 567, comme inutiles pour trouver les dizaines de la racine demandée.

On dispose l'opération comme pour l'extraction de la racine carrée.

$$
\begin{array}{c|l}
34|567 & 32 \\
27 & \overline{} \\
75|67 & 27 = 3 \times \overline{3}^2 = 3 \times 9. \\
57\ 68 & \\
17\ 99 &
\end{array}
$$

Cherchant quel est le plus grand cube contenu dans 34, on trouve 27 dont la racine est 3. Écrivant 3 à la racine et retranchant son cube 27 de 34, il reste 7 qui, joint aux trois chiffres 567 laissés de côté, donne 7567. Ce nombre ne contient plus que trois fois le carré des dizaines multiplié par les unités, trois fois le carré des unités multiplié par les dizaines et le cube des unités. Or le triple carré des dizaines, que nous connaissons, multiplié par les unités que nous cherchons, ne peut être contenu que dans les centaines de 7567 ou dans 7500; nous devons donc laisser de côté les unités et les dizaines comme inutiles. Divisant 7500 par trois fois le carré des dizaines, nous devons trouver pour quotient les unités de la racine.

Ce produit est 27, et le quotient 75 par 27 est 2, qui est le chiffre des unités de la racine ou un chiffre trop fort, car 7500 peut contenir des centaines provenant du triple produit du carré des unités par les dizaines. Ce chiffre 2, supposé exact, est placé à la droite de celui des dizaines déjà trouvé.

Pour éprouver le chiffre 2, nous ferons à part les trois produits partiels qui doivent se trouver dans le nombre 7567, c'est-à-dire :

3 fois le carré des dizaines $\times$ les unités. . .	5400
3 fois le carré des unités $\times$ les dizaines. . .	360
Le cube des unités.	8
Dont la somme est.	5768

Ce nombre est moindre que 7567; par suite, 2 est bien le chiffre des unités de la racine.

La différence entre 5767 et 7568 donne 1799, qui est la quantité dont le nombre proposé surpasse le cube de 32.

Si le chiffre 2 avait été trop grand, c'est-à-dire si la somme des trois produits partiels n'avait pas pu se retrancher de 7567, on aurait diminué le chiffre obtenu d'une unité et on l'aurait essayé de nouveau ; et cette opération aurait été recommencé si la soustraction indiquée plus haut n'avait pas été possible.

Dans l'exemple donné plus haut, les dizaines de la racine ne sont exprimées que par un seul chiffre; voyons maintenant le cas où cette racine aurait plus de deux chiffres.

Soit à extraire la racine cubique du nombre 94897584, ou du plus grand cube qu'il contient.

Le nombre 94897584 étant exprimé par plus de trois chiffres, sa racine cubique en a plus d'un ; elle contient, par conséquent, des unités et des dizaines, qui peuvent elles-mêmes être exprimées par plus d'un chiffre; séparant, sur la droite de 94897584, les trois chiffres 584, le cube des dizaines de la racine sera nécessairement compris dans le nombre 94897 mille.

$$
\begin{array}{ll}
94|897{,}584 \quad & 456 \\
64 \quad & \overline{48} \\
\overline{308{,}97} \quad & 6075 \\
271\,25 \quad & \\
\overline{37\,725{,}84} \quad & \\
36\,938\,16 \quad & \\
\overline{787\,68} \quad &
\end{array}
$$

On opère alors sur le nombre 94887 comme s'il était seul, c'est-à-dire que l'on fait abstraction de la tranche 584.

Comme le nombre 94897 est encore exprimé par plus de trois chiffres, sa racine en a plus d'un et contient, par suite, des dizaines et des unités. Séparant sur la droite les trois premiers chiffres 897, il reste 94, qui contient le cube des dizaines de la racine du nombre 94897.

On continuerait de même à partager le nombre restant en tranches de trois chiffres en allant de droite à gauche, si le nombre donné avait un plus grand nombre de caractères.

Le plus grand cube contenu dans 94 est 64, dont la racine est 4, qu'on écrit à la racine. On retranche le cube 64 de 94, il reste 30, à la suite duquel on abaisse la tranche 897.

Le nombre 30897, ainsi obtenu, contient trois fois le carré des dizaines 4 multiplié par les unités ; trois fois le carré des unités multiplié par les dizaines 4 et le cube des unités. Le premier de ces trois produits ne peut contenir que des centaines ; on peut donc laisser de côté les deux chiffres 97 à droite du nombre 30897, et ne considérer que 308. Divisant 308 par 48 triple du carré de dizaine 4 ($4 \times 4 \times 3 = 48$), le quotient 6 doit être le chiffre des unités de dizaines ou un chiffre trop fort.

En faisant les trois produits indiqués plus haut, on trouve que leur somme est plus grande que 30897 ; donc le chiffre 6 est trop grand pour être mis à la racine.

On éprouve 5, qui est d'une unité plus faible, et l'on trouve que la soustraction indiquée peut être faite ; car la somme des trois produits est 27125, dont la différence avec 30897 est 3772 ; d'où il suit que le nombre 94897 surpasse le cube de 45 de 3772.

On peut remarquer qu'on a retranché de 94807 d'abord le cube des dizaines 4 de la racine ; puis le triple produit du carré de ces dizaines par les unités 5, le triple produit du carré des unités 5 par les dizaines 4 et le cube des unités 5. On a donc retranché le cube de 45 du nombre 94897. Par suite, pour essayer le chiffre 6 trouvé précédemment, on aurait pu faire le cube de 45 et voir si le nombre obtenu pouvait se retrancher de 94897. Ce moyen plus simple est généralement employé.

On abaisse à côté du reste 3772 la tranche 584, et on obtient le nombre 3772584.

Considérant 45 comme les dizaines de la racine du nombre 94897584, le nombre 3772584 contient le triple produit du carré des dizaines 45 par les unités, le triple produit du carré des unités par les dizaines 45 et le cube des unités. Le premier produit ne peut contenir que des centaines, il sera donc renfermé dans la partie 37725. Divisant ce nombre par 6075, triple carré des dizaines 45, on trouve pour quotient 6.

Pour essayer le chiffre 6, on fait le cube de la racine 456, qui est 94818816. Retranchant ce cube du nombre donné 94877584, on trouve pour différence 78768.

De ce qui précède, on tire la règle suivante :

160. Pour extraire la racine cubique d'un nombre entier, partager ce nombre en tranchant de trois chiffres en allant de droite à gauche ; la dernière tranche à gauche pouvant seule n'avoir qu'un ou deux chiffres. Extraire la racine du plus grand cube entier contenu dans la dernière tranche à gauche ;

écrire le chiffre ainsi obtenu à la racine ; retrancher le cube de ce chiffre de la première tranche à gauche ; à la droite du reste abaisser la tranche suivante. Séparer deux chiffres sur la droite du nombre ainsi obtenu et diviser le nombre restant à gauche par trois fois le carré du premier chiffre de la racine ; le quotient entier de cette division est le chiffre suivant de la racine ou un chiffre plus fort. Pour l'éprouver, mettre le nouveau chiffre à la droite du premier et faire le cube du nombre ainsi obtenu ; si ce cube peut se retrancher du nombre que forment les deux premières tranches à gauche du nombre donné, le chiffre trouvé est bon. Si la soustraction ne peut se faire, le chiffre trouvé est trop fort ; le diminuer d'une unité, et mettre le chiffre ainsi diminué à la droite du premier chiffre de la racine ; chercher le cube du nouveau nombre ainsi formé, et voir si ce cube peut se retrancher du nombre que forment les deux premières tranches à gauche du nombre proposé ; si la soustraction est possible, le chiffre est bon. Dans le cas contraire, diminuer le second chiffre racine encore d'une unité et recommencer la même épreuve, et ainsi de suite, jusqu'à ce que le dernier cube formé puisse se retrancher. Alors mettre définitivement, à la droite du premier chiffre de la racine, le chiffre que l'on vient de trouver bon.

A côté du reste de la soustraction, abaisser la tranche suivante du nombre proposé, la troisième de gauche à droite ; séparer deux chiffres sur la droite du nombre ainsi obtenu ; diviser le nombre restant à gauche par trois fois le carré du nombre écrit à la racine ; le quotient entier de cette division est le troisième chiffre de la racine ou un chiffre trop fort. Pour l'éprouver, calculer le cube du nombre formé par les deux premiers chiffres de la racine suivis de ce troisième chiffre ; ce cube doit pouvoir se retrancher de l'ensemble des trois premières tranches à gauche du nombre proposé ; dans le cas où la soustraction ne pourrait se faire, diminuer le chiffre d'une unité pour recommencer l'épreuve.

La soustraction ayant pu se faire, écrire le chiffre trouvé bon à la droite des deux premiers de la racine. Abaisser ensuite, à la droite du reste qu'on vient d'obtenir, la quatrième tranche ; opérer, pour trouver le quatrième chiffre de la racine, comme on l'a fait pour trouver le troisième ; et ainsi de suite pour les suivantes, jusqu'à ce qu'on ait abaissé et employé toutes les tranches du nombre proposé. Autant de tranches dans le nombre, autant de chiffres à la racine.

161. *Première remarque.* Il peut arriver, dans l'une des divisions qui donnent successivement les chiffres de la racine, à partir du deuxième, que le dividende ne contienne pas le diviseur ; alors mettre un zéro à la racine ; à côté de la tranche que l'on vient d'abaisser, abaisser encore la tranche suivante pour opérer sur le nombre ainsi formé, comme on opère chaque fois qu'on abaisse une tranche.

162. *Seconde remarque.* Si l'on fait le cube d'un nombre ayant un chiffre décimal, on aura trois chiffres décimaux au cube ; si la racine a deux chiffres décimaux, le cube en aura six ; si la racine a trois chiffres décimaux, le cube en aura neuf ; et ainsi de suite, le cube ayant toujours trois fois plus de chiffres décimaux que sa racine.

Ainsi donc, lorsqu'un nombre entier n'est pas un cube parfait et qu'on veut approcher de sa racine au moyen des parties décimales, il faut mettre à la droite du nombre une virgule, et, après la virgule, trois fois autant de zéros que l'on veut avoir de chiffres décimaux à la racine. On extrait ensuite la racine cubique comme s'il n'y avait pas de virgule, et, quand elle est trouvée, on sépare sur sa droite, par une virgule, un nombre de chiffres décimaux égal au tiers du nombre des zéros qui sont à la droite de la virgule dans le nombre proposé.

Si le nombre dont on propose de trouver la racine cubique approchée contient déjà des chiffres décimaux, on ne met à la droite qu'un nombre de zéros suffisant pour avoir au cube trois fois autant de chiffres décimaux qu'on veut en avoir à la racine.

CUBES ET RACINES CUBIQUES DES FRACTIONS.

163. Le cube d'une fraction s'obtient en élevant le numérateur et le dénominateur au cube.

Par suite, la racine cubique d'une fraction est une autre fraction ayant pour numérateur la racine cubique du numérateur de la première fraction, et pour dénominateur la racine cubique du dénominateur de cette fraction.

$$\frac{27}{125} \text{ a pour racine cubique } \frac{3}{5},$$

3 étant la racine cubique de 27 et 5 celle de 125.

Comme on l'a vu au sujet de l'extraction de la racine carrée des fractions, la première chose à faire est de réduire la fraction proposée à sa plus simple expression.

Il peut se présenter trois cas dans l'extraction de la racine cubique des fractions :

1° Si le numérateur et le dénominateur de la fraction proposée sont deux cubes parfaits, il suffira d'extraire la racine cubique de chacun de ces nombres.

Ces deux racines seront les deux termes de la fraction racine.

Exemple.
$$\sqrt[3]{\frac{343}{729}} = \frac{7}{9}.$$

2° Si le dénominateur seulement est un cube parfait,

On extrait la racine cubique du numérateur à une unité près, et l'on donne pour dénominateur à cette racine la racine cubique du dénominateur.

Exemple. Soit la fraction $\frac{115}{343}$, dans laquelle 343 seulement est un cube parfait. On extrait la racine cubique 4 de 115 à une unité près, et celle du dénominateur, qui est 7 : $\frac{4}{7}$, est la fraction racine obtenue à moins de $\frac{1}{7}$ près.

3° Si aucun des termes de la fraction n'est un cube parfait.

Dans ce cas on multiplie les deux termes de la fraction par le carré du dénominateur de cette fraction ; par ce moyen on a une nouvelle fraction qui a la même valeur que la première et qui a pour dénominateur un cube parfait.

On rentre donc dans le cas précédent.

Extraction de la ra-
cine cubique d'un
nombre fraction-
naire.**164.** Pour extraire la racine cubique d'un nombre composé d'entiers et d'une fraction, on transforme ce nombre en une seule fraction ayant même dénominateur que celle qui l'accompagne, et l'on rentre dans l'un des trois cas présentés plus haut.

Exemple. $$\sqrt[3]{64\frac{1}{8}} = \sqrt[3]{\frac{64 \times 8 + 1}{8}} = \sqrt[3]{\frac{512 \times 1}{8}} =$$
$$= \sqrt[3]{\frac{513}{8}} = \frac{9}{2} = 4\frac{1}{2}.$$

Extraction de la ra-**165.** De ce qui précède on déduit que, pour avoir la racine cubique d'un nombre entier qui n'est pas un cube parfait, à moins d'une unité fractionnaire donnée, il faut convertir ce nombre en une fraction qui ait pour dénominateur le cube du nombre exprimant l'unité fractionnaire donnée, et extraire la racine cubique de la fraction ainsi obtenue.

Ainsi, pour avoir la racine cubique de 348 à moins d'un sixième près, on met 348 sous la forme $\dfrac{348 \times \overline{6}^3}{6^3}$, dont la racine cubique $\sqrt[3]{\dfrac{348 \times \overline{6}^3}{6^3}}$ est à moins de $\dfrac{1}{6}$ près.

EXTRAIRE LA RACINE CUBIQUE DES NOMBRES DÉCIMAUX ET DES FRACTIONS DÉCIMALES.

166. Pour obtenir la racine cubique d'un nombre décimal ou d'une fraction décimale, on agit comme on l'a dit au sujet des racines par approximation, c'est-à-dire que l'on place, à la droite de la fraction proposée, autant de zéros qu'il en faut pour compléter un nombre trois fois plus grand que la quantité de décimales que l'on désire avoir à la racine; l'on extrait alors la racine du nombre comme s'il était entier, et l'on sépare ensuite les décimales de cette racine.

La racine obtenue au moyen des décimales est à moins d'une unité décimale de la dernière espèce trouvée à la racine.

Ainsi, la racine cubique de 245,864819 étant 6,26, elle est à moins de 0,01. En effet, $245,864819 = \dfrac{245864819}{1000000}$

$$\sqrt[3]{\dfrac{245864819}{1000000}} = \sqrt[3]{\dfrac{245864819}{100}} = \dfrac{620}{100} = 6,26.$$

DES PROPORTIONS.

167. On appelle, en général, rapport le résultat de la comparaison de deux nombres ou de deux quantités de même espèce, soit pour savoir de combien l'un surpasse l'autre, soit pour connaître combien de fois il le contient.

168. Dans le premier cas, il y a rapport arithmétique ou par différence.

$$24 - 6 = 18 \text{ est un rapport arithmétique.}$$

Rapport géométrique. **169.** Dans le second cas, il y a rapport géométrique ou par quotient.

$$\frac{24}{6} = 4 \text{ est un rapport géométrique.}$$

Proportion. **170.** Une proportion est l'assemblage de deux rapports égaux, ou encore l'expression de l'égalité de deux rapports. Ainsi il y a proportion entre quatre nombres, quand le rapport du premier au deuxième égale le rapport du troisième au quatrième.

Proportion arithmétique. **171.** Si les deux rapports qui forment une proportion sont des rapports arithmétiques ou par différence, la proportion est dite elle-même arithmétique ou par différence.

Proportion géométrique. **172.** Si les deux rapports sont géométriques ou par quotient, la proportion est géométrique ou par quotient.

Écrire une proportion arithmétique. **173.** Pour écrire une proportion par différence, on met un point entre les deux termes de chaque rapport, et deux points entre les deux rapports.

Exemple. 12 . 4 : 18 . 10 et l'on dit : 12 est à 4 comme 18 est à 10.

Écrire une proportion géométrique. **174.** Pour écrire une proportion géométrique, on met deux points entre les deux termes de chaque rapport, et quatre entre les deux rapports.

Exemple. 12 : 4 : : 15 : 5 et l'on dit 12 est à 4 comme 15 est à 5.

Antécédents et conséquents. **175.** Le premier terme d'un rapport se nomme antécédent, le second conséquent. Dans une proportion il y a donc deux antécédents et deux conséquents.

Le premier terme de la proportion prend le nom de premier antécédent ; le deuxième, celui de premier conséquent ; le troisième se nomme second antécédent, et le quatrième second conséquent.

Extrêmes et moyens. **176.** On désigne encore le premier et le quatrième terme par les extrêmes, et le deuxième et le troisième par les moyens.

177. La raison est le rapport effectué.

Raison. Ainsi 8 est la raison arithmétique du rapport 12 . 4, et 3 est la raison géométrique du rapport 12 : 4. La raison peut être un nombre entier, un nombre fractionnaire ou une fraction.

PROPORTIONS ARITHMÉTIQUES OU PAR DIFFÉRENCE.

178. Lorsque quatre nombres forment une proportion arithmétique, la somme des extrêmes est égale à la somme des moyens.

Ainsi, étant donnée la proportion 12 . 8 : 17 : 13, on devra voir $12 + 13 = 8 + 17$.

En effet, appelant R la raison ou la différence entre 12 et 8 et entre 17 et 13, on aura :

$$12 = 8 + R \qquad 17 = 13 + R.$$

Ajoutant 13 à chacun des nombres de la première égalité et 8 à ceux de la seconde, on aura les nouvelles égalités.

$$12 + 13 = 8 + R + 13, \; 17 + 8 = 13 + R + 8.$$

Les seconds membres de ces deux égalités étant égaux, les premiers le sont aussi, on a donc

$$12 + 13 = 17 + 8.$$

Ce qu'il fallait démontrer.

La condition indispensable pour qu'il y ait proportion entre quatre nombres étant que la somme des moyens égale celle des extrêmes, on pourra donc faire subir aux termes d'une proportion tous les changements de grandeur et de place qui n'altéreront pas cette égalité.

Un quelconque des extrêmes est égal à la somme des moyens diminuée de l'autre extrême.

Un quelconque des moyens est égal à la somme des extrêmes diminuée de l'autre moyen.

179. Une proportion dans laquelle les moyens sont égaux est appelée proportion arithmétique continue.

180. Ce terme moyen est alors la moyenne arithmétique ou la moyenne différentielle entre les deux extrêmes, et il est égal à la demi-somme de ces extrêmes.

Nous ne nous étendrons pas davantage sur les propriétés des proportions arithmétiques, qui sont rarement employées.

PROPORTIONS GÉOMÉTRIQUES OU PAR QUOTIENT.

181. Lorsque quatre nombres sont en proportion géométrique, le produit des extrêmes est égal à celui des moyens.

Soient, par exemple, les quatre nombres 12, 4, 15, 5 qui forment la proportion 12 : 4 : : 15 : 5, on doit avoir

$$12 \times 5 = 4 \times 15.$$

En effet, puisque les deux rapports 12 : 4 et 5 : 15 sont égaux, le quotient de 12 divisé par 4 est le même que celui de 15 divisé par 5, on aura donc

$\dfrac{12}{4} = \dfrac{15}{5}$. Réduisant au même dénominateur, les deux frac-

tions deviennent $\dfrac{12 \times 5}{4 \times 5} = \dfrac{15 \times 4}{4 \times 5}$; les dénominateurs étant

égaux, les numérateurs le sont aussi : 12×5 égale donc 15×4. Par suite, le produit des extrêmes égale celui des moyens, ce qu'on voulait démontrer.

182. On peut ranger de huit manières différentes les quatre termes d'une proportion géométrique sans qu'ils cessent de former une proportion.

Soit la proportion 12 : 4 : : 21 : 7 ; de cette proportion résulte l'égalité $12 \times 7 = 4 \times 21$.

Pour qu'il y ait proportion dans un arrangement quelconque des quatre nombres 12, 4, 21 et 7, il est nécessaire que 12 et 7 soient tous deux extrêmes ou moyens, et 4 et 21 moyens ou extrêmes.

Ainsi donc, commençant une proportion par 12, le dernier terme sera nécessairement 7, on aura donc la proportion

$$12 : 4 : : 21 : 7.$$

Mais on peut intervertir l'ordre des deux moyens sans changer leur produit ; on aura donc la nouvelle proportion :

$$12 : 21 : : 7 : 7.$$

Prenant successivement pour point de départ chacun des nombres 4, 21 et 7, on aura, pour chacun d'eux, deux arrangements différents ; ce qui donne les huit combinaisons sui-

vantes, dans lesquelles on retrouve toujours les deux égalités
$12 \times 7 = 4 \times 21$.

$$12 : 4 :: 21 : 7 \qquad 12 \times 7 = 4 \times 21$$
$$12 : 21 :: 4 : 7 \qquad 12 \times 7 = 21 \times 4$$
$$4 : 12 :: 7 : 21 \qquad 4 \times 21 = 12 \times 7$$
$$4 : 7 :: 12 : 21 \qquad 4 \times 21 = 7 \times 12$$
$$21 : 12 :: 7 : 4 \qquad 21 \times 4 = 12 \times 7$$
$$21 : 7 :: 12 : 4 \qquad 21 \times 4 = 7 \times 4$$
$$7 : 4 :: 21 : 12 \qquad 7 \times 12 = 4 \times 21$$
$$7 : 21 :: 4 : 12 \qquad 7 \times 12 = 21 \times 4$$

Ainsi donc, les moyens peuvent être mis à la place des extrêmes,
et réciproquement ; les moyens peuvent changer de place entre
eux et les extrêmes entre eux.

183. De cette égalité entre le produit des extrêmes et celui des
moyens, on pourra, trois termes d'une proportion étant connus,
trouver le quatrième.

Si l'inconnu est un extrême, on trouvera ce terme en divisant
le produit des moyens par l'extrême connu.

Exemple. $12 : 4 :: x : 7$ donne l'égalité. $12 \times 7 = x \times 4$

$$x = \frac{12 \times 7}{4} = 21.$$

184. Les proportions semblables à la suivante :

$$12 : 6 :: 6 : 3.$$

dans laquelle les moyens sont représentés par un même nombre,
se nomment proportion géométrique continue.

185. Dans ce cas, le terme moyen est moyenne proportionnelle, ou moyenne géométrique, entre les deux extrêmes, et il est
égal à la racine carrée du produit des extrêmes.

Exemple. $12 : 6 :: 6 : 3.$

$$6 \times 6 = 12 \times 3 \quad 6^2 = 12 \times 3 \quad \sqrt{6^2} = \sqrt{12 \times 3}$$
$$6 = \sqrt{12 \times 3}.$$

Donc, pour avoir le terme moyen ou la moyenne proportionnelle entre deux nombres, il suffit d'extraire la racine carrée du
produit de ces deux nombres.

Lorsque deux proportions ont un rapport commun, les rapports non communs sont en proportion.

Exemple. Les deux proportions suivantes :

$$8 : 4 :: 10 : 5$$
$$32 : 16 :: 10 : 5$$

Ayant un rapport commun, on doit avoir la nouvelle proportion :

$$8 : 4 : : 32 : 16.$$

En effet, des deux premières proportions, on tire les égalités

$$\frac{8}{4} = \frac{10}{5} \cdot \frac{32}{16} = \frac{10}{5}, \text{ d'où } \frac{8}{4} = \frac{32}{16}, \text{ qui donne}$$

la proportion $8 : 4 : : 32 : 16.$

Remarques sur les proportions.

186. *Première remarque.* Lorsque deux proportions ont les mêmes antécédents ou les mêmes conséquents, on peut, avec les antécédents et les conséquents qui ne sont pas égaux, former une nouvelle proportion.

Prenons pour exemple les deux proportions suivantes :

$$12 : 4 : : 30 : 10$$
$$12 : 6 : : 30 : 15$$

qui ont les mêmes antécédents ; nous disons que l'on doit avoir la nouvelle proportion

$$4 : 10 : : 6 : 15$$

En effet, en intervertissant l'ordre des moyens dans les deux proportions prises pour exemple, on a :

$$12 : 30 : : 4 : 10$$
$$12 : 30 : : 6 : 15$$

Ces deux proportions ont un rapport commun, dont les deux rapports différents forment la proportion $4 : 10 : : 6 : 15$.

Deuxième remarque. Si l'on multiplie, les uns par les autres, les termes correspondants de plusieurs proportions, les produits forment une nouvelle proportion.

Prenons les trois proportions suivantes :

$$6 : 2 : : 9 : 3$$
$$14 : 7 : : 16 : 8$$
$$32 : 8 : : 20 : 5$$

D'après ce que l'on vient de dire, l'on doit avoir :

$$6 \times 14 \times 32 : 2 \times 7 \times 8 : : 9 \times 16 \times 20 : 3 \times 8 \times 5$$

En effet, la raison de la première proportion étant 3, celle de la deuxième 2, et celle de la troisième 4, on tire les égalités suivantes :

$$6 = 2 \times 3 \qquad\qquad 9 = 3 \times 3$$
$$14 = 7 \times 2 \qquad\qquad 16 = 8 \times 2$$
$$32 = 8 \times 4 \qquad\qquad 20 = 5 \times 4$$

Multipliant, les uns par les autres, les membres dans chacune de ces deux séries, on aura :

$$6 \times 14 \times 32 = (2 \times 7 \times 8) \times (3 \times 2 \times 4)$$
$$9 \times 16 \times 20 = (3 \times 8 \times 5) \times (3 \times 2 \times 4)$$

D'où l'on tire les deux rapports :

$$\frac{6 \times 14 \times 32}{2 \times 7 \times 8} \text{ ou } 6 \times 14 \times 32 : 2 \times 7 \times 8 = 3 \times 2 \times 4.$$

$$\frac{9 \times 16 \times 20}{3 \times 8 \times 5} \text{ ou } 9 \times 16 \times 20 : 2 \times 8 \times 5 = 3 \times 2 \times 4,$$

et par suite la proportion $6 \times 14 \times 32 : 2 \times 7 \times 8 ::$
$$:: 9 \times 16 \times 20 : 3 \times 8 \times 5.$$

Ce qu'il fallait démontrer.

Troisième remarque. Il suit de là que, si l'on élève les quatre termes d'une proportion à une même puissance, ces puissances formeront une nouvelle proportion. De même, si l'on extrait les racines du même degré des quatre termes d'une proportion, les quatre racines formeront une nouvelle proportion.

187. En combinant de diverses manières les termes d'une proportion, on démontrera les propositions suivantes : *Conséquences des proportions.*

1° La somme des deux premiers termes est au premier comme la somme des derniers termes est au troisième ;

2° La somme des deux premiers termes est au deuxième comme la somme des deux derniers est au quatrième ;

3° La somme des deux premiers termes est à leur différence comme la somme des deux derniers est à leur différence ;

4° La somme ou la différence des antécédents est à la somme ou à la différence des conséquents comme un antécédent quelconque est à son conséquent ;

5° Dans une suite de rapports égaux, la somme des antécédents est à la somme des conséquents comme un antécédent quelconque est à son conséquent.

RÈGLE DE TROIS.

188. Les proportions servent à résoudre une foule de problèmes dans lesquels trois quantités connues servent à trouver une quatrième quantité inconnue.

C'est à l'opération que l'on fait dans ce cas qu'on a donné le nom de règle de trois. Ainsi :

Définition. **189.** La règle de trois est l'opération par laquelle on trouve le terme inconnu d'une proportion dont on connaît trois termes.

Règle de trois simple. Si l'énoncé de la question ne renferme que quatre nombres ou deux rapports, la règle de trois est dite simple.

Règle de trois composée. Si l'énoncé de la question renferme plus de quatre nombres ou plus de deux rapports, la règle de trois est dite composée.

RÈGLE DE TROIS SIMPLE.

Règle de trois simple. **190.** Il y a, dans la question qui nous occupe, deux difficultés à résoudre :

1° Quand doit-on employer la règle de trois ?

2° Comment poser convenablement les termes de la proportion ?

Pour connaître si un problème peut être résolu par une règle de trois simple, il suffit de savoir si, parmi les quatre quantités de l'énoncé, deux sont d'une même espèce et deux d'une autre espèce aussi la même.

Quant à la manière de poser la proportion, il faut se conformer à la règle établie par Lacroix.

Écrire l'un sous l'autre les deux nombres qui appartiennent à la première espèce, et à côté, l'un sous l'autre, les deux nombres de l'autre espèce, puis écrire la proportion en faisant ce raisonnement :

Le plus petit nombre de la première espèce est au plus grand nombre de cette espèce comme le plus petit nombre de la seconde espèce est au plus grand de cette même espèce.

La nature de la question faisant toujours connaître si le terme inconnu est plus grand ou plus petit que le terme correspondant de son espèce, appliquons ce que nous venons de dire à quelques problèmes.

Premier problème. Cinq ouvriers ont fait en un jour 67 boulons; combien 9 ouvriers en feraient-ils dans le même temps?

Sur les quatre quantités du problème, il y en a bien deux d'une même espèce (cinq ouvriers et neuf ouvriers) et deux d'une autre espèce (67 boulons et x boulons). L'inconnu x doit être plus grand que 67, autre quantité de même espèce qu'elle.

Nous conformant à la règle établie plus haut, nous poserons les quatre quantités ainsi qu'il suit :

$$\begin{array}{ll} 5 \text{ ouvriers} & 67 \text{ boulons} \\ 9 \text{ ouvriers} & x \text{ boulons} \end{array}$$

et nous dirons : le plus petit nombre 5 de la première espèce est au plus grand nombre 9 de cette espèce, comme le plus petit nombre 67 de la seconde espèce est au plus grand x de cette même espèce.

$$5 : 9 : : 67 : x$$
$$\text{d'où} \quad 5 \times x = 9 \times 67$$
$$x = \frac{9 \times 67}{5} = 120 \tfrac{3}{5} \text{ boulons.}$$

Deuxième problème. L'eau, passant par l'orifice d'un tuyau, a rempli, en 40 minutes, 7 pièces à eau. Il en reste 52 à remplir; combien faudra-t-il de temps pour faire leur plein?

Raisonnant comme dans le premier problème, nous poserons les quantités

$$\begin{array}{ll} 40 \text{ minutes} & 7 \text{ pièces} \\ x \text{ minutes} & 52 \text{ pièces} \end{array}$$

Et nous écrirons la proportion

$$40 : x : : 7 : 52$$

d'où l'on tire :

$$x = \frac{40 \times 52}{7} = 299 \text{ minutes } \tfrac{1}{7} = 4^{\text{h.}} - 59' \tfrac{1}{7}.$$

191. Remarquons que la connaissance des proportions n'est pas indispensable pour résoudre les deux problèmes que nous avons pris pour exemples; il suffisait de connaître les quatre opérations fondamentales et les fractions ordinaires.

Premier problème. Cinq ouvriers ont fait, en un jour, 67 boulons ; combien 9 ouvriers en feraient-ils dans le même temps ?

Puisque cinq ouvriers ont fait 67 boulons, un ouvrier en ferait 5 fois moins ou $\frac{67}{5}$; $\frac{67}{5}$ est donc le travail fait par un ouvrier en un jour ; 9 ouvriers en feraient 9 fois plus

$$\text{ou } \quad \frac{9 \times 67}{5} = 120\tfrac{3}{5} \text{ boulons.}$$

Deuxième problème. L'eau, passant par l'orifice d'un tuyau, a rempli, en 40 minutes, 7 pièces à eau. Il en reste 52 à remplir ; combien faudra-t-il de temps pour faire leur plein ?

Puisqu'on a mis 40 minutes pour remplir 7 pièces, une pièce a demandé $\frac{40}{7}$ minutes pour être remplie, et 52 pièces demanderont 52 fois plus de temps, ou

$$\frac{52 \times 40}{7} = 299\tfrac{1}{7} = 4^{\text{h}} - 59'\tfrac{1}{7}.$$

Cette méthode est dite de réduction à l'unité.

RÈGLE DE TROIS COMPOSÉE.

192. Comme nous l'avons dit plus haut, lorsque l'énoncé du problème renferme plus de quatre nombres ou plus de deux rapports, la règle de trois est composée.

Les problèmes qui sont dans ce cas peuvent être résolus aussi de deux manières, soit par les proportions, soit par la réduction à l'unité. Cette dernière méthode étant plus simple que la première, nous ne parlerons que d'elle.

Comme dans la règle de trois simple, les quantités données, par l'énoncé d'un problème de règle de trois composée, sont de même espèce deux à deux. Si donc on écrit ces quantités les unes sous les autres comme nous l'avons dit au sujet de la règle de trois simple, on formera deux lignes ; la première, ne contenant que des quantités connues, sera désignée sous le nom de ligne du connu, et la seconde, contenant l'inconnu x, se désignera par la ligne de l'inconnu.

Tout le mécanisme de la règle de trois composée consiste à ramener le problème à une règle de trois simple.

Ainsi prenons l'exemple suivant :

Premier problème. Pour construire 5 machines à percer on a employé 45 ouvriers pendant 37 jours. L'atelier doit fournir 27 de ces machines dans 60 jours ; combien doit-on prendre d'ouvriers pour que le travail soit terminé dans le temps voulu ?

Ligne du connu.. .   5 machines,   45 ouvriers,   37 jours.
Ligne de l'inconnu. 27   — x —   60 —

Pour ramener ce problème à une règle de trois simple nous supposerons d'abord que les 25 machines doivent être livrées dans 37 jours et nous dirons : puisque 45 ouvriers ont fait 5 machines, il a fallu $\dfrac{45}{5}$ ouvriers pour faire chacune d'elles, et, comme il faut en fabriquer 27, il faudra 27 fois plus d'ouvriers ou $\dfrac{27 \times 45}{5}$. Mais les 27 machines ne doivent pas être faites en 37 jours, mais bien en 60.

$\dfrac{27 \times 45}{5}$ exprimant le nombre d'hommes qu'il faut employer pour faire les 27 machines en 37 jours, $\dfrac{27 \times 45 \times 37}{5}$ exprimera le nombre d'ouvriers qu'il faudrait occuper si l'on devait exécuter les machines à percer en un seul jour, et

$$\frac{27 \times 45 \times 37}{5 \times 60} = \frac{44955}{300} = 149^{h},85 = 150 \text{ hommes.}$$

150 est donc le nombre d'hommes nécessaire pour exécuter le travail dans le temps fixé d'avance.

Second problème. Dans 9 jours on devait fournir 5000 barreaux de grille, on occupait alors 65 ouvriers qui travaillaient 10 heures par jour. Mais on demande maintenant 7000 de ces barreaux dans 11 jours. On cherche aussitôt des ouvriers, mais on n'en trouve que 2 ; il faut donc augmenter les heures de travail. On demande combien les 67 ouvriers devront travailler d'heures par jour pour satisfaire à la commande faite.

Ligne du connu. . 5000 barreaux, 65 ouvriers, 10 heures, 9 jours.
Ligne de l'inconnu. 7000   —   67   — x —   11 —

Laissant de côté le nombre des ouvriers et celui des jours, nous dirons : si 5000 barreaux sont faits en 10 heures, un barreau

sera fait en $\dfrac{10^{h\cdot}}{5000}$, et 7000 barreaux seront faits en $\dfrac{10^{h\cdot} \times 7000}{5000}$.
Voici le nombre d'heures, en supposant qu'il y a 65 ouvriers et 9 jours. Pour un ouvrier seul, il faudra 65 fois plus d'heures ou $\dfrac{10 \times 7000 \times 65}{5000}$; mais, au lieu d'un ouvrier, il y en a 67 : il faudra donc 67 fois moins d'heures ou $\dfrac{10 \times 7000 \times 65}{5000 \times 67}$. Si au lieu de travailler pendant 9 jours ils travaillaient un seul jour, il faudrait 9 fois plus d'heures ou $\dfrac{10 \times 7000 \times 65 \times 9}{5000 \times 67}$; mais, au lieu d'un jour, c'est 11 qu'ils ont devant eux ; il faudra donc 11 fois moins d'heures ou

$$\dfrac{10 \times 7000 \times 65 \times 9}{5000 \times 67 \times 11} = 11^{h\cdot} - 6'.$$

Les ouvriers devront travailler 11 heures 6 minutes par jour au lieu de 10 heures.

RÈGLE DES MOYENNES.

193. Une moyenne est une quantité qui tient le milieu entre plusieurs autres quantités connues.

Ainsi, par exemple, on chauffe pendant 5 jours une certaine machine ; le premier jour on a dépensé 45 tonneaux de charbon, le second 38, le troisième 54, le quatrième 35 et le cinquième 42. On demande combien la machine a brûlé, en moyenne, de charbon par jour.

Dans cette question et dans toutes les autres de même espèce, il suffit de faire la somme des quantités données et de les diviser par leur nombre.

RÈGLE D'ALLIAGE OU DE MÉLANGE.

194. La règle d'alliage ou de mélange a pour but de chercher la valeur moyenne de plusieurs substances mélangées ensemble, quand on connaît le nombre et la valeur particulière de chacune d'elles.

Par le fait, la règle d'alliage n'est qu'une règle des moyennes ;

ainsi supposons que l'on fasse fondre ensemble 5 kilogrammes de plomb à 2 fr. le kilogramme, 3 kilogrammes d'étain à 6,7 kilogrammes de cuivre à 5. On veut savoir le prix du kilogramme du mélange.

Pour résoudre ce problème et tous les autres semblables, il faut multiplier le poids de chaque métal par son prix ; faire l'addition de tous les produits et diviser la somme obtenue par le nombre de kilogrammes du mélange.

PROGRESSIONS.

PROGRESSIONS ARITHMÉTIQUES OU PAR DIFFÉRENCE.

195. Une progression arithmétique est une suite de nombres tels que chacun d'eux surpasse celui qui le précède directement, ou en est surpassé, d'un nombre constant qu'on appelle

196. Raison de la progression.

197. Chacun des termes est lié au suivant par un point, et la progression arithmétique est précédée de deux points placés l'un au-dessus de l'autre et séparés par une petite ligne horizontale.

$$\div\ 2 . 4 . 6 . 8 . 10 . 12 . 14 . 16 . 18$$

est une progression arithmétique et s'énonce :

2 est à 4 est à 6 est à 8 est à 10, etc.

198. Une progression est dite croissante quand ses termes vont en croissant, elle est décroissante si ses termes vont en décroissant ; mais elle ne peut être que continuellement croissante ou décroissante.

$\div\ 3 . 5 . 7 . 9 . 11 . 13$ est une progression croissante ;

$\div\ 16 . 14 . 12 . 10 . 8$ est une progression décroissante.

199. Pour trouver la raison d'une progression arithmétique, il faut retrancher un des termes du suivant, si la progression est croissante ; si elle est décroissante, retrancher un terme de son précédent.

200. Dans une progression arithmétique, un terme de rang quelconque est égal au premier terme, augmenté ou diminué d'autant de fois la raison qu'il y a de termes avant lui, suivant que la progression est croissante ou décroissante.

Ainsi soit à trouver le 27ᵉ terme de la progression suivante ayant 3 pour raison :

$$\div \ 5 \ . \ 8 \ . \ 11 \ . \ 15 \ . \ 18, \ \text{etc.}$$

Le premier terme est 5, la progression est croissante, la raison est 3. Le 27ᵉ terme, qui en a 26 avant lui, sera

$$5 + 26 \times 3 = 83.$$

201. Les progressions arithmétiques servent à insérer entre deux nombres donnés un certain nombre de moyennes arithmétiques.

Ainsi, par exemple, soient à inscrire quatre moyennes arithmétiques entre 6 et 46. Si l'on connaissait la raison, il suffirait de l'ajouter au premier terme pour avoir le second, puis au second pour avoir le troisième, etc., car la progression est croissante. Mais, en retranchant le premier terme 6 du dernier 46, le reste doit être la raison répétée autant de fois qu'il y a de termes entre les termes 6 et 46 plus 1. En divisant 40 par 5 on trouve 8 pour raison.

$$\frac{46 - 6}{4 + 1} = \frac{40}{5} = 8.$$

Et les quatre moyennes demandées seront :

$$\div \ 6 \ . \quad 14 \ . \ 22 \ . \ 30 \ . \ 38 \quad . \ 46$$

Si le second nombre donné avait été plus petit que le premier, la progression aurait été décroissante. Pour trouver la raison, il aurait fallu retrancher le dernier terme du premier, et, au lieu d'ajouter cette raison au premier terme pour avoir le second, on l'aurait retranchée.

202. Enfin, dans toute progression arithmétique, appelant le premier et le dernier terme les extrêmes, la somme de deux termes quelconques placés à égales distances des extrêmes sera toujours égale à celle de ces extrêmes.

Ainsi soit la progression :

$$\div\ 6\ .\ 8\ .\ 10\ .\ 12\ .\ 14\ .\ 16\ .\ 18\ .\ 20\ .\ 22$$

la somme des extrêmes est $6 + 22 = 28$; on peut voir que la somme des seconds termes 8 et 20, celle des troisièmes 10 et 18, celle des quatrièmes 12 et 16, est toujours 28.

203. La somme de tous les termes d'une progression arithmétique est égale à la demi-somme des extrêmes multipliée par le nombre des termes de la progression. Le même moyen fera connaître la somme d'un certain nombre de termes d'une progression ; il suffira de considérer le premier et le dernier terme donnés comme les extrêmes d'une progression et d'agir comme nous l'avons dit plus haut.

Somme des termes d'une progression arithmétique.

Ainsi, pour avoir la somme des 7 premiers termes de la progression précédente, il faut faire la somme des extrêmes 6 et 18, en prendre la moitié et multiplier le quotient par 7, nombre des termes de la progression.

$$\frac{6 \times 18}{2} \times 7 = \frac{24}{2} \times 7 = 12 \times 7 = 84.$$

PROGRESSIONS GÉOMÉTRIQUES OU PAR QUOTIENT.

204. Une progression géométrique, ou par quotient, est une suite de nombres tels, que chacun est égal à celui qui le précède

Définition.

205. Multiplié par un nombre constant nommé raison.

Raison.

206. Chacun des termes est lié au suivant par deux points, et la progression géométrique est précédée de quatre points, deux en haut, deux en bas, et séparés par une petite ligne horizontale.

Écrire et énoncer une progression géométrique.

$$\div\ 3 : 6 : 12 : 24 : 48 : 96.$$

est une progression géométrique et s'énonce 3 est à 6 par quotient, comme 6 est à 12, comme 12 est à 24, comme 24 est à 48, comme 48 est à 96.

207. Une progression géométrique est dite croissante quand la raison est plus grande que l'unité, car alors les termes vont en augmentant ; elle est décroissante si la raison est plus petite que l'unité, car alors ses termes vont en diminuant.

Progression croissante, progression décroissante.

I.   7

$\div$ 2 : 4 : 8 : 16 : 32 : 64 est une progression croissante;

$\div$ 48 : 24 : 12 : 6 : 3 est une progression décroissante.

Dans la première, la raison est 2; dans la seconde, elle est $\frac{1}{2}$.

208. Pour trouver la raison d'une progression géométrique il faut diviser un terme quelconque par celui qui le précède; le quotient, entier ou fraction, est la raison cherchée.

209. Dans une progression par quotient, un terme quelconque est égal au premier terme multiplié par la raison, élevée à une puissance ayant pour exposant le nombre des termes qui précèdent celui que l'on désire connaître.

Ainsi soit à chercher le cinquième terme de la progression :

$$\div \; 2 : 4 : 8 : 16 : 32 : 64\ldots\ldots$$

le premier terme est 2, il faut le multiplier par la 4e puissance de la raison ou $\overline{2}^4$.

$$2 \times \overline{2}^4 = 2 \times 16 = 32.$$

210. Les progressions géométriques servent à insérer entre deux nombres donnés un certain nombre de moyennes géométriques.

Pour cela il faut diviser le second nombre par le premier. Le quotient sera la puissance de la racine ayant pour exposant le nombre de moyennes plus 1 à insérer. Il suffira alors d'extraire cette racine pour avoir la raison de la progression qui commencerait par le premier nombre donné et qui finirait par le second.

211. Enfin, dans toute progression géométrique, appelant le premier et le dernier terme les extrêmes, le produit de deux termes quelconques placés à égale distance des extrêmes sera toujours égal à celui de ces extrêmes.

DES LOGARITHMES.

212. Considérons les deux progressions :

$$\div \; 1 : 10 : 100 : 1000 : 10000\ldots\ldots$$
$$\colon \; 0 \,.\, 1 \,.\, 2 \,.\, 3 \,.\, 4 \;\ldots\ldots$$

L'ensemble de ces deux progressions est ce qu'on nomme le système des logarithmes vulgaires. Chacun des nombres composant la progression arithmétique est le logarithme du nombre correspondant de la progression géométrique.

En considérant les deux progressions données plus haut, on fera les remarques suivantes :

1° Tous les termes de la progression géométrique sont des puissances de la raison. De même, toutes les puissances de la raison sont des termes de cette progression suffisamment prolongés.

2° Tous les termes de la progression arithmétique sont des multiples de la raison. De même, tous les multiples de la raison sont des membres de cette progression suffisamment prolongés.

3° Si l'on considère deux termes quelconques se correspondant dans les deux progressions, on verra que toujours le même nombre est employé comme exposant de la raison dans la progression géométrique et comme facteur de la racine dans la progression arithmétique.

4° Si l'on multiplie deux termes de la progression géométrique l'un par l'autre, et que l'on additionne les deux termes correspondants de la progression arithmétique, le produit et la somme seront deux termes correspondants dans les deux progressions.

5° Si l'on divise un des termes de la progression géométrique par un autre de ses termes, et que, d'un autre côté, on fasse la différence entre les deux termes correspondants dans la progression arithmétique, le quotient et la différence seront deux termes correspondants dans les deux progressions.

6° Si l'on élève un des termes de la progression géométrique à une puissance quelconque, le membre correspondant de cette puissance dans la progression arithmétique sera égal au produit du logarithme par l'exposant de la puissance.

De ces quelques remarques, que l'on pourrait étendre bien davantage, nous tirerons les conséquences suivantes :

213. 1° Le logarithme d'un produit est égal à la somme des logarithmes de ses facteurs.

2° Le logarithme d'un quotient est égal au logarithme du dividende, moins le logarithme du diviseur.

3° Le logarithme d'une puissance d'un nombre est égal au logarithme de ce nombre multiplié par l'exposant de la puissance.

4° Le logarithme d'une racine d'un nombre est égal au logarithme du nombre divisé par l'exposant de cette racine.

Il suit de là que les logarithmes donnent le moyen de remplacer les multiplications par des additions, les divisions par des soustractions, l'élévation à une puissance par une multiplication, et enfin l'extraction d'une racine par une division.

Logarithmes de tous les nombres.

214. En se reportant aux deux progressions données plus haut, ou voit que tous les nombres ne sont pas contenus dans la progression géométrique; par suite, il serait impossible de se procurer des logarithmes des nombres de 1 à 10, de 10 à 100, de 100 à 1000, etc. Mais on peut toujours insérer autant de moyennes que l'on veut entre deux termes d'une progression, on peut donc très-bien imaginer que la progression géométrique renferme tous les nombres dans leur suite naturelle et que la progression arithmétique renferme les logarithmes correspondant à tous ces nombres.

Les logarithmes des termes primitifs de la progression géométrique (tous puissances de la racine) seront les seuls à être des nombres entiers; tous les autres, c'est-à-dire ceux des nombres insérés, seront des nombres décimaux.

Caractéristique.

215. La partie entière du logarithme, appelée caractéristique, est composée toujours d'autant d'unités, moins une, qu'il y a de chiffres dans le nombre entier dont on veut avoir le logarithme. Cette remarque est d'autant plus importante que l'on peut avoir à sa disposition des tables qui ne donnent pas de caractéristique.

Plusieurs auteurs ont calculé des tables plus ou moins étendues qui permettent de trouver le logarithme d'un nombre quelconque et de simplifier presque toutes les opérations de l'arithmétique.

L'usage de ces tables est facile à saisir, si l'on a bien compris les principes sur lesquels reposent les logarithmes.

GÉOMÉTRIE.

GÉOMÉTRIE.

NOTIONS ÉLÉMENTAIRES DE GÉOMÉTRIE.

DÉFINITIONS.

216. Tout corps occupe dans l'air une certaine place qu'on nomme étendue.

217. L'étendue se mesure au moyen de trois dimensions, qui sont : la longueur, la largeur et l'épaisseur ou profondeur.

Quoique les trois dimensions se trouvent toujours réunies, pour plus de facilité dans l'étude de la géométrie, on les isole l'une de l'autre et l'on considère :

218. 1° L'étendue ayant infiniment peu de longueur, de largeur et d'épaisseur, nommée point ;

219. 2° L'étendue ayant longueur et largeur, mais infiniment peu de largeur et d'épaisseur, appelée ligne ;

220. 3° L'étendue ayant longueur et largeur, mais infiniment peu d'épaisseur, nommée surface ; elle est limitée par des lignes ;

221. 4° L'étendue en longueur, largeur et épaisseur nommée volume, solide ou corps ; elle est limitée par des surfaces.

222. Il y a trois espèces de lignes :

223. 1° La ligne droite, qui est le plus court chemin d'un point à un autre.

A B est une ligne droite. Elle se désigne par les deux lettres des points qu'elle joint.

Les extrémités d'une ligne sont des points.

Les endroits où une ligne est coupée et ceux où des lignes se rencontrent sont aussi des points.

D'un point à un autre on ne peut mener qu'une seule ligne droite.

224. 2° La ligne brisée, qui est composée de lignes droites ;

A B C D est une ligne brisée, composée des parties droites A B, B C, C D.

D'un point à un autre, on peut mener une infinité de lignes brisées, toutes différentes les unes des autres.

Lignes courbes.
Fig. 3.

225. 3° La ligne courbe, qui n'est ni droite ni brisée. On pourrait cependant considérer cette espèce de ligne comme une ligne brisée composée de lignes droites infiniment petites.

A B est une ligne courbe.

Du point A au point B on peut mener une infinité de lignes courbes toutes différentes les unes des autres.

Mesure des lignes.

226. Les lignes se mesurent en portant sur leur longueur la ligne prise pour unité de longueur, de manière que la seconde unité soit portée à la suite de la première, la troisième à la suite de la seconde, et ainsi de suite.

Angles.

227. Lorsque deux lignes se rencontrent, elles forment entre elles une ouverture plus ou moins grande, qu'on nomme angle.

Angles rectilignes.
Fig. 4.

228. L'angle est rectiligne lorsque les deux lignes qui le comprennent sont des lignes droites.

Angles curvilignes.
Fig. 5.

229. L'angle est curviligne lorsque les deux lignes qui le comprennent sont des lignes courbes.

Angles mixtilignes.
Fig. 6.

230. L'angle est mixtiligne quand l'une des lignes qui le comprennent est une ligne droite et l'autre une ligne courbe.

Nous ne considérons que les angles rectilignes.

Des angles rectilignes.
Fig. 7.

231. Pour se former une idée exacte d'un angle, il faut concevoir que la ligne droite A B était primitivement couchée sur la ligne A C, et qu'on l'a fait tourner sur le point A, comme une branche de compas sur la charnière, pour lui faire prendre la position A B, qu'elle a maintenant. La quantité dont A B a tourné est précisément ce qu'on appelle un angle ; d'après cela, on voit que la grandeur d'un angle ne dépend pas de la longueur des lignes qui le comprennent, car l'angle formé par les lignes A B et B C est le même, quelles que soient les longueurs de ces lignes.

Le point A est le sommet de l'angle ; A B et A C en sont les côtés.

Pour nommer un angle on emploie trois lettres, en mettant au milieu celle du sommet. Souvent, lorsqu'il n'y a pas de confusion possible, on emploie la lettre du sommet seule.

Ainsi on dit l'angle A B C ou l'angle B.

232. On appelle angles adjacents deux angles ayant le sommet commun, et situés du même côté d'une ligne droite.

D A B et B A C sont des angles adjacents. Dans ce cas, on ne pourrait pas désigner l'un des angles par la lettre A du sommet, cette lettre correspondant à deux angles différents.

233. Si la ligne B A, au lieu d'être inclinée sur D C, lui était perpendiculaire, c'est-à-dire ne penchait ni du côté de D ni du côté de C, l'angle B A C serait égal à l'angle B A D, et ces deux angles seraient appelés angles droits.

L'angle droit est donc formé par deux lignes perpendiculaires entre elles.

234. Un angle plus petit qu'un angle droit est appelé angle aigu.

B' A C est un angle aigu.

235. Un angle plus grand qu'un angle droit est appelé angle obtus.

B' A D est un angle obtus.

236. Un angle est complément d'un autre, lorsqu'il fait avec cet autre un angle droit.

L'angle B A B' est complément de l'angle B' A C, et réciproquement l'angle B' A C est complément de l'angle B A B'.

237. Un angle est supplément d'un autre, lorsqu'il fait avec cet autre deux angles droits.

L'angle B' A C est supplément de l'angle B' A D, et réciproquement.

238. On appelle lignes proportionnelles des lignes dont les valeurs numériques font entre elles une proportion.

239. Une ligne est moyenne proportionnelle entre deux autres, quand elle entre comme moyen terme dans une proportion dont les extrêmes sont ces deux autres lignes.

240. Partager une droite en moyenne et extrême raison, c'est partager cette droite en deux parties, telles que la plus grande entre comme moyen terme dans une proportion, dont les deux extrêmes sont la ligne entière et la plus petite partie de cette ligne.

241. Il y a aussi trois espèces de surfaces :

1° La surface plane ou le plan, sur lequel une ligne droite, appliquée dans tous les sens, touche ou coïncide dans toute sa longueur;

2° La surface brisée, composée de surfaces planes;

3° La surface courbe, qui n'est ni plane ni brisée, mais que l'on pourrait cependant considérer comme formée de surfaces planes infiniment petites.

Surfaces planes.
Polygones.
Fig. 9.

242. Une surface plane terminée par des lignes droites s'appelle figure rectiligne ou polygone, quel que soit le nombre de ses côtés : A B C D E est un polygone.

Triangles.

243. La surface limitée par trois lignes droites est le plus simple des polygones : on le nomme triangle.

Il y a plusieurs espèces de triangles.

Triangles scalènes.
Fig. 10.

244. Les triangles dont les trois côtés sont inégaux se nomment triangles scalènes.

Triangles isocèles.
Fig. 11.

245. Les triangles dont deux côtés sont égaux se nomment triangles isocèles.

Triangles équilatéraux.
Fig. 12.

246. Les triangles dont les trois côtés sont égaux se nomment triangles équilatéraux.

Triangles rectangles.
Hypoténuse.
Fig. 13.

247. Enfin les triangles qui ont un de leurs côtés perpendiculaire sur un autre, et par suite qui possèdent un angle droit, se nomment rectangles. Le côté opposé à l'angle droit est appelé hypoténuse : A B C est un triangle rectangle, B est l'angle droit, et A C l'hypoténuse.

Base d'un triangle.
Fig. 10 et 11.

248. On appelle base d'un triangle un côté quelconque de ce triangle.

Sommet d'un triangle.
Fig. 10 et 11.

249. Le sommet d'un triangle est le sommet de l'angle opposé à la base.

Hauteur d'un triangle.
Fig. 10 et 11.

250. La hauteur d'un triangle est la perpendiculaire abaissée du sommet soit sur la base, soit sur le prolongement de cette base.

B C est la base, A le sommet et A D la hauteur.

Quadrilatères.

251. La surface limitée par quatre lignes droites se nomme quadrilatère.

Il y a plusieurs espèces de quadrilatères.

Carré.
Fig. 14.

252. Celui qui a les quatre côtés égaux en longueur et réciproquement perpendiculaires entre eux, c'est-à-dire formant des angles droits, se nomme carré : A B C D est un carré; les angles A, B, C, D sont droits.

Rectangle.
Fig. 15.

253. Celui dans lequel les côtés sont perpendiculaires entre eux, sans que ces côtés soient égaux, se nomme rectangle. Les angles sont droits : A B C D est un rectangle; les angles A, B, C, D sont droits.

Celui qui a ses côtés opposés parallèles, sans que ses angles soient droits, se nomme parallélogramme.

A B C D est un parallélogramme : A B est parallèle à D C, et A D à B C.

254. Celui qui a ses quatre côtés égaux, sans que ses angles soient droits, se nomme losange : A B C D est un losange.

255. Enfin celui qui n'a que deux côtés parallèles se nomme trapèze.

256. Dans les carrés et les rectangles, la base est un des côtés de ces polygones, et la hauteur un des côtés perpendiculaires à celui pris pour base.

Dans les parallélogrammes et les losanges, un des côtés étant pris pour base, la hauteur est la perpendiculaire qui irait de ce côté à celui qui lui est parallèle, ou la distance qui sépare ces côtés.

257. La surface plane limitée par cinq lignes droites, ou qui a cinq côtés, se nomme pentagone.

Parmi tous les pentagones, un seul est dit régulier, c'est celui dont les cinq côtés et les cinq angles sont égaux.

258. Le polygone qui a six côtés est appelé hexagone. L'hexagone dont les côtés et les angles sont égaux est dit régulier.

259. Enfin les polygones de sept côtés se nomment heptagones, ceux de huit octogones, etc.

260. Deux polygones sont égaux quand, étant placés l'un sur l'autre, les côtés de l'un se confondent avec ceux de l'autre : on dit alors qu'ils coïncident.

261. Deux polygones sont semblables, quand ils ont leurs angles égaux et leurs côtés correspondants ou homologues proportionnels.

262. On dit que deux polygones ou deux figures sont équivalents, quand ils ont même quantité de surfaces, sans pour cela qu'ils puissent coïncider.

Ainsi un triangle est l'équivalent d'un carré, s'il a une surface égale à celle de ce carré.

263. La ligne menée dans un polygone, pour joindre deux angles qui n'ont pas leurs sommets sur une même ligne droite, se nomme diagonale.

A C, qui joint les deux angles A et C, est une diagonale.

264. Une ligne courbe dont toutes les parties sont également éloignées d'un même point nommé centre, pris dans le plan sur lequel elle est tracée, se nomme circonférence : A D E B C est une circonférence.

La surface enfermée par une circonférence est un cercle.

La droite qui joint un point quelconque de la circonférence avec le centre est un rayon : O C est un rayon.

La distance du centre à tous les points de la circonférence étant la même, tous les rayons sont égaux entre eux.

265. Il suit de là que deux cercles qui ont le même rayon sont évidemment égaux entre eux.

266. La ligne qui joint deux points opposés de la circonférence, en passant par le centre, se nomme diamètre. Le diamètre valant deux rayons, tous les diamètres sont égaux : A B est un diamètre.

267. Une droite qui joint deux points de la circonférence d'un cercle sans passer par le centre est une corde. Les cordes sont toutes plus petites que le diamètre : E D est une corde.

268. Une portion de circonférence déterminée ou sous-tendue par une corde est un arc : D G E est un arc.

269. La portion de surface comprise entre un arc et sa corde est un segment : K M L est un segment.

270. La portion de cercle comprise entre deux rayons se nomme secteur : A O B est un secteur.

271. Une droite qui ne touche la circonférence d'un cercle qu'en un seul point est une tangente : D E est une tangente.

272. Une droite qui traverse le cercle est une sécante.

Une sécante a toujours une partie de sa longueur qui est une corde : G H est une sécante, et la portion de sa longueur K L est une corde.

273. Deux circonférences qui n'ont qu'un seul point commun sont tangentes l'une à l'autre.

Si la distance des centres des deux cercles est égale à la somme de leurs rayons, les circonférences sont tangentes extérieurement. Les deux cercles O et O′ ont leurs circonférences tangentes extérieurement.

Quand la distance des centres est égale à la différence des rayons, comme cela arrive pour les deux cercles O et O″, les circonférences sont tangentes extérieurement.

274. Un angle au centre est celui dont le sommet est au centre du cercle, et dont les deux côtés sont des rayons : A O B est un angle au centre.

275. Un angle inscrit est celui dont le sommet est à la circonférence, et dont les deux côtés sont des cordes : **C D E** est un angle inscrit.

276. Un angle excentrique est celui dont le sommet est dans le cercle, entre le centre et la circonférence :

A B C est un angle excentrique.

Angle excentrique.
Fig. 25.

277. Un angle extérieur est celui dont le sommet est en dehors du cercle, et dont les deux côtés sont des sécantes : **D E G** est un angle extérieur.

Angle extérieur.

278. Les deux diamètres **A B** et **C D**, étant perpendiculaires entre eux, forment au centre du cercle quatre angles droits, et les branches de ces angles comprennent des arcs égaux entre eux. Ces arcs, le quart de la circonférence, peuvent donc servir de mesure à ces angles. Pour cela on a supposé la circonférence de tout cercle partagée en 360 parties égales, qu'on a appelées degrés ; chacun des degrés a été lui-même divisé en 60 parties nommées minutes, et chaque minute en 60 secondes.

Mesure des angles.
Fig. 26.

Quel que soit le rayon de la circonférence, il est évident que le même angle au centre sera mesuré par le même nombre de degrés.

De ce qui précède il suit que quatre angles droits valent 360 degrés ; deux angles droits, 180° ; et un angle droit, 90°.

Un angle aigu est plus petit que 90° ;
Un angle obtus est plus grand que 90°.

279. Un polygone est inscrit dans un cercle, lorsque tous ses côtés sont des cordes du cercle ; la circonférence est dite circonscrite au polygone.

Polygones inscrits.
Fig. 27.

280. Un polygone est circonscrit à un cercle, lorsque tous ses côtés sont des tangentes à la circonférence de ce cercle ; alors la circonférence est inscrite au polygone.

Polygones circonscrits.

281. Le rayon d'un polygone régulier, ou la ligne qui va de son centre à un de ses angles, est le rayon du cercle circonscrit au polygone : **O B** est le rayon du polygone régulier représenté fig. 27.

Rayon d'un polygone régulier.

282. L'apothème d'un polygone régulier, ou la perpendiculaire menée du centre sur l'un des côtés, est le rayon du cercle inscrit au polygone : **O K** est l'apothème.

Apothème des polygones réguliers.

283. L'angle au centre d'un polygone régulier est l'angle dont le sommet est au centre du cercle circonscrit, et dont les côtés sont des rayons de ce cercle, allant du centre du cercle aux extrémités de la corde qui forme le côté du polygone.

Angles au centre des polygones réguliers.

Tous les angles au centre d'un polygone régulier sont égaux.

Périmètre.

284. Le périmètre d'un polygone est la somme, en longueur, de tous ses côtés ajoutés à la suite les uns des autres.

Solides.
Polyèdres.

285. Tout solide compris par des surfaces planes se nomme, en général, polyèdre.

Le polyèdre dont le solide est compris par quatre faces planes se nomme tétraèdre; c'est le plus simple de tous les polyèdres. Vient ensuite le pentaèdre, qui a cinq faces; puis l'hexaèdre, qui en a six; etc.

Polyèdres réguliers.

286. On appelle polyèdre régulier celui dont les faces ou plans sont des polygones réguliers égaux, et dont les angles solides sont égaux; il n'y en a que cinq :

Tétraèdre régulier.
Fig. 28.

1° Le tétraèdre régulier, compris sous quatre triangles équilatéraux et égaux;

Hexaèdre régulier ou cube. (Fig. 29.)
Octaèdre régulier. Fig. 30.

2° L'hexaèdre régulier ou cube, compris sous six carrés égaux ;

3° L'octaèdre régulier, compris sous huit triangles équilatéraux et égaux;

Dodécaèdre régulier. Fig. 31.

4° Le dodécaèdre pentagonal régulier, compris sous douze pentagones réguliers et égaux ;

Isocaèdre régulier. Fig. 32.

5° Enfin l'isocaèdre régulier ou polyèdre à vingt faces égales, dont chacune est un triangle équilatéral.

Prisme.
Fig. 33, 34, 35.

287. Les polyèdres compris sous des plans parallélogrammiques (qui sont des parallélogrammes) et terminés par deux polygones égaux et parallèles prennent le nom de prisme.

Un prisme est triangulaire, quadrangulaire, pentagonal, etc., suivant que ses bases sont des triangles, des quadrilatères, des pentagones, etc.

Fig. 34 et 36.

Un prisme est droit ou oblique, suivant que ses arêtes latérales sont perpendiculaires ou obliques aux bases.

Hauteur du prisme.
Fig. 33, 34, 35 et 36.

288. La hauteur d'un prisme est la perpendiculaire abaissée d'une base sur l'autre, ou d'une base sur le prolongement de l'autre.

Parallélipipède.
Fig. 34.

289. Le prisme dont les bases sont des parallélogrammes prend le nom de parallélipipède.

Le parallélipipède est rectangle, lorsque toutes ses faces sont des rectangles.

Cube.
Fig. 29.

290. Le parallélipipède dont toutes les faces sont des carrés se nomme cube; c'est l'hexaèdre régulier.

Pyramides.
Fig. 37, 38, 39.

291. Les polyèdres compris sous des plans triangulaires qui partent d'un sommet commun, et dont les bases forment un polygone servant de base au polyèdre, se nomment pyramides.

Les pyramides sont triangulaires, quadrangulaires, pentagonales, etc., suivant que leur base est un triangle, un quadrilatère, un pentagone, etc.

292. La hauteur d'une pyramide est la perpendiculaire abaissée du sommet sur la base ou sur son prolongement.

Hauteur des pyramides.

293. Une pyramide est régulière quand le polygone qui lui sert de base est régulier, et quand le pied de la perpendiculaire qui mesure sa hauteur tombe au centre de la base.

Pyramides régulières.

294. La perpendiculaire abaissée du sommet d'une pyramide régulière sur un des côtés de sa base se nomme apothème.

Apothème des pyramides.

295. Il y a trois corps ronds, le cylindre, le cône et la sphère.

Corps ronds.

Un prisme qui aurait pour base deux polygones réguliers d'un nombre infini de côtés, et par suite une infinité de surfaces parallélogrammiques, peut donner une idée de ce qu'on appelle un cylindre.

Un cône peut être aussi regardé comme une pyramide ayant un nombre infini de faces, et la sphère peut être considérée comme un polyèdre régulier ayant une infinité de faces.

296. Un cylindre est encore le solide engendré par la révolution d'un rectangle ABCD autour d'un de ses côtés BC pris pour axe. Une colonne est un cylindre. Les bases du cylindre sont deux cercles parallèles; sa hauteur est la perpendiculaire abaissée d'une base sur l'autre. La génératrice est le côté qui, dans la révolution du rectangle, a engendré la surface du cylindre. L'axe est le côté autour duquel le rectangle fait sa révolution.

Cylindre.
Bases, hauteur, génératrice, axe.
Fig. 40.

Un plan passant par l'un des cylindres le coupe en deux parties égales, et la section est un rectangle double du rectangle générateur. Si le plan est seulement parallèle à l'axe, la section est encore un rectangle, mais ce rectangle est d'autant plus petit que la section est faite plus loin de l'axe.

Si le plan sécant est mené perpendiculairement à l'axe, la section est un cercle égal aux cercles des bases. Si le plan est mené obliquement à l'axe, la section est une courbe allongée nommée ellipse.

297. Le cône est le solide engendré par la révolution d'un triangle rectangle ABC autour d'un des côtés qui comprennent l'angle droit. L'hypoténuse AC du triangle générateur est la génératrice; la base du cône est un cercle; sa hauteur est la perpendiculaire abaissée du sommet sur la base, ou le côté du triangle qui a servi d'axe.

Cônes.
Fig. 41.

Base, hauteur, génératrice.

Si on coupe le cône par un plan passant par l'axe, la section est un triangle isocèle double du triangle générateur.

298. Si le plan est mené parallèlement à une génératrice, la section est terminée par une courbe à deux branches s'étendant indéfiniment sur la surface du cône supposée prolongée à l'infini. Cette courbe est appelée parabole.

Si le plan est conduit parallèlement à l'axe, la courbe produite sur la surface du cône par cette section est ce qu'on appelle une hyperbole. Cette courbe a ordinairement quatre branches, parce qu'on suppose que le plan parallèle à l'axe coupe un second cône égal en tout au premier, ayant même axe que lui, mais opposé par le sommet.

Si le plan sécant est mené perpendiculairement à l'axe du cône, la section est un cercle d'autant plus petit que la section se rapproche davantage du sommet.

Si le plan est oblique à l'axe, mais coupant toutes les génératrices, la section est, comme pour le cylindre, une ellipse.

299. L'ellipse a deux diamètres nommés ses axes; ces diamètres sont perpendiculaires l'un à l'autre et se partagent mutuellement en deux parties égales. Sur le grand diamètre et à égales distances de chaque côté du petit axe, il existe deux points nommés foyers de l'ellipse. La position de ces points est telle, que la somme de leur distance à un même point quelconque de la courbe est toujours égale au grand axe. AB et CD sont les axes, E et G les foyers.

300. L'ellipse, la parabole et l'hyperbole se nomment sections coniques, parce qu'on les obtient en faisant des sections dans le cône.

301. Le solide engendré par un demi-cercle ACB, tournant autour de son diamètre AB pris pour axe, se nomme sphère. A l'intérieur de ce solide se trouve un point tel, que toutes les droites menées de ce point à la surface de la sphère sont égales. Ce point est le centre de la sphère, et il est aussi celui du cercle générateur.

302. Le diamètre de la sphère est une ligne qui joint deux points de la surface en passant par le centre.

Tous les diamètres sont égaux : CD est un diamètre.

303. Une corde de la sphère joint deux points de la surface sans passer par le centre; toutes les cordes sont plus petites que le diamètre : EG est une corde.

304. Une ligne tangente, ou un plan tangent à la sphère, ne touche la surface de la sphère qu'en un seul point.

305. Deux sphères sont tangentes, extérieurement ou inté-
rieurement, lorsqu'elles n'ont qu'un seul point commun.

306. La partie de la surface de la sphère comprise entre
deux plans parallèles est une zone. Les bases de la zone sont les
deux cercles qui la terminent : E C D G est une zone, les cercles
C D et E G sont ses bases.

307. Le solide limité par une zone et ses bases est un segment
sphérique.

308. Si l'un des plans de la zone est tangent à la sphère, la
zone devient une calotte sphérique, et le segment sphérique le
solide compris sous la calotte sphérique.

La hauteur d'une zone ou d'un segment sphérique est la perpendiculaire mesurant la distance des deux plans parallèles qui
forment ses bases.

309. Les plans qui passent par le centre d'une sphère donnent
tous, pour section, des cercles égaux, qui sont appelés grands
cercles de la sphère : C D est un grand cercle.

310. Tout plan ne passant pas par le centre de la sphère donne
pour section un cercle plus petit qu'un grand cercle ; on le
nomme petit cercle : E G est un petit cercle.

311. La partie de la surface de la sphère comprise entre
deux demi-grands cercles se nomme fusée.

312. La partie du solide de la sphère comprise entre ces
deux demi-grands cercles s'appelle onglet sphérique.

313. Mesurer une grandeur, c'est la comparer à une autre
grandeur prise pour unité.

On mesure une ligne, ou la distance qui sépare deux points,
en la comparant au mètre, unité de longueur.

Une surface se compare au mètre carré ;

Un solide se compare au mètre cube.

314. On appelle projection d'un point sur un plan le pied de
la perpendiculaire abaissée de ce point sur le plan.

La projection d'une ligne sur un plan est la ligne formée par
les projections de tous les points de cette ligne.

Les projections d'un point ou d'une ligne sur deux plans
faisant entre eux un angle connu déterminent la position de
ce point ou de cette ligne.

315. La ligne dont le mouvement engendre une surface se
nomme génératrice. Une ligne droite ou courbe, qui sert à diriger le mouvement de cette génératrice, se nomme ligne directrice
ou seulement directrice.

L.   8

Développement.   **516.** On appelle développement la surface plane qui s'appliquerait exactement sur la surface d'un solide donné. Ainsi un rectangle ayant pour longueur la somme des côtés de la base d'un parallélipipède, et pour hauteur la hauteur de ce parallélipipède, serait le développement de ce solide.

Nota. Voir encore, avant de passer à l'étude de la géométrie, les définitions données au n° 452 et suivants.

DES LIGNES ET DES ANGLES QU'ELLES FORMENT.

517. D'un point à un autre on ne peut mener qu'une seule ligne droite.

Toute ligne brisée ou courbe qui joint deux points est plus longue que la ligne droite qui irait de l'un à l'autre de ces points.

Deux lignes droites qui ont deux points communs ne forment qu'une seule et même ligne droite. On dit alors qu'elles se confondent.

D'UN POINT PRIS SUR UNE DROITE ON NE PEUT ÉLEVER QU'UNE SEULE PERPENDICULAIRE.

Lignes qui se coupent.
Fig. 43.   **518.** Soit le point C sur la ligne A B. On ne peut élever à ce point C qu'une seule perpendiculaire C D. En effet, pour que C D soit perpendiculaire, il faut que les deux angles DCA et DCB soient droits, et par suite égaux entre eux. Or, si l'on pouvait élever une autre perpendiculaire CE, l'angle ECB serait plus petit que l'angle droit DCB. On ne peut donc élever qu'une seule perpendiculaire au point C. Toutes les autres lignes qu'on mènera seront des obliques.

519. *Réciproquement.* D'un point pris hors d'une droite, on ne peut abaisser qu'une seule perpendiculaire sur cette droite.

Fig. 44.   **520.** *Les obliques* qui s'écartent également du pied d'une perpendiculaire sont égales entre elles.

Soit la perpendiculaire D C. D'un point E de cette perpendiculaire partent deux obliques E I et E H, qui s'écartent également du pied C de la perpendiculaire, de sorte que CH = CI. Si l'on suppose le plan pouvant se replier sur lui-même suivant la ligne D C, le point I, pied de l'oblique F I, ira nécessairement se confondre avec le point H, pied de l'autre oblique. Mais ces deux obliques ont déjà le point E commun, donc elles se confondent et sont, par suite, égales; ce qu'il fallait démontrer.

Les obliques auraient pu partir de tout autre point que le point E; on peut donc conclure que tous les points de la perpendiculaire sont à égales distances des points H et I.

321. *De deux obliques,* celle qui s'écarte le plus du pied de la perpendiculaire est la plus longue.

Soit D C perpendiculaire à A B, et E H et E G deux obliques. E G, s'écartant plus de la perpendiculaire, doit être plus longue que E H. En effet, la plus courte distance du point D à la ligne A B est évidemment la perpendiculaire D C; donc toutes les obliques sont plus longues que la perpendiculaire, et elles sont d'autant plus grandes qu'elles s'écartent davantage de cette perpendiculaire.

322. Toute droite qui en rencontre une autre fait avec elle deux angles adjacents dont la somme est égale à deux angles droits.

Soit la ligne E C qui rencontre la ligne A B au point C; il faut prouver que les deux angles E C B et E C A valent deux angles droits ou 180°.

Au point C élevons la perpendiculaire C D; les deux angles D C A et D C B seront droits. Mais $DCB = ECB + DCE$ et $DCA = ECB - DCE$; d'où l'on tire $DCB + DCA = ECB + DCE + ECB - DCE$. L'angle D C E, se trouvant à ajouter et à retrancher du second membre de cette égalité, disparaît, et il reste $DCB + DCA = ECB + ECA = 180°$.

323. Les angles opposés par le sommet sont égaux. Soient les deux lignes A B et C D, qui se coupent au point O. Les angles C O B et A O D, D O B et C O A, opposés par le sommet, sont égaux.

En effet, $COB + BOD = 180°$
                  $AOD + BOD = 180°$.   On a donc
         $COB + BOD = AOD + BOD.$

Retranchant des deux nombres de cette égalité le terme commun B O D, on a :

$$COB = AOD.$$

Ce qu'il fallait démontrer. On prouverait de même que l'angle B O D = l'angle C O A.

324. Deux lignes sont parallèles lorsque, situées dans un même plan, elles ne peuvent se rencontrer à quelque distance qu'on les prolonge. E G et C D sont deux parallèles.

Deux lignes qui ne sont pas parallèles se rencontrent en un point plus ou moins éloigné.

Il est bien entendu que, dans toutes les questions qui précèdent et celles qui vont suivre, les lignes dont il s'agira seront toujours tracées dans un même plan.

525. Deux lignes perpendiculaires à une troisième sont parallèles entre elles.

Soient les deux lignes E G et C D perpendiculaires à la ligne A B ; elles doivent être parallèles entre elles.

En effet, si elles ne l'étaient pas, elles se rencontreraient, et de ce point de rencontre on pourrait abaisser deux perpendiculaires sur la ligne A B, ce qui ne peut avoir lieu.

De là on tire les conséquences suivantes :

526. 1º Par un point pris hors d'une droite on ne peut mener qu'une parallèle à cette droite.

527. 2º Deux parallèles sont partout également distantes l'une de l'autre.

528. 3º Deux lignes parallèles à une troisième sont parallèles entre elles.

529. Supposons maintenant deux lignes parallèles A B et C D coupées par une ligne E K, et voyons ce qui se passe pour les angles ainsi formés.

530. 1º Les angles intérieurs d'un même côté de la sécante valent deux angles droits.

B G K, D H E sont deux angles intérieurs du même côté de la sécante E K, il en est de même de deux angles A G K, C H E. Si l'on transporte la ligne C D parallèlement à elle-même, elle viendra se confondre avec la ligne A B, faisant toujours avec la sécante le même angle interne D H E, qui se confondra avec l'angle B G E. Or B G K + D H E égalent deux angles droits, donc les deux angles B G H et D H E valent aussi deux angles droits, puisque l'angle D H E égale l'angle B G E.

Il en est de même pour les deux angles A G K et C H E.

531. 2º Deux angles alternes internes sont égaux.

Les angles A G K et D H E, B G K et C H E sont des angles alternes internes. Pour prouver que l'angle A G K est égal à l'angle D H E, il suffit de remarquer que

$$A\,G\,K + B\,G\,K = 2 \text{ angles droits};$$
$$D\,H\,E + B\,G\,K = 2 \text{ angles droits}.$$

D'où l'on tire l'égalité suivante : $AGK + BGK = DHE + BGK$, ou $AGK = DHE$.

On prouverait de même que les deux angles BGK et CHE sont égaux.

352. 3° Deux angles EGB et EHD, nommés angles correspondants, ou internes externes, sont égaux entre eux.

En effet, $EGB + BGK = BGK + EHD$, donc $EGB = EHD$; de même $AGE = CHE$, $AGK = CHK$, $BGK = DHK$, car tous ces angles sont des angles correspondants.

353. 4° Les deux angles EGB et CHK, nommés alternes externes, sont égaux entre eux.

En effet, $EGB = AGK$, mais $AGK = CHK$, donc $EGB = CHK$. Il en est de même pour les deux angles AGE et DHK.

Ainsi donc, quand deux lignes parallèles sont coupées par une sécante, toutes ces conditions se trouvent réunies ; réciproquement, si toutes ces conditions n'existent pas, les deux lignes coupées ne sont pas parallèles entre elles.

354. Si deux angles sont formés par des côtés parallèles, ces angles sont égaux ou supplémentaires.

Soient les deux angles ABC et DEH, dont les côtés sont parallèles et dirigés dans le même sens. Ces deux angles sont égaux, car, prolongeant DE jusqu'à la rencontre de BC en G, on a $DEH = DGC$ et $DGC = ABC$; donc, $DEH = ABC$.

Si les côtés sont dirigés en sens contraire, les angles sont encore égaux.

En effet, les deux angles DEH et EKC sont égaux ; il en est de même por les deux angles EKC et ABC ; donc, $ABC = DEH$.

Si deux côtés sont dirigés dans un sens et les deux autres dans un sens opposé, les deux angles sont supplémentaires l'un de l'autre.

En effet, prolongeant le côté DE jusqu'à la rencontre de DC, on a $DEH = DGB$. Or $DGB + ABC = 2$ angles droits, donc $ABC + DEH$ égalent deux angles droits ; par suite, ils sont supplémentaires l'un de l'autre.

355. Les parties de lignes parallèles, comprises entre deux parallèles sont égales entre elles.

Soient les lignes AB et CD, EH et LM parallèles entre elles : les portions de ces lignes OP et RQ, OR et PQ sont égales. En effet, si l'on fait glisser la ligne AB parallèlement à elle-même, de manière à ce que le point P de cette ligne ne quitte pas la ligne LM, la portion OP viendra se confondre avec la por-

tion RQ; donc, elles sont égales. On prouverait de même que
OR $=$ PQ.

DES SURFACES PLANES.

Des triangles.
Fig. 52.

556. Dans un triangle quelconque, les trois angles valent deux
angles droits.

Soit le triangle A B C; par le point C menons une parallèle D C
à AB, et prolongeons B C en CE.

Les trois angles dont le sommet est en C :

$$ACB + ACD + DCE = 2 \text{ angles droits.}$$

Mais l'angle BAC du triangle est le même que l'angle ACD, et
l'angle ABC est le même que l'angle DCE.

Donc les trois angles d'un triangle valent deux angles droits.

Il suit de là que l'angle extérieur ACE d'un triangle égale la
somme des deux angles intérieurs et opposés CAB et ABC.

On en conclut aussi qu'il ne peut y avoir qu'un angle obtus
dans un triangle, et que, si l'un des angles est droit, les deux autres valent ensemble un angle droit.

Fig. 11.

557. Dans un triangle isocèle, aux côtés égaux sont opposés
des angles égaux.

Soit le triangle A B C, dans lequel les côtés AB et AC sont égaux.
Il faut prouver que les deux angles A B C et A C B sont aussi égaux.

Puisque A B et A C sont égaux, on peut les considérer comme
deux obliques égales; le point A est donc un des points de la perpendiculaire qui passe par ce point et par le milieu D de BC. Si
maintenant on replie la portion A B D sur la portion A C D, les
deux obliques vont se confondre, et B D va couvrir D C. Donc, les
deux angles A B C et A C D se couvrent parfaitement et, par suite,
sont égaux entre eux; ce qu'il fallait démontrer.

558. Réciproquement, dans un triangle isocèle, aux angles
égaux sont opposés des côtés égaux.

Fig. 53.

559. Dans un triangle quelconque, au plus grand angle est
opposé un plus grand côté; et réciproquement, au plus grand
côté est opposé un plus grand angle.

Soit le triangle ABC, dans lequel l'angle en A est plus grand
que l'angle en B. Le côté BC doit donc être plus grand que le
côté A C.

Puisque l'angle A est plus grand que l'angle B dans l'angle A

et sur le côté A B, on peut faire un angle B A D égal à l'angle A B C.
Le triangle A D B sera donc isocèle, et le côté B D sera égal à A D.
Or A C est évidemment plus petit que la ligne brisée A D C, composée de deux parties A D et D C; mais A B $=$ B D; donc, A C est
plus petit que B D $+$ D C ou B C.

On démontrerait de même qu'au côté le plus grand est opposé
un angle plus grand.

540. Deux triangles égaux ont les trois côtés égaux chacun à
chacun, et les angles opposés à ces côtés sont aussi égaux chacun à chacun.

541. Deux triangles sont égaux lorsqu'ils ont les trois côtés
égaux chacun à chacun.

En effet, si l'on place, des deux triangles l'un sur l'autre, chaque côté de l'un sur celui qui lui est égal dans l'autre triangle,
ces deux triangles coïncideront. Il suit de là que l'égalité des côtés
entraîne celle des angles opposés à ces côtés.

542. Deux triangles sont égaux quand ils ont un angle égal
compris entre deux côtés égaux. On prouve également cette proportion en superposant les deux triangles.

On démontre de la même manière la proposition suivante :

545. Deux triangles sont égaux quand ils ont un côté égal
compris entre deux angles égaux.

544. Deux triangles rectangles sont égaux quand ils ont l'hypoténuse égale et un angle autre que l'angle droit.

Dans ce cas, les trois angles sont évidemment égaux chacun à
chacun, car les deux triangles ayant un angle droit et un autre
angle égaux, le troisième angle de chacun d'eux, qui est le supplément des deux autres, est aussi égal. Par suite, ces deux triangles ont un côté, l'hypoténuse, et les deux angles qui le comprennent, égaux; donc, ils sont égaux.

545. Deux triangles rectangles sont égaux, quand ils ont l'hypoténuse égale et un côté de l'angle droit.

Soient les deux triangles rectangles A C B et A′ C′ B′ dans lesquels A B $=$ A′ B′, A C $=$ A′ C′.

Ces deux triangles doivent être égaux. En effet, A B et A′ B′
peuvent être considérés comme deux obliques égales, qui, par
suite, s'écartent également du pied de la perpendiculaire ; donc
B C $=$ B′ C′. Les deux triangles ayant les trois côtés égaux sont
égaux.

546. Si l'on partage un des côtés d'un triangle en parties
égales, et que par les points de division on mène des parallèles à

l'un des deux autres côtés, le troisième sera partagé aussi en parties égales.

Soit le triangle ABC; le côté AB est partagé en quatre parties égales, les lignes $e\,é$, ff' et $g\,g'$ sont parallèles à BC. Le côté AC doit aussi être partagé en quatre parties égales. En effet, menons les lignes $e'l$, $f'm$ et $g'n$ parallèles à AC; les triangles A$cé$, $élf$, $g'n$C sont tous égaux, puisqu'ils ont un côté égal compris entre deux angles égaux (A$e = él = f'm = g'n$); les angles A, e', f' et g' sont aussi égaux; il en est de même des angles e, l, m et n. Donc, les côtés Ae', $e'f'$, $f'g'$ et $g'c$ sont égaux.

Donc, le côté AC est partagé aussi en quatre parties égales.

Il suit de là que, si AC est la telle partie que ce soit de AB, AC' sera la même partie de A C.

On aura donc

$$AB : AC :: Ae : Aé$$
$$AB : AC :: ef : éf', \quad \text{et par suite}$$
$$Ae : Aé :: ef : éf' :: fg : f'g' :: gB : g'C,$$

d'où l'on tire encore

$$AB : AC :: Ag : Ag' :: Af : Af' \text{ (etc.).}$$

Donc, si par un point g, pris à volonté sur l'un des côtés d'un triangle ABC, on mène une ligne $g\,g'$ parallèle à l'un des deux autres côtés, à AC, par exemple, les deux côtés AB et AC seront coupés proportionnellement, c'est-à-dire qu'on aura toujours, quel que soit l'angle BAC,

$$Ag : Ag' :: gB : g'C :: AB : AC$$
$$Ag : gB :: Ag' : g'C :: AB : AC.$$

En effet, on peut concevoir le côté AB coupé en un nombre infini de parties égales; alors le point g sera nécessairement un des points de division, et le raisonnement précédent est applicable encore ici.

347. Conséquence de ce qui précède :

1° Si, dans un triangle, on coupe deux des côtés par une ligne parallèle au troisième, cette parallèle partagera les côtés coupés en parties proportionnelles.

2° Réciproquement, si deux côtés d'un triangle sont partagés en parties proportionnelles par une ligne, cette ligne est parallèle au troisième côté.

3° Si du sommet d'un triangle on mène des lignes à différents points de sa base, une ligne parallèle à cette base partagera aussi toutes les lignes menées du sommet en parties proportionnelles.

Soit le point A, sommet du triangle ABC. De ce point menons aux points K, L et M les lignes AK, AL, AM. La parallèle DE, à la base BC, doit couper toutes ces lignes en parties proportionnelles, et l'on doit avoir la proportion :

Fig. 56.

$$AD : AB :: AK' : AK :: AL' : AL :: AM' : AM :: AE : AC.$$

Pour le démontrer, il suffirait de considérer séparément les triangles BAK, KAL, LAM et MAC, et d'appliquer à chacun le raisonnement fait plus haut.

4° Donc, réciproquement, une droite qui couperait proportionnellement les lignes AB, AK, AL, AM et AC serait parallèle à la base BC.

348. Dans un triangle, la ligne qui partage un des angles en deux parties égales, et qu'on nomme bissectrice, partage le côté opposé, en parties proportionnelles, aux côtés qui comprennent cet angle.

Fig. 57.

Soit le triangle BAC, dans lequel la ligne AD partage l'angle A en deux parties égales. On doit avoir CD : DB :: CA : AB.

Pour le prouver, menons par le point B une parallèle à AD, jusqu'à la rencontre du côté CA prolongé, et considérons le triangle ECB, dans lequel les deux côtés CE et CB sont coupés par une parallèle à EB, nous aurons la proportion CD : DB :: CA : AE.

Mais, dans le triangle EAB, l'angle BEA égale l'angle DAC et l'angle EBA égale l'angle BAD ; les deux angles BEA et EBA sont donc égaux ; le triangle EAB est, par suite, isocèle, et le côté EA est égal au côté BA. Remplaçant AE par AB dans la proportion précédente, on a : CD : DB :: CA : AB ; ce qu'il fallait démontrer.

349. Si dans un triangle on mène une ligne parallèle à l'un des côtés, il en résulte un triangle semblable au premier.

Soit le triangle ABC : gg' est parallèle au côté BC. Le triangle Agg' doit être semblable au triangle ABC.

Fig. 55.

En effet, les angles du triangle Agg' sont égaux à ceux du triangle ABC ; de plus, on a :

$$Ag : AB :: Ag' : AC.$$

Si l'on mène gn parallèlement à AB, on aura aussi :

$$Ag' : AC :: Bn \text{ ou } gg' : BC.$$
$$Ag : AB :: Ag' : AC :: gg' : BC.$$

Les angles étant égaux et les côtés proportionnels, les deux triangles sont semblables.

Fig. 58.

350. Deux triangles qui ont les angles égaux chacun à chacun sont semblables.

Soient les deux triangles ABC et $A'B'C'$, dans lesquels les angles sont égaux chacun à chacun. Pour démontrer que ces deux triangles sont semblables, il suffit de faire voir que leurs côtés sont proportionnels.

En effet, si l'on place l'angle A' sur l'angle A. Les côtés $A'B'$ et $A'C'$ se confondront avec les côtés AB et AC. $B'C'$ occupera la position $B''C''$, et sera parallèle à BC, puisque les angles B' et c' sont égaux aux angles B et C. On aura donc la proportion :

$$AB'' \text{ ou } A'B' : AB :: AC'' \text{ ou } A'C' : AC :: B''C'' \text{ ou } B'C' : BC.$$

Les deux triangles sont donc semblables.

Fig. 59.

351. Deux triangles qui ont les côtés homologues proportionnels sont semblables.

Soient les deux triangles ABC et abc qui, par construction, donnent la proportion $AB : ab :: AC : ac :: BC : bc$.

Il faut prouver qu'ils sont aussi les angles égaux chacun à chacun.

Au point b, du côté bc, faisons un angle cbD égal à l'angle CBA, et un point c un angle bcD égal à l'angle ACB.

Le triangle bcD, qui en résultera, est proportionnel au triangle ABC, et l'on aura la proportion :

$$BC : bc :: AB : bD :: Ac : cD.$$

Comparant cette proportion avec la première, on trouve un rapport $BC : bc$ commun, donc les autres sont égaux, donc $bD = ba$ et $cD = ac$. Il suit de là que les deux triangles abc et Dbc sont égaux et qu'ils ont les angles égaux chacun à chacun.

Donc les deux triangles ABC et abc ont les angles égaux. Donc, ils sont semblables.

Fig. 58.

352. Deux triangles qui ont un angle égal compris entre deux côtés homologues proportionnels sont semblables.

Soient les deux triangles ABC et $A'B'C'$, dans lesquels les deux angles A et A' sont égaux et compris entre deux côtés proportionnels, ce qui donne la proportion $AB : A'B' :: AC : A'C'$.

Pour prouver que ces deux triangles sont semblables il suffit de faire voir que le troisième côté BC est aussi proportionnel au côté $B'C'$. En effet, si l'on place l'angle A' sur l'angle A, la position $B'C''$, qu'occupera le côté $B'C'$, sera nécessairement parallèle à BC. Donc ces deux côtés BC et $B'C'$ sont aussi proportionnels.

353. Deux triangles qui ont les côtés parallèles et dirigés dans le même sens sont semblables.   Fig. 60.

Soient les deux triangles ABC et *abc* dont les côtés sont parallèles.

Il est facile de voir que le parallélisme des côtés extrait l'égalité des angles chacun à chacun, donc les deux triangles sont semblables.

354. Deux triangles qui ont les côtés mutuellement perpendiculaires sont semblables.   Fig. 61.

Soient les deux triangles A B C et *a b c* qui ont les côtés mutuellement perpendiculaires. Pour démontrer que ces deux triangles sont semblables, il suffit de faire voir qu'ils ont les angles égaux.

Pour cela joignons B et *b*, faisant la somme des angles des deux triangles B*b*D et B*b*G, nous aurons :

B D *b* (angle droit) + D B *b* + D *b* B + B G *b* (angle droit) + G B *b* + G *b* B = 4 angles droits ;

Ou (DB*b* + GB*b*) ou ABC + (D*b*B + G*b*B) ou D*b*G = 2 angles droits.

Mais on a aussi D *b* G + G *b a* = 2 angles droits : donc l'angle ABC = l'angle G *b a* ou *a b c*.

On démontrerait de la même manière que les angles A et C sont égaux aux angles *a* et *c* ; par suite, les deux triangles sont semblables.

355. Si du sommet de l'angle droit d'un triangle rectangle B A C on abaisse une perpendiculaire AD sur l'hypoténuse, il en résulte les propriétés suivantes :

1° Chacun des triangles partiels est semblable au triangle total ; par suite, ces triangles sont semblables entre eux.

En effet, en comparant le triangle A D B au triangle B A C, on   Fig. 62.
voit que ces deux triangles sont rectangles et qu'ils ont un angle commun B ; ils ont donc les trois angles égaux chacun à chacun, et, par suite, sont semblables. La comparaison du triangle A D C au triangle B A C mènerait au même résultat.

Les deux triangles partiels sont donc semblables au triangle total et l'un à l'autre.

2° Chaque côté de l'angle droit est moyenne proportionnelle entre l'hypoténuse entière et le segment adjacent.

Ainsi on doit avoir :

BD : BA :: BA : BC et CD : CA :: CA : BC.

En effet, les deux triangles A D B et B A C étant semblables, on a BD : BA :: BA : BC. Les deux triangles A D C et B A C donnent aussi CD : CA :: CA : BC. Les côtés de l'angle droit sont donc moyennes proportionnelles entre l'hypoténuse entière et le segment adjacent.

3° La perpendiculaire abaissée du sommet de l'angle droit sur l'hypoténuse est moyenne proportionnelle entre les deux segments de l'hypoténuse.

On doit donc avoir BD : AD :: AD : CD; ce qui résulte de la similitude des deux triangles ADB et ADC.

4° Le carré fait sur l'hypoténuse est égal à la somme des carrés faits sur les deux autres côtés.

En effet, prenant les deux proportions conséquences de la similitude des triangles partiels avec le triangle total :

$$BD : AB :: AB : BC.$$
$$CD : AC :: AC : BC.$$

On tire $AB^2 = BD \times BC$ et $AC^2 = CD + BC$. Faisant la somme de ces deux égalités, on a :

$$\overline{AB}^2 + AC^2 = BD \times BC + CD \times BC = BC \times (BD + DE) =$$
$$= BC \times BC = \overline{BC}^2$$

d'où $$\overline{BC}^2 = \overline{AB}^2 + \overline{AC}^2.$$

556. La somme des angles d'un polygone est égale à autant de fois deux angles droits qu'il y a de côtés moins deux dans ce polygone.

Soit le polygone ABCDEH. Menant, d'un des angles A, des diagonales à tous les autres angles, on forme 4 triangles dont la somme des angles vaut 8 angles droits. Or ces angles sont ceux mêmes du polygone. Donc les angles d'un polygone qui a six côtés valent 8 angles droits, ou deux fois autant d'angles droits qu'il y a de côtés moins deux.

557. Dans un parallélogramme les côtés opposés sont égaux, il en est de même des angles.

Le parallélogramme étant un quadrilatère dont les côtés opposés sont parallèles, $AB = DC$ et $AD = BC$ comme portions de parallèles comprises entre deux parallèles. Si l'on joint D et B, on forme deux triangles qui sont égaux, comme ayant les trois côtés égaux chacun à chacun. Leurs angles sont donc aussi égaux. Ainsi l'angle en A égale l'angle en C, et l'angle en B égale l'angle en D; ce qu'il fallait démontrer.

Il est facile de voir que dans un quadrilatère deux côtés opposés égaux et parallèles entraînent l'égalité et le parallélisme des deux autres, et ce quadrilatère est nécessairement un parallélogramme.

De même deux angles opposés égaux font d'un quadrilatère un parallélogramme.

Dans un parallélogramme les diagonales se coupent mutuellement en deux parties égales.

Fig. 64.

Soit le parallélogramme ABCD, menons les diagonales AC et BD, qui se coupent en O. Il suffit de démontrer que les deux triangles AOB et DOC sont égaux.

En effet, le côté AB de l'un égale le côté DC de l'autre; l'angle CAB = l'angle ACD, l'angle ABD = l'angle BDC. Ces triangles ont un côté compris entre deux angles égaux; par suite, ils sont égaux. Donc AO = OC et BO = OD; donc les deux diagonales se coupent mutuellement en deux parties égales.

Si le parallélogramme était un carré ou un losange, les diagonales se couperaient à angles droits.

Tout parallélogramme peut se décomposer en deux triangles ayant même base et même hauteur que lui.

Fig. 65.

Soit le parallélogramme ABCD. La diagonale BD décompose la surface du parallélogramme en deux triangles égaux, ayant même base AB et DC et même hauteur EB que lui. Chacun de ces triangles est donc la moitié du parallélogramme.

Un autre parallélogramme qui aurait de commun avec le parallélogramme ABCD un angle compris entre deux côtés, ou un côté compris entre deux angles, serait évidemment égal au premier, car ces conditions suffisent pour l'égalité des triangles.

Tout ce qui vient d'être dit sur les parallélogrammes est vrai aussi pour le carré et le losange, qui sont eux-mêmes des parallélogrammes.

558. Deux parallélogrammes de même base et de même hauteur sont équivalents.

Parallélogrammes
équivalents.

Fig. 66.

Soient les deux parallélogrammes ABCD et EHCD qui ont même base DC et même hauteur. Il faut prouver qu'il ont même surface, ou, ce qui revient au même, faire voir que les deux triangles AED et BHC sont égaux, car les deux parallélogrammes ont une partie commune DEBC.

En effet, ces triangles sont égaux comme ayant un angle égal (ADE = BCH) compris entre deux côtés égaux (AD = BC, ED = HC).

559. Il suit de là que deux triangles de même base et de même hauteur sont équivalents; car ils sont chacun la moitié de parallélogrammes équivalents.

Triangles équivalents.

360. Dans un trapèze, si l'on joint par une droite le milieu des côtés non parallèles, cette ligne sera parallèle aux bases et égale à leur demi-somme.

Soit le trapèze A B C D. Si l'on prolonge les côtés A D et B C jusqu'à leur rencontre en O, on aura un triangle D O C, dans lequel, A B étant parallèle à la base et les points E et H moitié de A D et de B C, on aura la proportion

$$A D : A E : : B C : D H ;$$

donc E H est aussi parallèle à la base.

D'un autre côté, considérant les deux triangles A E O' et A D C, on aura

$$A D : A E \text{ ou } \left(\frac{A D}{2}\right) : : D C : E O',$$

qui est nécessairement moitié de D C. En considérant les deux triangles A C B et O'C H, on trouverait aussi que O'H est moitié de A B.

D'où E O' + O'H ou E H, ligne qui joint le milieu des côtés non parallèles du trapèze, est parallèle aux bases, et moitié de leur somme.

361. Deux polygones réguliers d'un même nombre de côtés sont semblables.

En effet, chacun d'eux pourra être décomposé en un même nombre de triangles semblables chacun à chacun. Donc, les angles du polygone seront égaux et leurs côtés proportionnels ; donc, ils sont semblables.

362. Deux ou plusieurs cercles sont égaux quand ils ont même rayon.

363. Dans un même cercle ou dans des cercles égaux, à des angles au centre égaux correspondent des arcs égaux, et réciproquement.

Soient les deux cercles O et O' égaux.

Les angles au centre B O C et B'O'C' sont égaux , les arcs B C et B'C' doivent l'être aussi.

En effet, si l'on place le cercle O' sur le cercle O, de manière que le diamètre A'B' coïncide avec le diamètre A B, O'C' se confondra avec O C ; par suite, il en sera de même des arcs B C et B'C' ; donc, ces arcs sont égaux.

Si l'on avait supposé les arcs égaux, les angles ou centre auraient évidemment coïncidé.

Puisque les arcs B C et B′ C′ sont égaux, les cordes B C et B′ C′ le sont aussi.

Il suit de là que, si l'on partage la circonférence d'un cercle en un certain nombre de parties égales et que l'on joigne les points de division avec le centre du cercle, on formera au centre un même nombre d'angles égaux ; et réciproquement, un certain nombre d'angles au centre égaux correspondront au même nombre d'arcs égaux de la circonférence.

En outre, si deux angles au centre sont inégaux, au plus grand correspondra le plus grand arc, la plus grande corde, le plus grand secteur, et réciproquement.

564. Le rayon, perpendiculaire sur une corde, partage cette corde et son arc en deux parties égales.

Soit le rayon O H perpendiculaire à la corde BC. Si l'on mène le rayon O B et O C, on pourra considérer ces deux lignes comme deux obliques égales ; elles devront donc s'écarter également du pied I de la perpendiculaire : donc, I B = I C ; donc, la corde est partagée en deux parties égales. On arriverait au même résultat en montrant l'égalité des deux triangles rectangles O I B et O I C.

Donc, le rayon, perpendiculaire à une corde, partage cette corde et son arc en deux parties égales.

Réciproquement, la perpendiculaire élevée sur le milieu d'une corde passe nécessairement par le centre du cercle.

La perpendiculaire menée du centre sur une corde mesure la distance de cette corde au centre.

On prouvera facilement que des cordes égales seront également éloignées du centre, et que, de deux cordes inégales la plus grande sera la plus près du centre.

565. Par trois points, non en ligne droite, on peut toujours faire passer une circonférence, mais une seule.

Soient les trois points A B C joignant A à B et B à C, on a deux lignes qu'on peut toujours considérer comme deux cordes d'un cercle. Au milieu de ces deux cordes, élevant des perpendiculaires D O, E O, ces deux lignes se rencontreront au centre O de la circonférence passant par les points A B C, puisque les perpendiculaires élevées sur le milieu des cordes passent toutes par le centre du cercle auquel appartiennent ces cordes.

Il est inutile de démontrer que les perpendiculaires D O et E O doivent se rencontrer ; cette condition est dans l'énoncé même de la question. Les perpendiculaires ne seraient parallèles entre elles que si les trois points donnés appartenaient à une même ligne droite.

Donc, par trois points donnés on pourra toujours faire passer une circonférence ; mais, comme il ne peut y avoir qu'un seul point de rencontre pour les perpendiculaires élevées sur le milieu des cordes, on n'aura qu'un centre et, par suite qu'une seule circonférence.

Tangentes.

366. Une tangente n'ayant qu'un point de contact avec une circonférence, sa plus courte distance au centre est mesurée par le rayon qui aboutit au point de contact.

Par suite, ce rayon est perpendiculaire à la tangente et réciproquement, et les tangentes aux extrémités d'un même diamètre sont parallèles.

Fig. 70.

367. Deux lignes parallèles interceptent sur la circonférence des arcs égaux.

Soient les deux lignes parallèles E H et A B; la première étant tangente à la circonférence au point R, si l'on mène O R, ce rayon sera perpendiculaire à la tangente et à sa parallèle A B. Par suite, il partagera la corde A B en deux parties égales, ainsi que l'arc sous-tendu A R B ; donc les arcs A R et R B, interceptés par les deux parallèles E H et A B, sont égaux.

Si, au lieu d'être tangente, la parallèle était une sécante C D, on pourrait toujours mener une tangente parallèle aux deux lignes données ; et, raisonnant comme précédemment, on trouverait les arcs A R et R B égaux ; ceux C R et R D également égaux ; par suite, leur différence C A et D B, ou les arcs compris entre les deux parallèles C D et A B, seraient aussi égaux.

Si les deux parallèles sont deux tangentes, les arcs compris seront évidemment deux demi-circonférences.

368. Si l'on divise la circonférence d'un cercle en un certain nombre de parties égales et que l'on joigne les points de division deux à deux par des lignes droites, ces lignes droites seront autant de cordes égales donnant les côtés d'un polygone régulier inscrit.

369. Si aux points de division de la circonférence on mène des tangentes, on formera un polygone régulier circonscrit.

Du reste, toute combinaison qui laissera la circonférence partagée en un certain nombre de parties égales donnera toujours des polygones réguliers.

Il suit de ce qui précède que tout polygone régulier peut être inscrit dans un cercle et peut lui être circonscrit.

On trouvera, à la suite de la mesure des surfaces, les procédés graphiques les plus nécessaires pour le dessin linéaire.

MESURE DES SURFACES.

370. L'angle au centre a pour mesure l'arc compris entre ses côtés, comptés en degrés, minutes et secondes.

371. L'angle inscrit a pour mesure la moitié de l'arc compris entre ses côtés. Soit l'angle inscrit ABC. Menons le diamètre BD et le rayon OA. Le triangle BOA est isocèle; par suite, l'angle ABO = l'angle OAB. Mais l'angle extérieur AOD = OAB + ABO = 2 ABD. Or la mesure de l'angle AOD est donnée par l'arc AD, donc l'angle ABD est mesuré par la moitié de l'arc AD. On prouverait de la même manière que l'angle DBC est mesuré par la moitié de l'arc ADC, compris entre ses côtés.

Il suit de là que les angles inscrits dans un demi-cercle sont tous droits, et que ceux inscrits dans des segments plus grands ou plus petits qu'un demi-cercle sont obtus ou aigus.

372. L'angle excentrique a pour mesure la moitié de l'arc compris entre ses côtés, plus la moitié de l'arc compris entre ses côtés prolongés.

Soit l'angle ABC. Prolongeons les côtés de cet angle jusqu'à la rencontre de la circonférence en D et en E, et joignons A et D, C et E. L'angle extérieur ABC égale les deux angles BEC et BCE du triangle BEC; donc il a pour mesure la moitié de l'arc AC, mesure de l'angle AEC, plus la moitié de l'arc DE, mesure de l'angle BCE; ce qu'il fallait démontrer.

373. L'angle extérieur à un cercle a pour mesure la moitié de la différence des deux arcs compris entre ses côtés.

Soit l'angle extérieur ABC. Joignons les points E et D; l'angle DEC, extérieur au triangle DEB, égale les deux angles EDB et DBE; on a donc l'égalité

$$DEC = EDB + DBE, \text{ d'où l'on tire :}$$
$$DBE = DEC - EDB.$$

Donc, DBE, l'angle extérieur au cercle, a pour mesure la moitié de l'arc DC, moins la moitié de l'arc GE, ou la moitié de la différence des deux arcs compris entre ses côtés.

374. L'angle formé par une tangente et une corde a pour mesure la moitié de l'arc compris entre ses côtés.

I.   9

Soit l'angle A B C, formé par la tangente B A et la sécante B C. Par le point C, menons une parallèle à la tangente B A ; les portions de circonférence comprises entre ces deux parallèles sont égales : l'arc B R D est donc égal à l'arc B S C ; mais l'angle B C D est égal à l'angle donné A B C ; ces deux angles doivent avoir même mesure. Or l'angle B C D est mesuré par la moitié de l'arc B R D ; donc, l'angle donné A B C a aussi pour mesure la moitié de cet arc, ou la moitié de l'arc B S C qui lui est égal.

575. La surface d'un rectangle est égale au produit de sa base par sa hauteur.

Soit le rectangle A B C D, supposons que la base B C contienne douze fois le mètre, unité de longueur, et que la hauteur A B le contienne sept fois.

En élevant des perpendiculaires à chaque point de division de la base, et menant des parallèles à la base par chaque point de division de la hauteur, on déterminera 84 carrés d'un mètre de côté, ou 84 fois un mètre carré, qui est l'unité de surface. Ainsi donc, la surface du rectangle A B C D est de 84 mètres carrés, nombre donné par le produit des 12 mètres de sa base pour les 7 mètres de sa hauteur.

Si la base et la hauteur contenaient des unités de longueur et des fractions d'unité, le produit de ces deux nombres donnerait encore la surface du rectangle. Soient la base de $8^m,25$ ou 825 centimètres, et la hauteur de $4^m,5$ ou 450 centimètres.

Le produit de ces deux nombres donne pour surface du rectangle 371250 centimètres carrés ou 37 mètres carrés, 12 décimètres carrés et 50 centimètres carrés.

Donc, dans tous les cas, le rectangle a pour mesure de sa surface le produit de sa base par sa hauteur ou B H (B la base et H la hauteur).

Il suit de là que deux rectangles de même base sont entre eux comme leur hauteur, et réciproquement.

576. La surface d'un parallélogramme est égale au produit de sa base par sa hauteur.

Ceci est évident, puisqu'un parallélogramme quelconque est l'équivalent d'un rectangle de même base et de même hauteur que lui ; B H exprimera donc encore la surface (358).

577. La surface d'un triangle est égale au produit de sa base par la moitié de sa base, $\dfrac{B H}{2}$.

En effet, la surface d'un triangle est moitié de celle d'un parallélogramme de même base et de même hauteur que lui (357).

378. La surface du trapèze est égale au produit de la demi-somme de ses bases par sa hauteur. Surface du triangle Fig. 76.

Soit le trapèze A B C D. Si l'on joint A et C, on partagera la surface du trapèze à deux triangles D A C et A C B. Or le triangle D A C a pour mesure de sa surface $\frac{DC}{2} \times AE$; celle du triangle A C B, dont la hauteur est aussi A E puisque les bases A B et D C sont parallèles, sera $\frac{AB}{2} \times AE$.

La surface totale du trapèze sera donc :

$$\left(\frac{DC}{2} + \frac{AB}{2}\right) AE = \frac{DC + AB}{2} \times AE.$$

ou le produit de la demi-somme des bases par la hauteur, ce qui s'exprime ainsi $\frac{B + b}{2} \times H$, B étant la grande base et b la petite.

379. La surface d'un polygone quelconque s'obtient en partageant le polygone en triangles et faisant la somme de la surface de tous les triangles ainsi obtenus. Surface d'un polygone quelconque. Fig. 63.

380. Un polygone régulier a pour mesure de sa surface le produit de son périmètre par la moitié du rayon du cercle inscrit, ou par son demi-apothème. Surface d'un polygone régulier. Fig. 77.

Soit le polygone régulier A B C D E H.

En joignant tous ses angles avec le centre, on forme six triangles égaux, dont la surface de chacun est donnée par le produit d'un des côtés du polygone, multiplié par la moitié de la hauteur OP qui est le rayon du cercle inscrit ou l'apothème du polygone.

La surface du polygone sera donc :

$$6\left(AH \times \frac{OP}{2}\right) =$$ le périmètre du polygone multiplié par la moitié de son apothème.

381. Les périmètres des polygones réguliers d'un même nombre de côtés sont entre eux comme les rayons des cercles inscrits et circonscrits ; leurs surfaces sont entre elles comme les carrés de ces mêmes rayons. Rapports entre les périmètres et les surfaces des polygones réguliers d'un même nombre de côtés. Fig. 78.

Soient A B et $a\,b$ deux côtés de deux polygones réguliers d'un même nombre de côtés; ces polygones sont semblables, par suite tous les triangles A B C et abc le sont aussi. On a donc :

pér. A B : pér. ab :: A B : ab, mais on a aussi A B : ab :: A C : ac.

D'un autre côté, considérant les triangles A D C et adc, nous aurons :

$$2 \text{ A D ou A B} : 2\, ad \text{ ou } ab :: \text{C D} : cd, \text{ donc :}$$
$$\text{périm. A B} : \text{périm. } ab :: \text{A C} : ac :: \text{A D} : ad.$$

Ainsi donc, les périmètres de deux polygones réguliers d'un même nombre de côtés sont entre eux comme leurs rayons et leurs apothèmes.

Reprenons maintenant la proportion obtenue plus haut, périm. A B : périm. ab :: A C : ac et multiplions-la par cette autre $\frac{1}{2}$ C D : $\frac{1}{2} cd$ :: A C : ac, on aura surf. A B : surf. ab :: $\overline{\text{A C}}^2 : \overline{ac}^2$. On aurait de même : Surf. A B : surf. ab :: $\overline{\text{C D}}^2 : \overline{cd}^2$.

Donc, les surfaces de deux polygones réguliers d'un même nombre de côtés sont entre elles comme le carré de leur rayon et de leur apothème.

 582. La surface du cercle est égale au produit de sa circonférence par la moitié de son rayon.

En effet, un cercle est un polygone régulier d'un nombre infini de côtés, dans lequel le rayon est le même que l'apothème.

Il suit de là que les circonférences de deux cercles quelconques sont entre elles comme leurs rayons, et que les cercles sont entre eux comme les carrés de ces mêmes rayons. Ainsi donc, on aura, en désignant par C et c les circonférences de deux cercles, et par R et r leurs rayons :

$$\text{C} : c :: \text{R} : r :: 2\text{R} : 2r :: \text{D} : d.$$

D et d représentant les diamètres des deux cercles. Changeant les moyens de place, on aura la proportion C : D :: c : d. D'où il suit que le rapport de la circonférence au diamètre est le même dans tous les cercles.

Ce rapport constant est représenté par la lettre grecque π, appelée pi.

On a vu, plus haut, que la surface d'un cercle était le produit de sa circonférence par la moitié de son rayon ; mais il est souvent difficile de mesurer la circonférence d'un cercle ; il a donc fallu chercher à obtenir cette circonférence sans la mesurer. On est arrivé à ce résultat au moyen du rapport de la circonférence au diamètre ; π étant le quotient de la circonférence divisée par le diamètre, si l'on multiplie ce rapport constant par le diamètre du cercle, dont on veut avoir la surface, on retrouve la circonférence. $\pi \times 2\,R$ ou $2\,\pi\,R$ exprimera donc la circonférence du cercle, et $2\,\pi\,R \times \frac{1}{2}\,R$ donnera sa surface ; simplifions cette formule :

$$2\,\pi\,R \times \frac{1}{2}\,R = \frac{2\,\pi\,\bar{R}^2}{2} = \pi\,\bar{R}^2.$$

$\pi\,R^2$, ou le produit du rapport de la circonférence au diamètre, multiplié par le carré du rayon, donne donc les surfaces du cercle.

383. Valeur de π.
$$\pi = 3,14159.$$

384. La surface de l'ellipse est égale au produit de la moitié de chacun des axes, multiplié par le rapport π de la circonférence au diamètre. Elle s'exprime ainsi : Surface de l'ellipse.

$$\pi\,a\,b,$$

a et b représentant la moitié de chacun des axes.

APPLICATION DE LA GÉOMÉTRIE AU DESSIN LINÉAIRE.

Le dessin linéaire étant indispensable à un mécanicien, il est nécessaire qu'il connaisse la solution de plusieurs questions graphiques qui se présentent à chaque instant. A la fin de la géométrie plane, dont nous nous occupons maintenant, nous donnerons les notions élémentaires de géométrie descriptive, ou géométrie dans l'espace, indispensables pour l'intelligence et le tracé des différentes projections qu'on emploie pour représenter les machines.

385. Pour dessiner il faut les instruments suivants : Instruments indispensables pour dessiner.

1° Une planchette bien dressée, pour tendre le papier sur lequel on doit dessiner :

2° Une règle en bois dur de 0^m,40 à 0^m,80 de longueur ;

3° Une ou plusieurs équerres en bois dur ;

4° Un double décimètre en bois ou en cuivre ;

5° Une boîte contenant des compas, dont un à trois fins ; un tire-ligne, un rapporteur ;

6° Des règles flexibles et des plombs pour les maintenir ;

7° Un mètre, soit en cuivre, soit en corne ;

8° Un crayon, un godet, de l'encre de Chine, un canif, de la gomme élastique et de la colle à bouche.

Usage de la règle, du crayon et du tire-ligne.

586. Les lignes se tracent au moyen de règles et de crayons ou de tire-lignes. Les règles doivent être plates et bien dressées ; les crayons doivent être taillés en biseau, de manière à produire des traits bien fins. On promène le crayon, avec toute la légèreté possible, le long de la règle ; pour faire des traits à l'encre, on se sert de tire-lignes qu'on tient à peu près d'aplomb.

Usage de l'équerre.

587. Pour élever des perpendiculaires, on se sert de l'équerre, qui est un triangle rectangle plat, en bois dur. En appliquant un des côtés de son angle droit contre la règle, et suivant l'autre côté de l'angle droit avec le crayon ou le tire-ligne, on trace des perpendiculaires à la ligne qui suit la règle.

Pour tracer des parallèles, on met le grand côté de l'équerre, l'hypoténuse, le long de la ligne à laquelle on veut mener des parallèles, le petit côté de l'angle droit à gauche ; le long de ce côté on applique la règle plate. Maintenant cette règle immobile et faisant glisser l'équerre, en conservant toujours le petit côté de l'angle droit en contact avec la règle, on peut, en suivant le grand côté de l'équerre, tracer des lignes parallèles à la ligne donnée.

On se sert aussi d'un des côtés de l'angle droit de l'équerre pour tracer des parallèles ; dans ce cas, l'autre côté de l'angle droit suit la règle. La nécessité de maintenir la règle et l'équerre avec la main, tandis que la main droite tient le crayon ou le tire-ligne, fait mettre, presque toujours, la règle-guide à gauche.

Usage de la planchette et du té.

588. Pour pouvoir dessiner plus facilement, on colle le papier qui doit servir sur la planchette, espèce de panneau dont les côtés sont bien perpendiculaires entre eux et dont le bois n'est plus susceptible de travailler.

Avec la planchette, le té est très-usité.

C'est une grande règle plate, terminée, à l'une de ses extrémités, par une autre beaucoup plus courte et qui lui est perpendiculaire. Cette branche, plus courte, est plus épaisse que la grande règle plate, de manière à pouvoir s'arrêter et glisser le long des côtés de la planchette. Le té, ainsi nommé parce qu'il a la forme d'un T, est, par le fait, une règle et une équerre réunies; dans ce cas, la perpendicularité des lignes entre elles dépend de l'exactitude de la planchette.

589. Les circonférences se tracent avec le compas, mais il est une multitude de lignes courbes irrégulières qu'il faut tracer soit à la main, soit avec une petite planche nommée pistolet, à cause de sa forme contournée dans différents sens, soit enfin au moyen de règles pliantes.

Ces règles, n'ayant guère plus d'un centimètre de largeur, sont faites avec un bois très-liant; leur épaisseur, qui ne dépasse pas deux ou trois millimètres, doit être plus grande au milieu qu'aux extrémités : pour s'en servir, on ne les met pas à plat, comme les autres règles, elles se placent, au contraire, sur le camp, et pour les maintenir dans leur position on emploie des plombs armés d'un petit crochet.

590. Le rapporteur est un demi-cercle, en corne ou en cuivre, sur la circonférence duquel sont marqués les degrés; il sert à faire des angles égaux et des angles donnés, ou d'un nombre de degrés fixé d'avance. Pour faire à un point d'une ligne un angle donné, on place le diamètre de l'instrument sur la ligne, le centre du rapporteur correspondant au point donné; on compte ensuite, sur la circonférence du rapporteur, à partir du diamètre, le nombre de degrés qui mesure l'angle que l'on veut faire; on marque un point sur le papier; on retire le rapporteur, et enfin en joint le point donné sur la ligne avec celui tracé au moyen du rapporteur.

Nous allons maintenant donner la solution des problèmes graphiques qui se présentent le plus communément.

591. Élever une perpendiculaire sur une droite donnée.

Soit à élever une perpendiculaire sur la ligne AB. De deux points quelconques C D, pris sur cette ligne, et avec une ouverture de compas plus grande que la moitié de C D, décrire deux arcs de cercle qui se coupent en E et en H; joindre ces deux points. La ligne E H est perpendiculaire à A B. On ne trace ordinairement, avec le compas, que les portions d'arc qui doivent se couper.

Les perpendiculaires ainsi tracées sont toujours parfaitement exactes; il n'en est pas de même de celles élevées avec la règle et l'équerre; le moindre dérangement de l'un ou l'autre de ces

Usage des règles pliantes ou flexibles.

Usage du rapporteur.

Perpendiculaires
Fig. 80.

deux instruments peut donner des erreurs graves entraînant l'inexactitude de tout un plan.

592. Élever une perpendiculaire sur une ligne à un point donné de cette ligne ou à l'une de ses extrémités.

Dans le premier cas, prendre les points C et D, centres des arcs de cercle, à égales distances du point donné et agir pour le reste comme il a été dit au n° 391; dans le second cas, prolonger la ligne au delà de l'extrémité qui doit recevoir la perpendiculaire, et continuer comme il vient d'être dit. Le point de la ligne par lequel doit passer la perpendiculaire étant donné, il suffit de tracer des arcs de cercle qui se coupent en un seul point.

593. Élever une perpendiculaire sur le milieu d'une ligne donnée.

Dans ce cas, les extrémités de la ligne sont les points C et D, et le problème rentre dans ceux donnés plus haut.

594. D'un point pris hors d'une ligne, abaisser une perpendiculaire sur cette ligne.

Soit le point O, en dehors de la ligne A B. Du point O comme centre, avec un rayon plus grand que la distance qui sépare le point donné de la ligne, décrire un arc de cercle qui coupe cette ligne aux points C et D. De ces points, comme centres, avec un rayon plus grand que la demi-distance des points C et D, tracer deux arcs de cercle qui se coupent en E. La ligne O E est la perpendiculaire demandée.

595. Faire un angle égal à un angle donné.

Soit l'angle donné A. Du point A comme centre, avec un rayon quelconque, décrire l'arc de cercle C D, qui coupe les côtés de l'angle A. D'un point A', pris sur une droite A' D', comme centre, et avec un rayon A D, décrire un arc de cercle C' D'. Prendre avec le compas la distance D C, la porter de D' en C'; joindre A' et C'. L'angle C' A' D' sera égal à l'angle donné C A D.

596. Partager un angle ou un arc en deux parties égales.

Soit l'angle A B C ou l'arc A C. Joindre A C; élever sur le milieu de cette ligne une perpendiculaire. Cette perpendiculaire partagera l'angle A B C et l'arc A C en deux parties égales.

597. Mener une parallèle à une droite donnée.

Soit la ligne donnée E H. Prendre deux points A et B sur cette droite; de chacun de ces points comme centre, avec un rayon égal à A B, décrire les deux arcs de cercle A A', B B'; prendre avec le compas des arcs égaux A C et B D, joindre C et D. La ligne C D sera parallèle à A B.

398. Diviser une ligne droite en un nombre donné de parties égales.

Soit A B, qu'il faut partager en cinq parties égales. Au point A faire un angle arbitraire avec la ligne indéfinie A C ; sur cette ligne, à partir du point A, prendre cinq parties égales arbitraires; joindre la cinquième division F avec le point B. Par les autres points de division de la ligne A F mener des parallèles à F B. Ces parallèles composeront la ligne donnée A B en cinq parties égales.

399. Construire une échelle de proportions.

Un plan devant donner toutes les lignes en grandeur relatives les unes par rapport aux autres, il faut, pour atteindre ce but, se servir d'une mesure ou échelle commune à toutes.

Soit une ligne A D, sur laquelle A B, B C (etc.) représentent des mètres. Aux points A, B, C, élever des perpendiculaires à A D. Sur la perpendiculaire A A', prendre dix parties égales ; par les points de division 1, 2, 3, 4, etc., mener des parallèles à A D. Diviser A'B' en dix parties égales ; joindre la neuvième division au point A; par tous les points de division A'B' mener des parallèles à 9 A.

Dès lors l'échelle est construite. Veut-on avoir $1^m,30$ par exemple, poser une des pointes du compas sur le point C', suivre avec l'autre point la ligne C'A', jusqu'à ce qu'elle repose sur la division 3. S'il s'agissait de prendre sur l'échelle 1.47. On poserait la première pointe du compas au point où la ligne CC' est coupée par la septième horizontale à partir de C', et l'on ouvrirait le compas pour que la seconde pointe vînt au point de rencontre de la quatrième oblique avec la septième horizontale.

Ordinairement, la longueur qui représente un mètre sur les échelles n'est pas arbitraire, mais bien une fraction réelle de la longueur du mètre. Ainsi les échelles au dixième, au cinquantième, au centième, au millième ont pour longueur du mètre un décimètre, cinq centimètres, un centimètre, un millimètre, etc.

400. Trouver une quatrième proportionnelle à trois droites données.

Soient les trois droites H, I et K. Faire un angle quelconque B A C, prendre A D = K, D E = I et A G = H ; joindre G D et mener E F parallèle à G D; G F sera la quatrième proportionnelle demandée.

401. Trouver une moyenne proportionnelle entre deux lignes données.

Division des lignes.
Fig. 84.

Fig. 85.

Fig. 86.

Fig. 87.

Soient H et I les deux lignes données. Sur une droite prendre AB = H et BC = I; sur le milieu de AC comme centre, avec un rayon égal à $\frac{AC}{2}$, décrire la demi-circonférence ADC; élever au point B une perpendiculaire à AC jusqu'à la rencontre de la demi-circonférence, BD sera la moyenne proportionnelle demandée.

Construction des triangles. Fig. 88.

402. Construire un triangle avec trois de ses parties, dont un côté.

1° Deux côtés et l'angle compris donnés.

Soient l'angle A et les côtés B et C donnés. Faire un angle égal à l'angle A (395); prendre, à partir de l'angle, sur l'un des côtés indéfinis de cet angle A′B′ égal au côté donné B; prendre sur l'autre côté de l'angle A′ une distance A′C′ égale au côté donné C; joindre C′ et B′. Le triangle C′A′B′ sera le triangle demandé.

Fig. 89.

2° Deux angles et le côté compris donnés.

Soient les deux angles A et B et le côté C donnés.

Sur une ligne E H, prendre une distance A′B′ égale au côté donné C; au point A′, faire un angle égal à l'angle A; au point B′, faire un angle égal à l'angle B; prolonger les côtés de ces angles jusqu'à leur rencontre en R. Le triangle A′RB′ est le triangle demandé.

3° Les trois côtés donnés.

Fig. 90.

Soient les trois côtés H, I et K. Sur une ligne droite prendre une longueur AC égale au côté H; du point A comme centre, avec un rayon égal au côté I, décrire un arc de cercle; du point C comme centre, avec un rayon égal au côté K, décrire un second arc de cercle qui coupe le premier en B; joindre A et B, C et D. Le triangle ABC est le triangle demandé.

Fig. 91.

4° Deux côtés et l'angle opposé à l'un d'eux donnés.

Soient les deux côtés H et I et l'angle opposé au côté H donnés.

Sur une ligne prendre une longueur AB égale au côté I.

Au point A, faire un angle égal à l'angle donné K. Du point A, comme centre, avec un rayon égal au côté H, décrire un arc de cercle qui coupe le côté AC de l'angle, et joindre C et B. Le triangle CAB sera le triangle demandé.

Du cercle. Fig. 92.

403. Par trois points non en ligne droite faire passer une circonférence de cercle.

Soient les trois points A, B et C.

Joindre ces points par les lignes AB et BC. Sur le milieu de ces lignes, considérées comme des cordes, élever les perpendiculaires E O et G O, qui se coupent au point O. Du point O, comme centre, avec un rayon égal à O B, ou O C, ou O A, décrire la circonférence A B C.

404. Trouver le centre d'une portion de circonférence ou d'une circonférence tracée.

Prendre trois points sur cette circonférence, les joindre par des lignes et agir comme on vient de le voir.

405. Par un point donné, mener une tangente à une circonférence.

1° Si le point est sur la circonférence.   Fig. 93.

Soit le point A sur la circonférence. Mener le rayon O A à ce point et élever sur l'extrémité de ce rayon la perpendiculaire A B. Cette perpendiculaire est la tangente demandée.

2° Si le point est en dehors du cercle.   Fig. 94.

Soit le point A en dehors de la circonférence O.

Joindre le point A au centre O ; du point O', milieu de O A, comme centre, et avec un rayon $OO' = \dfrac{AO}{2}$, décrire une circonférence. Le point S où se coupent les deux circonférences est le point tangent. A S sera la tangente cherchée.

406. Construire un segment de cercle capable d'un angle donné.   Fig. 95.

Soit l'angle O donné.

Sur une ligne indéfinie, faire un angle D C B égal à l'angle O. Au point C de la ligne D C, élever une perpendiculaire à cette ligne. Prendre sur A B une distance C E arbitraire ; sur le milieu de cette distance, élever une perpendiculaire. Au point O, rencontre des deux perpendiculaires et avec un rayon O C, décrire une circonférence. Tous les angles inscrits dans le segment E O' O″ C seront égaux à l'angle donné O.

407. Réduire le nombre des côtés d'un polygone sans changer sa surface.   Fig. 97.

Soit le polygone A B C D E

Joindre A C ; par le point B mener une parallèle B H à A C, jusqu'à la rencontre du côté D C prolongé ; joindre les deux points A et H. Les deux triangles A B C et A H E ont même hauteur et même base, ils ont donc même surface, et l'on peut remplacer le premier par le second sans changer la surface du polygone. Par là, on diminue le nombre des côtés du polygone. Joignant A D et faisant pour le triangle A E D ce qu'on vient de faire pour le triangle ABC, on transformerait le pentagone donné en un triangle de même surface que lui.

Fig. 98.

408. Faire un carré égal à la somme, ou à la différence de deux carrés donnés.

Soient les deux carrés A et B dont on n'a figuré ici que le côté.

Faire un angle droit CDE; prendre CD égal au côté du carré A, DE égal au côté du carré B; joindre CE. Le carré fait sur CE sera égal à la somme des deux carrés A et B.

Si l'on prend HI égal au côté du carré B et IK égal au côté du carré A, HK sera le côté d'un carré dont la surface sera égale à la différence des deux carrés donnés A et B.

Tracé des polygones réguliers. Fig. 99.

409. Tracé d'un triangle équilatéral sur un côté donné.

Soit AB le côté donné.

Des points A et B comme centre, avec AB pour rayon, décrire deux arcs de cercle qui se coupent en C.

Joindre les points A et B au point C. ACB est le triangle équilatéral demandé.

Fig. 100.

410. Inscrire un triangle équilatéral dans un cercle.

Du point D, pris sur la circonférence avec un rayon égal à celui du cercle, décrire l'arc AOB; du point E, à une distance de A égale au rayon du cercle, décrire l'arc AOC; du point H, à une distance de C égale au rayon du cercle, décrire l'arc COB. Joindre les points A et B, B et C, C et A.

Fig. 100.

411. Circonscrire un cercle à un triangle équilatéral.

Soit le triangle équilatéral ABC. Le problème se réduit à faire passer une circonférence par les trois points ABC, question qui a été traitée plus haut (n° 403).

Fig. 96.

412. Inscrire un cercle dans un triangle quelconque.

Soit le triangle ABC.

Partager les angles A et B en deux parties égales.

Le point de rencontre O des bissectrices est le centre du cercle cherché. De ce point, abaisser une perpendiculaire OD sur l'un des côtés du triangle; OD est le rayon de la circonférence à inscrire.

Tracé du carré. Fig. 101.

413. Tracé du carré sur un côté donné.

Soit K le côté donné.

Mener deux lignes perpendiculaires AB et BC; du point B comme centre, avec un rayon égal à K, tracer l'arc AC; par le point C, mener une parallèle à AB; par le point A, en mener une à BC. ABCD sera le carré demandé.

414. Inscrire un carré dans un cercle, ou circonscrire une circonférence à un carré.

Dans le premier cas, mener deux diamètres A B et C D perpendiculaires l'un à l'autre, et joindre les points A et C, A et D, D et B, B et C, extrémités de ces diamètres.

Dans le second cas, mener les deux diagonales A B et C D du carré ; leur point de rencontre O est le centre du cercle dont le rayon est O A.

La perpendiculaire O E, abaissée du point de rencontre des deux diagonales, sur un des côtés du carré, donnerait le rayon du cercle inscrit au carré.

415. Inscrire un carré dans un triangle.

On commence par décrire un cercle, et dans ce cercle on inscrit un carré.

416. Tracé du pentagone régulier, sur un côté donné.

Soit A B le côté donné du pentagone.

Au milieu C et à l'extrémité B de la ligne A B, élever les perpendiculaires C K et B L ; du point C comme centre, et avec C B pour rayon, décrire l'arc du cercle B M H ; du point B comme centre, avec B H pour rayon, décrire l'arc de cercle H N F ; du point A comme centre, avec A F pour rayon, décrire l'arc de cercle F G ; joindre A et G. Le point de rencontre O, de la ligne A G avec la perpendiculaire C K, est le centre du cercle circonscrit au pentagone.

Décrire le cercle A B G P, et porter sur sa circonférence le côté A B du pentagone, qui s'y trouvera contenu cinq fois.

417. Inscrire un pentagone régulier dans un cercle donné.

Soit A O le rayon du cercle donné.

Mener deux diamètres perpendiculaires A B et D C ; du point G milieu de A O comme centre, avec un rayon G C, décrire l'arc de cercle C P M ; du point C comme centre, avec un rayon C M, décrire l'arc de cercle M Q N ; joindre le point C au point N. C N est le côté du pentagone régulier cherché.

418. Tracé de l'hexagone régulier sur un côté donné.

Soit A B le côté donné.

Des points A et B comme centre, avec un rayon A B, décrire deux arcs de cercle qui se coupent au point O.

Ce point est le centre du cercle circonscrit. De ce point, avec A B pour rayon, décrire le cercle et porter sur sa circonférence le côté A B.

419. Inscrire un hexagone dans un cercle donné.

Le rayon du cercle est le côté de l'hexagone.

420. Tracé de l'hexagone régulier sur un côté donné.

Soit A B le côté donné.

Du point C comme centre (C étant aux deux tiers de A B), avec un rayon A C, décrire une circonférence de cercle ; au point B, élever une perpendiculaire B D à A B ; des points A et B comme centre, avec un rayon A D, décrire deux arcs de cercle se coupant en O. O est le centre du cercle circonscrit à l'heptagone cherché. Décrire ce cercle et porter A B sur sa circonférence.

Cette méthode n'est pas rigoureusement exacte, mais elle suffit dans la pratique.

421. Inscrire un heptagone dans un cercle donné.

Soit B O le rayon du cercle donné.

Prendre B D égal à B O ; joindre D O ; du point B, abaisser une perpendiculaire sur D O ; B C cette perpendiculaire, portée sur la circonférence, est le côté de l'heptagone cherché.

422. Tracé de l'octogone régulier sur un côté donné.

Soit A B le côté donné.

Aux points A et B, élever des perpendiculaires à A B ; prolonger A B ; du point B, avec un rayon A B, décrire l'arc de cercle C D E ; partager l'arc en deux parties égales en D. B D sera un second côté de l'octogone. Au point D, mener une parallèle à A B ; du point A, avec A B pour rayon, décrire l'arc B M T qui coupe la parallèle F D en un point F. A F est un troisième côté de l'octogone. Terminer la figure au moyen de parallèles.

423. Inscrire un octogone dans un cercle donné.

Soit A O le rayon du cercle donné.

Mener deux diamètres perpendiculaires A B et C D ; partager l'arc A C en deux parties égales, mener le diamètre E H ; partager, de même, en deux parties égales l'arc C B et mener le diamètre K L ; les points A, E, C, K, L sont les sommets des angles de l'octogone cherché. Joindre ces points deux à deux.

424. Inscrire l'octogone dans un carré donné.

Soit le carré A B C D.

Mener les deux diagonales A C et B D ; du point de leur rencontre O, avec la moitié de A B pour rayon, décrire le cercle E G H I. Aux points E, G, H, I, où la circonférence de ce cercle coupe les diagonales, élever deux perpendiculaires à chacune de ces diagonales. Ces perpendiculaires, prolongées jusqu'à la rencontre des côtés du carré, sont les côtés de l'octogone.

425. Couvrir une superficie plane autour d'un point donné au moyen des angles des polygones réguliers.

1° Il faut la réunion de six angles de triangles équilatéraux pour couvrir l'espace autour d'un point. Chacun de ces angles valant 1/3 d'angle droit ;

2° Il faut quatre angles de carré ;

3° Il faut deux angles de carré et trois angles de triangles équilatéraux ;

4° Il faut trois angles d'hexagone ; l'angle de ce polygone étant égal à deux angles de triangles équilatéraux ;

5° Il faut deux angles d'octogone et un angle de carré.

Telles sont les seules combinaisons des angles des polygones réguliers, avec lesquelles on puisse couvrir exactement une surface plane, autour d'un point.

426. Tracé de l'ellipse.

Sur une ligne AB prendre deux points C et D pour foyers de l'ellipse. Planter sur chacun de ces points une pointe fine ou une aiguille, embrasser les deux pointes par un fil dans l'anse duquel on passe la pointe d'un crayon (cette pointe porte une petite gorge pour recevoir le fil) ; promener ensuite le crayon autour des pointes en tenant le fil constamment tendu. La pointe trace la circonférence de l'ellipse.

La somme des distances d'un point quelconque de la circonférence de l'ellipse aux foyers étant toujours égale au grand axe, on pourra encore, au moyen de cette distance, déterminer autant de points qu'on le voudra de la circonférence de l'ellipse. Il suffira ensuite de faire passer une courbe continue par ces points.

427. Tracer la circonférence d'une ellipse dont on connaît le grand et le petit axe.

Soient les deux axes AB et CD de l'extrémité C du petit axe, avec un rayon égal à la moitié du grand axe, décrire un arc de cercle qui coupe le grand axe en E et G. Ces deux points sont les foyers de l'ellipse. Planter les aiguilles aux points E et G ; donner au fil une longueur telle que la pointe du crayon arrive au point C, et tracer l'ellipse comme on l'a dit plus haut.

428. Connaissant le grand axe et les foyers, déterminer le petit axe.

Soient A B le grand axe et E et C les foyers. De chacun de ces points avec moitié du grand axe pour rayon, décrire des arcs de cercle qui se coupent en dessus et en dessous en C et en D ; la ligne C D est le petit axe de l'ellipse.

Fig. 111.

429. Mener une tangente à une ellipse à un point donné de sa circonférence.

Soit O le point donné. Joindre ce point avec les foyers, diviser l'angle COD en deux parties égales ; au point O élever une perpendiculaire sur la bissectrice. Cette perpendiculaire est une tangente à l'ellipse.

VOLUMES ET SURFACES.

VOLUME ET SURFACE D'UN PARALLÉLIPIPÈDE RECTANGLE.

Volume d'un parallélipipède rectangle.
Fig. 113.

430. Le parallélipipède rectangle a pour mesure de son volume le produit de sa base par sa hauteur, ou le produit de ses trois dimensions.

Soit un parallélipipède rectangle A E. Supposons que l'unité de longueur soit contenue sept fois dans sa longueur C D, huit fois dans sa hauteur A C et quatre fois dans son épaisseur D E. Si, par les points de division de la hauteur A C, on imagine des plans c''D′ E′ parallèles à la base C D E, on coupera le parallélipipède en huit parallélipipèdes égaux, ayant pour hauteur l'unité de longueur. Si l'on suppose maintenant des plans C′ A′ B′ parallèles à la face C A B, menés par les sept divisions de la longueur, on coupera chacun des huit parallélipipèdes en sept autres égaux, ayant pour hauteur et pour largeur l'unité de mesure. Le parallélipipède donné est donc maintenant divisé en 56 parallélipipèdes égaux. Enfin supposons des plans D″ H′ A″ parallèles à la face A H D, menés par les points de division de l'épaisseur, chacun des 56 parallélipipèdes dont il vient d'être question sera partagé en quatre autres égaux, ayant pour hauteur, pour largeur et pour épaisseur l'unité de longueur. Le parallélipipède donné est donc divisé en 224 parties égales à l'unité de volume, produit que l'on obtient en multipliant l'une par l'autre les trois dimensions du parallélipipède, $8 \times 7 \times 4$. Il en serait de même si les dimensions du parallélipipède contenaient des fractions d'unité de longueur, le produit de ses trois dimensions donnerait encore son volume, L étant la longueur, L′ la largeur et H la hauteur. L L′ H exprime le volume du parallélipipède rectangle.

Surface d'un parallélipipède rectangle.

431. La surface latérale d'un parallélipipède rectangle est égale au produit du périmètre de sa base par sa hauteur. La surface totale serait donnée par ce produit, augmenté de la surface des deux bases.

VOLUME ET SURFACE D'UN PRISME.

Volume d'un prisme. Fig. 113.

432. Le prisme triangulaire droit a pour mesure le produit de sa base par sa hauteur.

En effet, si, dans un parallélipipède rectangle droit, on fait passer un plan A G E C, on décompose le solide en deux prismes triangulaires droits égaux, qui auront évidemment pour mesure de leur volume le produit de leur base par leur hauteur.

Fig. 114.

Si le prisme triangulaire droit a pour base un triangle quelconque A B C, au lieu d'un triangle rectangle, comme dans le premier cas, il sera toujours facile de faire passer un plan I B E K perpendiculaire à l'une des faces, et de décomposer ainsi le prisme donné en deux autres dont les bases seront les triangles rectangles. Par suite, la mesure de son volume sera la même que dans le cas précédent.

433. Tout prisme droit, quelle que soit la forme de sa base, a pour mesure de son volume le produit de sa base par sa hauteur.

Car on pourra toujours le décomposer en un certain nombre de prismes triangulaires droits.

$$\text{Volume} = \text{B H}.$$

B étant la base et H la hauteur.

Fig. 115.

434. Un prisme triangulaire oblique est équivalent à un prisme triangulaire droit, qui aurait pour base la section droite et pour hauteur l'arête du prisme oblique.

Soit le prisme oblique A B C D E H. Prolongeons les côtés ; en un point E' quelconque, faisons passer un plan perpendiculairement à l'arête E B ; et, à une distance de E' égale à E B, faisons passer un second plan parallèle au premier. Nous obtiendrons ainsi un prisme droit A' B' C' D' E' H'. Or, si l'on considère les deux prismes D' E' H' D E H et A' B' C' A B C, on verra qu'ils sont égaux entre eux, par suite, retranchant de chacun d'eux la partie commune D' E' H' A B C, les restes seront encore égaux. Donc, le prisme triangulaire oblique est égal au prisme triangulaire droit.

Ainsi on peut conclure qu'un prisme triangulaire oblique, et par suite tout prisme oblique, a pour mesure de son volume le produit de la section droite par son arête latérale. Mais la section droite est un triangle dont la surface est donnée par le produit de la base par sa demi-hauteur ; or cette base est la hauteur d'une des faces latérales du prisme ; et, comme on a aussi pour facteur la largeur de cette face, on peut dire encore que le volume d'un prisme oblique est égal au produit de la surface d'une des faces latérales par la moitié de la perpendiculaire abaissée de l'arête opposée sur cette face ; ou encore le produit de la moitié de la surface d'une des faces par la perpendiculaire abaissée de l'arête opposée.

Ainsi le prisme triangulaire $ABCDEH$ aurait pour mesure de son volume $AD \times IL \times \dfrac{KM}{2}$ ou la surface de $ADHC$, considérée comme base, multipliée par la demi-hauteur KM.

On prouverait facilement qu'un prisme incliné, mais à bases parallèles, a pour mesure de son volume le produit de sa base par sa hauteur ;

Or un prisme oblique étant la moitié d'un parallélipipède oblique, on conclut de tout ce qui précède cette règle générale pour la mesure des parallélipipèdes et des prismes.

435. Les parallélipipèdes et les prismes droits ou obliques, mais à bases parallèles entre elles, ont pour mesure de leur volume le produit de leur base par leur hauteur.

436. La surface totale d'un prisme quelconque à bases parallèles est égale au produit du périmètre de sa base multiplié par une des arêtes latérales, augmenté de la surface de ses bases.

437. Le volume d'une pyramide quelconque est donné par le produit de la surface de sa base multiplié par le tiers de sa hauteur.

En effet, soit le prisme triangulaire $ABCA'B'C'$. Par les deux arêtes AB' et CB' faisons passer un plan ; nous détacherons ainsi du prisme une pyramide triangulaire, ayant même base et même hauteur que le prisme. Il restera une seconde pyramide quadrangulaire ayant pour base $A'AC'C$, et pour sommet B'. Faisant passer un plan par AB' et $B'C'$, on divisera cette seconde pyramide en deux autres triangulaires égales, dont l'une aura aussi pour base $A'B'C'$, base du prisme et même hauteur que lui. Donc, par le fait, le prisme a été divisé en trois pyramides équivalentes ; donc, le volume de chacune d'elles sera le tiers de celui du prisme ou égal au produit de la surface de sa base par le tiers de sa hauteur.

On peut encore dire que le volume d'un prisme triangulaire

droit est égal à celui de trois pyramides, ayant pour base la base
du prisme, et pour hauteur chacune des arêtes du prisme.

La surface d'une pyramide est égale à la somme des surfaces
des triangles qui forment ses faces, augmentée de la surface de
sa base.

438. Le volume d'une pyramide tronquée s'obtient en cherchant d'abord le volume de la pyramide entière, puis celui de la
partie enlevée, et en faisant la différence des deux quantités obtenues. On agit de la même manière pour la surface de la pyramide tronquée.

439. Si donc la base supérieure du prisme triangulaire droit
n'est pas parallèle à la base intérieure, ou si le prisme triangulaire droit est tronqué, son volume sera égal au produit de la
surface de sa base, multiplié par le tiers de ses trois arêtes.

440. D'après ce qui précède, voyons quel serait le volume
d'un prisme quadrangulaire droit, mais tronqué.

Soit le prisme $ABCDA'B'C'D'$, dont la base $A'B'C'D'$ n'est
pas parallèle à la base $ABCD$. Ce prisme quadrangulaire peut
être décomposé en deux autres triangulaires tronqués. Supposons
donc un plan passant par les arêtes AA' et CC'.

En désignant par V' et V'' les volumes des prismes triangulaires et par V le volume du prisme quadrangulaire, on aura

$$V' = \frac{B}{2}\left(\frac{AA' + DD' + CC'}{3}\right) \text{ et } V'' = \frac{B}{2}\left(\frac{AA' + BB' + CC'}{3}\right).$$

Mais si le plan sécant avait passé par les deux arêtes DD'
et BB', on aurait eu aussi

$$V' = \frac{B}{2}\left(\frac{BB' + AA' + DD'}{3}\right) \text{ et } V'' = \frac{B}{2}\left(\frac{BB' + CC' + DD'}{3}\right).$$

En additionnant ces quatre quantités, on aura deux fois le volume
du prisme quadrangulaire primitif :

$$2V = \frac{B}{2}\left(\frac{3AA' + 3BB' + 3CC' + 3DD'}{3}\right) =$$
$$= \frac{B}{2}(AA' + BB' + CC' + DD')$$

ou
$$2V = B\left(\frac{AA' + BB' + CC' + DD'}{2}\right),$$

et enfin
$$V = B\left(\frac{AA' + BB' + CC' + DD'}{4}\right).$$

Ainsi donc, le volume d'un prisme quadrangulaire droit, mais tronqué, est égal au produit de la surface de sa base, multiplié par la somme de ses arêtes, divisé par le nombre de ces arêtes.

Cette propriété, commune à tous les prismes droits, quelle que soit la forme de leur base, nous sera nécessaire pour trouver la capacité d'une soute à charbon.

441. Le volume du cylindre est donné par le produit de sa base par sa hauteur.

Le cylindre est, en effet, un prisme ayant un nombre infini de côtés. Nous savons que la surface de la base, qui est un cercle, est donnée par πR^2; le volume du cylindre sera donc exprimé par

$$\pi R^2 H;$$

H étant sa hauteur.

La surface du cylindre est égale au produit de la circonférence de sa base par sa hauteur, augmenté de la surface de ses deux bases.

$$2\pi R H + 2\pi R^2.$$

442. Le volume du cône est égal au produit de sa base par le tiers de sa hauteur.

Car le cône est une pyramide ayant un nombre infini de côtés.

$$\frac{\pi R^2 H}{3}$$

exprimera donc le volume du cône.

La surface du cône est égale au produit de la circonférence de sa base, multiplié par la moitié de la génératrice, augmenté de la surface de la base.

L étant la génératrice, $\dfrac{2\pi R L}{2}$ ou $\pi R L$ donnera la surface du contour du cône et $\pi R L + \pi R^2$ la surface totale du solide.

443. Le volume d'un cône tronqué B C E D, parallèlement à sa base, s'obtiendrait en prenant le volume du cône total A D E, celui du cône A B C, et faisant la différence des deux résultats obtenus. Il en serait de même pour la surface du tronc de cône qui serait donnée par la différence entre la surface du cône total A D E et celle du petit cône A B C.

Du reste, la formule $2\pi R' L$ donne immédiatement cette surface, R' étant la moyenne entre les rayons des deux bases et L la génératrice.

444. Le volume de la sphère est égal au produit de sa surface par le tiers de son rayon.

En effet, la sphère, pouvant être considérée comme un polyèdre
régulier d'un nombre infini de côtés, peut être décomposée en
une infinité de pyramides régulières égales, dont tous les sommets se réuniraient au centre de la sphère. Dès lors le volume
total de toutes ces pyramides, ou celui de la sphère, sera égal à
la surface de la sphère multipliée par le tiers de son rayon, hauteur commune de toutes les pyramides.

Pour connaître le volume d'une sphère, il faut donc connaître
sa surface.

445. La surface de la sphère est égale au produit de la circonférence d'un grand cercle par son diamètre.

En effet, soit A B le côté d'un polygone régulier inscrit dans
le cercle O. Abaissons les perpendiculaires A C et B D sur le diamètre P R : Menons aussi la parallèle H E à A C par le milieu
de A B. Si l'on suppose le trapèze C A B D tournant autour
de P R, le côté A B engendrera la surface d'un tronc de cône,
qu'on obtiendra en multipliant la circonférence ayant H E pour
rayon par A B ligne génératrice (n° 443).

Si l'on compare maintenant les deux triangles H O E et A B K
(A K étant perpendiculaire à D B), on verra qu'ils sont semblables
comme ayant les côtés réciproquement perpendiculaires (n° 354);
on aura donc la proportion A B : O E :: A K : H E.
Multipliant les conséquents par 2π, on aura

$$A B : 2\pi O E :: A K : 2\pi H E,\ \text{c'est-à-dire}$$

$$A B : \text{circ. } O E :: A K : \text{circ. } H E,\ \text{qui donne l'égalité}$$

$$A B \times \text{circ. } H E = A K \text{ ou } C D \times \text{circ. } O E.$$

Donc, la surface produite par A B pendant la révolution du
trapèze est égale à la projection de cette ligne sur le diamètre,
multipliée par la circonférence du cercle, qui aurait pour rayon
l'apothème du polygone régulier, ayant A B pour côté.

Si le nombre des côtés du polygone régulier est pair, et qu'on
fasse tourner la moitié du polygone autour du diamètre P R, la
surface engendrée aura pour mesure la somme des projections
des différents côtés du polygone, c'est-à-dire le diamètre P R du
cercle, multiplié par la circonférence du cercle, qui aurait pour
rayon l'apothème du polygone générateur.

Si donc les côtés du polygone générateur sont en nombre infini, leur périmètre se confondra avec la circonférence du cercle circonscrit, et l'apothème deviendra égal au rayon du cercle. Dès lors, la surface engendrée par la révolution du demi-cercle autour d'un des diamètres, ou la surface de la sphère, sera donnée par le produit de son diamètre, multiplié par la circonférence d'un grand cercle.

$$\text{Surface sphér.} = D \times 2\pi R = 2R \times 2\pi R = 4\pi R^2.$$

Or $\pi \overline{R}^2$ exprime la surface du cercle ; donc la surface de la sphère est égale à quatre fois celle d'un grand cercle.

Volume de la sphère.
Fig. 121.

Nous avons dit plus haut que le volume de la sphère est égal au produit de sa surface par le $^1/_3$ de son rayon.

$$\text{Donc sph.} = 4\pi \overline{R}^2 \times \frac{1}{3} R = \frac{4}{3}\pi \overline{R}^3.$$

$$\pi = 3,14159.$$

CAPACITÉ D'UNE SOUTE.

446. D'après ce que l'on vient de voir, il sera facile de se rendre compte de la capacité d'une soute.

Si elle est située au milieu du navire, par suite comprise entre des places parallèles, sa figure sera celle d'un parallélipipède, et sa capacité sera donnée par le produit de sa base par sa hauteur, ou par le produit de ses trois dimensions.

Ainsi, supposons qu'elle ait 4 mètres de longueur sur 5^m,60 de largeur et 4^m,20 de hauteur. Sa capacité sera le produit de ces trois nombres, ou 94 mètres 80 décimètres cubes.

Fig. 123.
Fig. 122.

Si la soute est située dans les côtés du navire, ayant une de ses faces formée par les façons du bâtiment, comme dans la fig. 123.

On supposera cette soute coupée en tranches horizontales par des plans E F, G H, I K, R S, etc., menés à égales distances les uns des autres ; distance plus ou moins grande selon la courbe plus ou moins prononcée de la muraille du navire. Chacune des coupes dont on vient de parler donnera une surface telle que celle figurée par M N O D.

On obtiendra ces différentes surfaces en les décomposant en trapèzes, et l'on calculera le volume de chaque tranche en multipliant leur hauteur par la demi-somme de surfaces qui les comprennent.

La somme de tous ces volumes partiels donnera celui de la soute.

On obtiendra le même résultat en faisant la somme de toutes les surfaces produites par les plans horizontaux, divisant cette somme par le nombre de ces plans, et multipliant ce quotient par la hauteur totale de la soute.

Si la soute que l'on mesure était traversée par des conduits ou par des pièces de bois, on calculerait le volume de ces conduits ou de ces pièces de bois, et on le retrancherait du volume de la soute.

Cette méthode repose sur la possibilité de faire, avec une base égale à la demi-somme de celles qui comprennent chaque parallélipipède tronqué résultant de la section de la soute par des plans horizontaux, un parallélipipède droit.

La petite distance qui sépare les plans sécants les uns des autres autorise à admettre que ces seconds parallélipipèdes droits, ayant même hauteur que les premiers, ont même volume qu'eux.

Dans le cas où on fait la moyenne de toutes les surfaces produites dans la soute par les plans horizontaux, on cherche la base du parallélipipède rectangle ayant pour hauteur celle de la soute et même volume qu'elle.

En partant de ce principe, démontré plus haut (n° 440), qu'un parallélipipède droit tronqué a pour volume le produit de sa base par le quart de ses arêtes, on trouve le volume de la soute par cette autre formule, dans laquelle A′, B′, C′, D′ représentent les arêtes extrêmes OO′, PP′, SS′, TT′, celles qui n'appartiennent qu'à un seul parallélipipède; A″, B″, C″, D″..... N″ les arêtes intermédiaires semblables à KK′, LL′, MM′ et NN′ communes à deux parallélipipèdes qui se touchent; et A^{iv}, B^{iv}, C^{iv}, D^{iv}..... N^{iv}, les arêtes intérieures comme RR′, VV′, communes à quatre parallélipipèdes.

V est le volume de la soute et S la surface de la base OKRL d'un parallélipipède.

Fig. 123

$$V = S \left(\frac{(A' + B' + C' + D') + 2(A' + B'' + C''' + D'' + ... N'')}{4} \right) + \; + 4 \left(\frac{A^{\mathrm{iv}} + B^{\mathrm{iv}} + C^{\mathrm{iv}} + D^{\mathrm{iv}} + ... N^{\mathrm{iv}}}{4} \right).$$

Cette formule s'énonce ainsi :

Le volume d'une soute est égal à la surface de la base de l'un des parallélipipèdes, multipliée par la somme des arêtes extrêmes, plus deux fois la somme des arêtes intermédiaires, plus quatre fois la somme des arêtes intérieures, le tout divisé par quatre.

Connaissant le volume de ses soutes, le mécanicien pourra savoir la quantité de mètres cubes de charbon qu'il doit demander, soit pour les employer, soit pour remplacer le combustible dépensé.

Mais comme le charbon se livre au poids et non au volume, il devra, avant de faire une demande, multiplier la quantité de mètres cubes qui lui est nécessaire par le poids du mètre cube du charbon qu'on doit lui livrer.

NOTIONS ÉLÉMENTAIRES DE GÉOMÉTRIE DESCRIPTIVE

NÉCESSAIRES

POUR L'INTELLIGENCE ET LE TRACÉ DES PLANS DE MACHINES.

DÉFINITIONS.

447. On désigne sous le nom de plan une surface sur laquelle une ligne droite s'applique exactement dès qu'elle y a deux points.

On doit toujours considérer les plans comme illimités.

Il faut trois points, non en ligne droite, pour déterminer un plan, ou, ce qui est la même chose, trois points quelconques, non en ligne droite, sont toujours dans un même plan. C'est pour cette dernière raison qu'une table à trois pieds est toujours parfaitement fixe, tandis que souvent, il faut tâtonner pour mettre d'aplomb une table qui a quatre pieds.

448. Une ligne droite est perpendiculaire à un plan, quand elle est perpendiculaire à toutes les droites passant par son pied dans le plan. Le plan est alors aussi perpendiculaire à la droite.

Ainsi, une droite perpendiculaire sur deux autres, au point où ces dernières se coupent, est perpendiculaire au plan qui passerait par ces deux droites. A B étant perpendiculaire aux deux droites C D et E G, au point R où ces droites se coupent, A B est perpendiculaire au plan passant par les trois points C B E, plan qui renferme nécessairement les lignes C D et E G.

449. Toute ligne qui rencontre un plan sans lui être perpendiculaire est une oblique à ce plan.

450. Un plan et une droite qui ne peuvent se rencontrer, quelque prolongés qu'on les suppose, sont parallèles entre eux.

451. Deux ou plusieurs plans sont parallèles entre eux, quand ils ne peuvent se rencontrer, à quelque distance qu'on les suppose prolongés.

452. La ligne commune à deux plans qui se coupent se nomme intersection.

453. Un plan est perpendiculaire à un autre, quand il passe par deux perpendiculaires à cet autre ; il renferme alors toutes les perpendiculaires qu'on pourrait élever au premier plan, sur l'intersection des deux plans.

A un même plan on peut élever une infinité de plans perpendiculaires.

Si un plan est perpendiculaire à un autre plan, cet autre est aussi perpendiculaire au premier.

454. Deux plans qui se coupent comprennent entre eux une certaine partie de l'espace ; c'est cette partie que l'on désigne sous le nom d'angle dièdre.

En supposant les plans indéfinis, deux plans qui se coupent partagent l'espace en deux parties plus ou moins inégales ; mais, quand on parle de l'angle dièdre formé par deux plans, on entend toujours le plus petit des deux angles. L'intersection B D, est l'arête de l'angle dièdre et les plans A B D E et E B D G en sont les faces. Pour le désigner on emploie quatre lettres, les deux du milieu étant celles de l'arête ; ainsi, dans la figure 125, l'angle dièdre sera désigné par A B D E ou encore par C B D G.

455. On appelle angle solide ou angle polyèdre l'espace compris entre plusieurs plans qui se coupent, de telle sorte que les intersections aient un point commun.

C'est à ce point commun que se trouve le sommet de l'angle. Le sommet d'une pyramide est un angle solide ou polyèdre.

L'angle est dit trièdre s'il a trois faces ; tétraèdre, si le nombre des plans qui le forment est de quatre ; pentaèdre, si ce nombre est le cinq, etc.

L'angle solide trièdre en A est formé par les trois plans B A D, B A C, et C A D qui se rencontre au point A.

PRINCIPES FONDAMENTAUX.

456. Trois points sont toujours dans un même plan ; par suite, il suffira de prendre trois points quelconques dans un plan pour déterminer un plan.

Deux droites qui se coupent déterminent aussi un plan, car un point pris sur chacune d'elles et celui de leur rencontre donnent trois points du plan.

Deux lignes parallèles déterminent encore un plan, car on peut prendre deux points sur l'une des lignes et un sur l'autre, qui seront dans le plan comme tous les autres points des deux lignes.

457. D'après ce qui précède, une droite perpendiculaire au point d'intersection de deux lignes sera perpendiculaire au plan passant par ces deux lignes; réciproquement, le plan des deux lignes sera perpendiculaire à la droite.

Par un point pris hors d'un plan on pourra toujours abaisser une perpendiculaire sur un plan, mais une seule.

La perpendiculaire, abaissée d'un point sur un plan, mesure la plus petite distance de ce point au plan et réciproquement.

458. Par un point donné on ne peut mener qu'une seule parallèle à une droite donnée; car il faut que ces deux lignes soient dans le même plan.

Deux droites perpendiculaires à un même plan sont paral- lèles entre elles et déterminent un second plan perpendiculaire au premier.

459. Deux plans perpendiculaires à une même droite sont parallèles entre eux.

Les intersections de deux plans parallèles par un troisième sont parallèles entre elles.

Deux plans parallèles à un troisième sont parallèles entre eux.

460. L'intersection des deux plans perpendiculaires à un troi- sième est perpendiculaire à ce dernier.

461. Un angle dièdre a pour mesure l'angle formé par les perpendiculaires menées, dans les deux plans qui le forment, à un même point de l'arête.

Cet angle est le même, quel que soit le point pris sur l'intersec- tion des deux plans. S'il s'agit de partager un angle dièdre, soit en parties égales, soit en parties inégales, il suffira de partager l'angle qui le mesure et de faire passer des plans par l'intersec- tion des deux premiers plans et par les lignes qui divisent l'angle qu'ils forment.

Ainsi soient les deux plans CABD et EABG qui forment l'angle dièdre EABC. En un point quelconque O de l'arête AB, on élève à cette intersection deux perpendiculaires ON et OM, la première dans le plan EABG, la seconde dans le plan CABD. L'angle NOM, formé par ces deux perpendiculaires, mesure l'angle dièdre. Si l'on veut faire passer un plan qui partage l'angle dièdre EABC en deux parties égales, par exemple, il suf- fira de partager l'angle NOM en deux parties égales par OR, et de faire passer un plan par cette ligne et par l'intersection AB;

ce plan partagera nécessairement l'angle dièdre en deux parties égales.

Des angles solides.

462. La somme des angles plans qui forment un angle solide est moindre que quatre angles droits. S'il en était autrement, tous ces angles seraient dans un même plan, et l'angle solide n'existerait pas.

TRACÉ GÉOMÉTRIQUE DES PLANS DE PROJECTION.

Projection d'un point.
Fig. 128.

463. La projection d'un point sur un plan nommé plan de projection est le pied de la perpendiculaire abaissée du point sur le plan.

Ainsi soient le plan B C D E et le point A dont on demande la projection. Du point A on abaisse une perpendiculaire A'A sur le plan de projection. A', pied de cette perpendiculaire, est la projection du point A.

Si le plan de projection est horizontal, la projection est dite horizontale; s'il est vertical comme le plan G B C D, la projection A″ est dite projection verticale.

On peut voir immédiatement qu'une seule projection, soit horizontale, soit verticale, ne peut pas déterminer la position d'un point. En effet, rien n'indique sur quelle partie de la ligne A'A, ou de la ligne A″A, supposées indéfinies, on doit prendre le point A. Si, au contraire, on possède deux projections de ce point sur deux plans qui font un certain angle entre eux, les deux perpendiculaires A'A et A″A se couperont en un point qui sera évidemment le point dont on a les projections.

Deux projections d'un point sur deux plans différents déterminent la position réelle d'un point. Ce principe est vrai, quel que soit l'angle formé par les plans de projection; mais nous ne considérerons que le cas où ces plans sont perpendiculaires entre eux.

Projections d'une ligne.

464. La projection d'une ligne sur un plan est la ligne qui joindrait toutes les projections des points de la ligne donnée sur ce plan.

Si il s'agit d'une ligne courbe et qu'elle soit dans un plan parallèle à l'un des plans de projection, sa projection sur ce plan sera une courbe qui lui sera parfaitement égale; quant à l'autre projection, elle sera nécessairement une ligne droite.

Fig. 129.

Ainsi la courbe A B, qui n'est pas dans un plan parallèle à l'un

des plans de projection, aura pour projection deux courbes
A' B' et A" B".

Si l'on imagine, au contraire, un cylindre droit reposant par
l'une de ses bases sur le plan horizontal, sa projection horizontale
sera un cercle de même grandeur que celui de la base, et la projection verticale de l'autre base sera une ligne droite parallèle à
l'intersection des deux plans de projection.

Une ligne droite ou courbe est déterminée quand on connaît
ses projections sur deux plans qui se coupent.

465. L'intersection de deux plans se nomme aussi la trace de
ces plans. Ainsi, en supposant nos deux plans de projection,
celui horizontal et celui vertical, coupés par un troisième plan,
l'intersection de ce troisième plan avec les deux premiers sera la
trace du troisième plan.

Un plan est parfaitement déterminé quand on connaît ses traces
sur les deux plans de projection.

Si un plan ne possède qu'une trace parallèle à la ligne d'intersection des deux plans de projection, c'est qu'il est parallèle au
plan de projection qu'il ne coupe pas, et il est parfaitement déterminé.

Si les traces d'un plan sont parallèles à la ligne d'intersection
des deux plans de projection, c'est que ce plan est parallèle lui-
même à cette intersection.

La trace d'un plan peut se confondre avec l'intersection
des deux plans de projection. Dans ce cas, le plan n'est pas déterminé.

466. Pour réunir toutes les constructions sur un seul dessin,
on fait tourner l'un des plans de projection A X Y B, autour de
son intersection X Y avec l'autre plan, jusqu'à ce qu'il se trouve
dans le prolongement de ce plan.

467. La ligne X Y d'intersection, qui sépare les deux plans
de projection, prend le nom de ligne de terre.

468. Les perpendiculaires qui donnent les projections d'un
point dans l'espace sont évidemment dans un même plan perpendiculaire aux deux plans de projection; il en résulte que ce
plan est perpendiculaire à l'intersection ou la ligne de terre; par
suite, les traces du plan passant par les deux perpendiculaires sont
elles-mêmes perpendiculaires au même point de la ligne de terre.
Si donc on rabat l'un des plans, la trace dans ce plan restera encore perpendiculaire à la ligne de terre pendant le mouvement
et après le rabattement; donc les deux traces ne formeront

Traces d'un plan.
Fig. 130.

Fig. 131.

Rabattement d'un des
plans de projection.
Fig. 132.

Ligne de terre.

Conséquences du ra-
battement d'un des
plans de projection.

qu'une seule et même ligne droite, perpendiculaire à la ligne de terre.

De ce qui précède résulte la règle suivante :

Les projections d'un point sur deux plans sont situées sur une perpendiculaire à l'intersection de ces plans.

Fig. 133.

Si maintenant l'on considère un point P dont la projection horizontale est P′ et dont la projection verticale est P″, P′ O et P″ O étant les traces du plan passant par les deux perpendiculaires PP′ et PP″, il est facile de voir que la distance P′ O de la projection horizontale à la ligne de terre mesure précisément la distance du point P au plan vertical. De même, la trace P″ O, ou la distance de la projection verticale à la ligne de terre, mesure la hauteur du point P au-dessus du plan horizontal.

Conventions qu'il faut connaître pour l'intelligence et le tracé des plans.

469. L'ensemble des traits qui composent un dessin graphique se désigne sous le nom de plan ou d'épure. Les données et les résultats se représentent par des lignes pleines ; les lignes de construction, au contraire, se figurent par des lignes ponctuées. Ainsi, dans un plan de machine, les organes de transmission de mouvement, par exemple, sont figurés, dans une de leurs positions, en lignes pleines ; les autres positions de ces mêmes organes se figurent par des lignes ponctuées ; il en est de même des circonférences parcourues par certains points importants, comme le centre du boulon des manivelles. Quand une pièce est masquée par d'autres, on l'indique par des lignes pointées.

Les grandes lettres A, B, C, etc., représentent ordinairement des points dans l'espace, et figurent rarement sur les plans. Les petites lettres a, b, c, etc., sans accents, servent à désigner les projections horizontales ; ces mêmes lettres accentuées sont affectées aux projections verticales des points de l'espace A, B, C, etc.

La ligne de terre est le plus souvent désignée par x et y, et les lettres grecques, α, β, γ, etc., qu'on appelle *alpha, bêta, gamma*, etc., indiquent des points de la ligne de terre.

Pour représenter les machines, non-seulement on emploie les projections sur le plan horizontal et celles sur le plan vertical, mais encore on fait usage d'un troisième plan vertical, perpendiculaire au plan vertical ordinaire ; enfin on fait encore passer des plans verticaux et des plans horizontaux par le milieu des différents organes des machines, pour faire voir certains détails intérieurs qui ne peuvent pas être figurés sur les plans d'ensemble. On nomme, le plus souvent, ces dernières projections des coupes.

Ainsi veut-on représenter une machine, on projette tout son ensemble sur le plan horizontal ; c'est une vue par en dessus, qui donne la position des pièces les unes par rapport aux autres sur le plan des carlingues ou celui des plaques de fondation. Les pièces sont représentées en longueur et largeur.

Le plan longitudinal, parallèle au plan vertical passant par le milieu de la quille d'un navire, montre la machine dans son ensemble, prise de côté, soit à tribord, soit à bâbord. On trouve, sur ces plans, des détails qui n'ont pas pu être représentés sur la projection horizontale.

Les pièces sont représentées en longueur et hauteur.

Le plan vertical proprement dit est perpendiculaire aux deux dont nous venons de parler ; par suite, il coupe le navire perpendiculairement à la quille. La vue de la machine qu'il représente est prise soit de l'avant, soit de l'arrière du navire. Ce plan complète les deux premiers, et donne les pièces suivant leur largeur et leur hauteur.

On imagine encore des plans coupant les cylindres, les conducteurs, les pompes à air, etc.; ces plans sont ou verticaux ou horizontaux, et donnent des détails importants qui ne peuvent être figurés sur aucun des trois plans de projection, le plan horizontal, le plan longitudinal et le plan vertical.

Les plans d'exécution comportent encore des plans de détail représentant les organes en particulier dans de plus grandes dimensions que sur les plans d'ensemble. Le plus souvent, pour ces derniers, l'échelle est double de celle employée pour les premiers.

470. Tous les traits pleins dans un dessin n'ont pas la même force, il y en a de plus gros les uns que les autres ; ce n'est qu'en agissant ainsi qu'on donne ce qu'on appelle des reliefs. Pour savoir comment distribuer les traits d'un dessin il faut s'imaginer le soleil éclairant l'objet que l'on représente ; dès lors il y a des parties exposées à la lumière et d'autres qui restent dans l'ombre. Les premières sont représentées par des traits fins, les secondes par des traits forts.

En général, on suppose la lumière venant de gauche et du haut ; il s'ensuit que les parties de gauche et celles du haut sont éclairées, tandis que les parties de droite et celles du bas restent dans l'ombre. Ainsi les premières sont représentées par des traits fins et les secondes par des traits forts.

471. Ordinairement on ne hache que les coupes faites dans une machine, pour bien faire saisir les formes intérieures et les épaisseurs de métal. Alors, pour bien relier entre elles les différentes parties d'une même pièce, toutes ces parties sont hachées de la même manière, c'est-à-dire dans le même sens; et, pour qu'il n'y ait pas de confusion, les pièces voisines sont hachées dans des sens différents.

Laver les plans. 472. Les coupes faites dans les organes d'une machine ne sont pas toujours hachées, le plus souvent elles sont lavées; la teinte alors est uniforme, mais on prend la précaution de laisser un petit filet blanc le long des traits qui montrent les moyens de réunion ou d'ajustage des différentes pièces entre elles. On met ainsi de la clarté dans un dessin lavé.

Quant aux pièces qui sont figurées sans être coupées, elles sont lavées de manière à les faire paraître dans leur forme réelle, ronde si elles sont rondes, plate si elles sont plates. Mais toujours on se conforme à ce qui a été dit plus haut au sujet des ombres; il en est de même quand on veut hacher ou laver les creux.

Couleurs employées. 473. On est convenu de représenter la fonte par une teinte obtenue en mêlant à l'encre de Chine un peu de bleu de Prusse et de carmin. Les pièces en fer forgé sont lavées avec du bleu de Prusse léger; celles en bronze, avec du jaune clair (ocre jaune ou gomme-gutte); celles en cuivre rouge, avec du jaune plus foncé (jaune indien). Enfin le bois est lavé avec de la sépia mêlée d'un peu de terre de Sienne brûlée.

Lignes d'axe. 474. Dans la plupart des plans d'exécution, les lignes d'axe sont tracées au carmin et celles de mouvement ou d'action à l'encre bleue.

DÉVELOPPEMENTS.

475. Un développement est le rabattement, sur un même plan, de toutes les faces différentes qui limitent un corps et qui toutes sont dans des plans différents. Ainsi le développement d'un cylindre droit est un rectangle ayant pour hauteur celle du cylindre, et pour longueur le périmètre de l'une de ses bases.

Le développement d'une pyramide sera un polygone non fermé, puisque la somme des angles plans (n° 462) qui comprennent un angle solide ne peut pas être égale à quatre angles droits.

Le développement d'un cône sera, pour la même raison, un cercle non fermé.

TRACÉ D'UNE COURBE ALGÉBRIQUE.

476. On rapporte ordinairement les courbes algébriques à deux lignes perpendiculaires l'une à l'autre, ou faisant entre elles un angle connu. Ces lignes sont les axes de la courbe. Courbe algébrique.

On nomme ordonnée d'un point d'une courbe la distance de ce point à l'axe horizontal, et abscisse la distance du pied de l'ordonnée au point où les deux axes se rencontrent, ou, ce qui revient au même, la distance du point à l'axe vertical. Nous supposons ici les deux axes perpendiculaires entre eux, car, s'ils faisaient un autre angle qu'un angle droit, les ordonnées seraient des parallèles à l'un des axes et les abscisses des parallèles à l'autre axe. Ordonnées et abscisses.

Les ordonnées et les abscisses d'un point sont les coordonnées de ce point. Coordonnées.

Ainsi, étant donnés deux axes et les coordonnées d'un point, il sera facile de placer ce point à sa vraie position par rapport aux axes ; pour cela, on prendra sur l'un des axes, à partir du point de rencontre des deux axes, l'abscisse ; sur l'autre axe, toujours à partir de la rencontre des deux axes, on prendra l'ordonnée ; aux deux points des axes qui indiquent les limites des coordonnées, on mènera des parallèles aux axes ; le point de rencontre de ces deux lignes donnera le point cherché.

Soient les deux axes XY et XZ, on donne les coordonnées OP et AP du point P. Prendre sur l'axe horizontal XA égal à l'abscisse OP ; prendre sur l'axe vertical XO égal à l'ordonnée AP ; par les points A et O mener des parallèles aux axes. Le point de rencontre P sera la position du point donné. Fig. 131.

Ce que l'on vient de faire pour un point peut se répéter pour les points P', P'', P''', P^{iv}, etc., d'une courbe quelconque considérée par rapport à deux axes. Au moyen des coordonnées on placera tous ces points dans leur position relative ; la ligne courbe qui passerait par tous les points ainsi obtenus se rapprochera d'autant plus de celle que l'on veut reproduire, que les points dont on a pris les coordonnées sont plus près les uns des autres.

MÉCANIQUE.

ÉLÉMENTS DE MÉCANIQUE.

INTRODUCTION.

NOTIONS GÉNÉRALES.

477. Un corps est la réunion, en nombre illimité, de petits éléments étendus et impénétrables. Ils ne sont pas soudés les uns aux autres, mais bien séparés par des intervalles vides plus ou moins grands, suivant la nature de chaque corps. *Corps.*

478. Ces petits éléments constitutifs, qui échappent à nos sens imparfaits, ont reçu le nom de molécules. *Molécules.*

479. La mobilité est la propriété que possèdent tous les corps de pouvoir être mis en mouvement, c'est-à-dire de changer de position dans l'espace. Par suite, un corps est en mouvement lorsqu'il occupe successivement différents lieux de l'espace. *Mobilité.*

Le mouvement peut être absolu ou relatif.

480. Le mouvement d'un corps est absolu quand il s'effectue par rapport à certains points fixes dans l'espace. *Mouvement absolu.*

481. Mais un corps peut paraître se mouvoir quand il est réellement immobile, ou du moins animé d'un tout autre mouvement que celui que nous observons; alors le mouvement n'est que relatif ou apparent. Ainsi, lorsqu'on regarde par la portière d'un waggon, on voit les arbres et tous les accidents du sol fuir dans un sens contraire à la direction que l'on suit; il semble que la voiture qui vous porte est immobile et que la terre fuit sous elle. A bord, le même effet se produit; si l'on regarde la mer près du navire, il semble qu'elle coule vers l'arrière. Dans les deux exemples cités le mouvement qu'on observe n'est pas celui qui existe, il n'est que relatif ou apparent. *Mouvement relatif ou apparent.*

De même, le repos, ou la cessation du mouvement d'un *Repos absolu, repos relatif.*

corps, peut être absolu ou relatif. Il est absolu, si le corps ne change pas de position par rapport à certains points fixes dans l'espace ; il est relatif quand le corps, paraissant en repos, est réellement emporté dans l'espace. Il en est ainsi pour tous les corps qui composent le globe terrestre ; ils peuvent paraître en repos les uns par rapport aux autres, mais tous sont, en réalité, entraînés et participent aux deux mouvements de la terre : révolution autour de l'axe du globe, translation autour du soleil.

Inertie. **482**. Un corps en repos ne peut se mettre de lui-même en mouvement ; de même, s'il est en mouvement, il ne peut de lui-même s'arrêter. Cette impossibilité dans laquelle se trouve la matière d'altérer en rien, soit l'état de repos, soit l'état de mouvement, est ce qu'on appelle l'inertie de la matière.

Les astres, lancés par Dieu dans les espaces, suivent, en vertu de leur inertie, le chemin qui leur a été tracé et le suivront jusqu'à ce que la volonté du Créateur les arrête dans leur mouvement. Sur la terre il n'en est pas de même ; les corps, quelle que soit la force initiale qui les mette en mouvement, finissent tôt ou tard par s'arrêter : c'est qu'il existe diverses causes qui détruisent peu à peu leur vitesse. Ces causes, qui s'opposent à la perpétuité du mouvement, peuvent se réduire à trois.

Résistance des milieux. **483**. 1° Quand un mobile traverse l'air, il est obligé d'en déplacer à chaque instant les molécules, et il ne peut évidemment leur communiquer du mouvement qu'en perdant une partie du sien propre ; la résistance qu'il éprouve augmente avec le volume du mobile, avec sa vitesse et avec la nature du milieu dans lequel il se meut.

Ainsi, de deux pendules ou balanciers d'horloge, l'un oscillant dans l'air, l'autre dans l'eau, le premier continuera ses oscillations longtemps après que le premier se sera arrêté.

Frottements. **484**. 2° L'adhérence, qui agit malgré le peu d'étendue des surfaces en contact, malgré le poli de ces surfaces, produit les frottements, qui exercent une si grande influence sur le mouvement d'un corps.

Pesanteur. **485**. 3° La terre, attirant à elle tous les corps qui composent son ensemble et tous ceux qui l'entourent, rappelle sans cesse vers le centre du globe ceux lancés dans une direction quelconque, oblique ou verticale ; elle modifie la rapidité et la direction de leur mouvement. Cette action de la terre est ce qu'on nomme la pesanteur.

Mouvement. **486**. Nous avons vu plus haut qu'un corps est en mouvement quand il occupe successivement différentes positions dans l'espace.

487. Le mouvement est rectiligne, si le mobile suit une ligne droite; il est curviligne, si la ligne qu'il suit est courbe. *Mouvement rectiligne. Mouvement curviligne.*

488. Le mouvement est uniforme, si les chemins parcourus pendant des intervalles de temps égaux successifs sont égaux entre eux; il est varié, si les chemins parcourus par le corps, pendant des intervalles de temps successifs égaux, ne sont pas égaux entre eux. *Mouvement uniforme. Mouvement varié.*

489. Le mouvement est continu, quand le corps s'avance dans la même direction, dans le même sens; il est alternatif, quand il se produit successivement d'avant en arrière et d'arrière en avant, de haut en bas et de bas en haut. *Mouvement continu. Mouvement alternatif.*

490. Parmi les mouvements curvilignes, le plus généralement employé est le mouvement de rotation; c'est celui des pièces qui ne peuvent tourner qu'autour d'un axe fixe. Tous les points d'un corps animé d'un mouvement de rotation décrivent des circonférences de cercle perpendiculaires à l'axe de rotation; et les arcs de cercle, décrits dans le même plan, sont d'autant plus grands que les points qui les décrivent sont plus éloignés du centre de rotation. *Mouvement de rotation.*

491. La vitesse d'un corps en mouvement est le chemin parcouru par ce corps dans l'unité de temps. L'unité de chemin parcouru est souvent une autre quantité que le mètre, unité de longueur; de même, l'unité de temps est arbitraire; cependant on emploie ordinairement la seconde. Dans tous les cas, si l'on veut comparer les vitesses de plusieurs corps, il faut ramener ces différentes vitesses à la même unité de temps et de chemin parcouru. *Vitesse.*

492. La vitesse de rotation est le nombre de tours accomplis par un point de la circonférence du corps, qui tourne dans l'unité de temps. *Vitesse de rotation.*

493. La vitesse angulaire est l'angle que fait la perpendiculaire abaissée du point d'une roue, située à l'unité de distance du centre de cette roue, sur l'axe de la roue, pendant l'unité de temps. *Vitesse angulaire.*

494. La matière étant inerte, le mouvement pour un corps en repos, le repos pour un corps en mouvement, ou seulement une modification dans la vitesse, dans la direction d'un corps, ne peuvent être produits que par des causes étrangères à ce corps. Ces causes, quels que soient leur nature et leur mode d'action, sont désignées sous le nom de *forces*. *Des forces et de leur nature.*

Les forces sont compressives, lorsqu'elles poussent, qu'elles compriment, ou qu'elles écrasent un corps. La vis d'une presse exerce une force compressive.

Elles sont tractives, lorsqu'elles tirent, qu'elles arrachent, qu'elles tendent ou qu'elles détendent. La locomotive exerce une force tractive sur le convoi qui la suit.

Elles sont attractives, lorsqu'elles causent le rapprochement des corps séparés les uns des autres, ou qu'elles empêchent l'écartement des corps en contact les uns avec les autres.

Enfin elles sont répulsives quand elles produisent l'éloignement des corps ou de leurs parties.

Différentes espèces de forces.   **495.** On peut réduire à six les causes qui produisent les forces.

1° La pesanteur, ou l'attraction terrestre, qui fait qu'un corps, abandonné à lui-même, tombe sur la terre en suivant une direction verticale. Cette force agit sans cesse sur tous les corps, qu'ils soient en mouvement ou en repos. C'est elle qui détermine le mouvement de l'eau dans les fleuves et les rivières.

2° La chaleur, cause inconnue, qui pénètre tous les corps, et qui tend à augmenter l'espace qu'ils occupent, en écartant les unes des autres les molécules qui les composent.

3° L'élasticité et la force expansive qui agissent à l'intérieur des corps; la première pour conserver aux corps leur forme, la seconde pour les faire sortir des vases dans lesquels on les comprime.

4° L'électricité et les forces magnétiques qui font que certains corps frottés attirent ou repoussent d'autres corps.

5° Le frottement qui s'oppose au glissement d'un corps sur un autre ou à la rotation d'un corps autour d'un autre.

6° Enfin les forces animées, développées par l'homme et les animaux.

Détermination des forces.   **496.** Une force quelconque est déterminée par trois éléments, savoir :

1° Son point d'application, c'est le point matériel du corps auquel est immédiatement appliquée la force ;

2° Sa direction, c'est la ligne toujours droite suivant laquelle la force tend à entraîner le point matériel qu'elle sollicite ;

3° Son intensité, sa puissance ou son énergie.

Intensité des forces.   **497.** Pour mesurer l'intensité d'une force, il faut la comparer à une force de même nature prise pour unité. Deux forces sont évidemment égales quand, appliquées au même point, mais en sens contraire, elles se détruisent mutuellement, laissant ce point en équilibre, c'est-à-dire comme dégagé de l'influence de ces deux forces.

Une force est double, triple d'une autre, quand il faut deux ou trois forces égales à celle-ci pour lui faire équilibre.

On conçoit, dès lors, qu'on ait pu prendre pour unité une force arbitraire représentée par 1 ou par l'unité de longueur.

Dans le premier cas, l'intensité d'une force est exprimée par un nombre ; dans le second, par une longueur : cette dernière manière de représenter les forces a l'avantage de faire connaître à la fois le point d'application, la direction et l'intensité des forces.

498. Lorsqu'un point matériel est sollicité dans le même temps par plusieurs forces, il ne peut évidemment se mouvoir que dans une direction. Il existe donc une force unique qui, appliquée au point matériel dans cette direction, produirait sur lui le même effet que toutes les forces qui le sollicitent.

Cette force s'appelle la résultante de celles qui agissent sur le corps, et celles-ci sont nommées les composantes de la première.

499. Composer deux ou plusieurs forces, c'est en chercher la résultante ; réciproquement, une force donnée peut être remplacée par plusieurs autres, qui en deviennent les composantes.

500. 1° Si deux ou plusieurs forces agissent sur un même point matériel, dans le même sens, et suivant la même ligne droite, leur résultante est égale à leur somme ;

2° Si deux ou plusieurs forces agissent sur un même point matériel, suivant la même direction, mais dans des sens opposés, la résultante est égale à la différence entre la somme des forces qui tirent dans un sens et celle des forces qui tirent en sens contraire, et elle agit dans le sens de la plus grande des deux sommes.

501. 3° Si deux forces agissent sur un même point matériel, suivant deux directions qui forment un angle, leur résultante est égale en grandeur et en direction, à la diagonale du parallélogramme construit sur les lignes qui représentent ces deux forces.

Soient deux forces A B et A C agissant sur le point A : par le point B menant une parallèle à A C et par le point C une parallèle à A B, on a le parallélogramme A B C D, dont la diagonale A D représente, en grandeur et en direction, la résultante des deux forces données.

Au moyen du parallélogramme des forces, on peut donc connaître la résultante d'un nombre quelconque de forces agissant sur un même point matériel. Il suffit, pour cela, de chercher la résultante de deux de ces forces, et de composer cette première résultante avec une des forces non composées, puis de chercher la résultante de cette seconde composante, et d'une autre force non composée, et ainsi de suite, jusqu'à la dernière force à composer.

Fig. 2.

Le parallélogramme des forces sert encore à décomposer une force en deux autres agissant dans des directions données.

Soient une force A B et des directions B D et B C déterminées. Par le point A, on amène deux parallèles : l'une A D', parallèle à la direction B C ; l'autre A C', parallèle à la direction B D : les côtés B D' et B C' du parallélogramme A D' B C' sont les deux comparantes de A B, suivant les directions données.

Résultante de forces parallèles.

502. La résultante de deux forces parallèles et de même sens, appliquées aux extrémités d'une droite, est égale à leur somme, parallèle à leur direction, et le point d'application divise la distance des points d'application des composantes en deux parties inversement proportionnelles aux grandeurs de ces composantes.

Fig. 3.

Ainsi la résultante des deux forces parallèles A C et B D sera égale à la somme de ces deux forces appliquées au point E, pris à une telle distance des points d'application A et B des deux forces données, qu'on ait la proportion :

$$AB : EB :: BD : AE.$$

Fig. 4.

On déduit de là le moyen de déterminer la résultante d'un nombre quelconque de forces parallèles agissant dans le même sens.

Soit le corps M, sur lequel agissent les quatre forces A A', B B', C C' et D D'. On compose les deux forces A A' et B B', dont la résultante est E E' ; on compose alors cette résultante E E' avec la force C C', on obtient une seconde résultante H H' qui, combinée avec la force D D', donne pour résultante des quatre forces données la force K K'.

Résultante de forces parallèles, mais agissant dans des sens opposés.

503. Si deux forces inégales, parallèles et de sens contraires, sollicitent les extrémités d'une droite, la résultante est parallèle à la direction, égale en intensité à leur différence, et son point d'application est situé sur le prolongement de la droite, du côté de la force la plus grande, de telle sorte que les distances aux points d'application des composantes soient encore en raison inverse de ces forces, et elle agit dans le sens de la force la plus grande.

504. Deux forces égales, parallèles et de sens contraire, appliquées aux extrémités d'une droite, n'ont pas de résultante ; leur ensemble constitue ce qu'on appelle un *couple*.

Le couple tend à imprimer un mouvement de rotation au corps qu'il sollicite.

La perpendiculaire commune aux deux forces est le bras de levier du couple.

505. On appelle moment d'une force, par rapport à un plan, le produit de son intensité exprimée en kilogrammes, multipliée par la perpendiculaire, abaissée de son point d'application sur ce plan. Le moment d'un couple est le produit d'une des forces exprimée en kilogrammes, multipliée par le bras de levier.

506. Si les forces qui sollicitent un corps, au lieu de maintenir ce corps en équilibre, lui impriment un mouvement, on les appelle *forces motrices*.

507. Parmi les forces motrices, celles qui agissent pendant un instant très-court sur un mobile, et qui l'abandonnent ensuite à lui-même, sont appelées *forces instantanées*.

508. Celles, au contraire, qui sollicitent le mobile pendant tous les temps de son mouvement sont appelées *forces accélératrices*.

509. Il ne faut pas confondre l'état d'un corps en équilibre avec celui d'un corps en repos. Dans le premier cas, le corps est sous l'influence de forces qui se neutralisent complétement ; dans le second, aucune force n'agit sur le corps.

510. On appelle, en général, *puissances* les forces qui agissent dans le sens de notre volonté, et *résistances* celles qui s'y opposent. On combat les secondes par les premières.

511. Les résistances passives sont celles engendrées par le mouvement même des machines ; elles s'opposent sans utilité au mouvement, par suite elles détruisent une partie de la puissance.

Elles sont de plusieurs espèces :

1° Résistance au glissement ou simplement frottement.

Cette résistance, qui se produit toutes les fois qu'un corps glisse sur un autre ou tourne sur un axe fixe, est due à l'action qu'exercent, les unes sur les autres, les molécules des corps en contact. Pour se rendre compte de l'effet produit, il suffit d'examiner, avec un verre grossissant, une surface planée ou tournée avec soin ; cette surface, qui semblait à la vue simple parfaitement polie, est, en réalité, couverte d'aspérités qui pénètrent dans les creux de l'autre pièce. Un corps gras interposé entre les surfaces au contact, comblant en quelque sorte les creux ou augmentant le poli des pièces, diminue le frottement.

En général, on admet que le frottement dépense inutilement le dixième de la force utilisée.

L'expérience a prouvé que le frottement est indépendant de la vitesse du mouvement et de l'étendue des surfaces planes en contact ; il est seulement proportionnel à la pression qui s'exerce entre les deux corps en contact.

Résistance au roulement.

2° Résistance au roulement. C'est la résistance d'un corps cylindrique (un rouleau, par exemple) chargé ou non d'un poids, que l'on cherche à faire marcher, au moyen du roulement, sur une surface plane, horizontale ou inclinée.

Cette résistance, inversement proportionnelle au diamètre des rouleaux, augmente avec la pression exercée sur eux. Elle est d'autant moins grande que la dureté et le poli du corps qui roule sont plus grands, que la dureté et le poli de la surface sur laquelle se fait le roulement sont plus grands, et que l'inclinaison de cette surface est plus considérable.

Roideur des cordes.

3° Roideur des cordes. Cette résistance provient du défaut de flexibilité de la matière composant les cordes, qui exigent une certaine force pour être enroulées autour des poulies ou des treuils. Elle est dépendante de la tension de la corde, de sa grosseur, de sa nature sous le point de vue de la fabrication et sous celui de la matière qui la compose.

Résistance des fluides.

4° Résistance des fluides. Cette résistance provient de la difficulté qu'éprouve un corps en mouvement à déplacer celui dans lequel il se meut. Ce déplacement absorbe nécessairement une certaine quantité de la force qui agit sur le corps.

Dans l'eau, la résistance opposée au mouvement d'un corps plongé en tout ou en partie croît à peu près comme le carré de la vitesse de ce corps. Ainsi, pour doubler la vitesse d'un navire, il ne suffirait pas de rendre double la puissance qui lui a imprimé le mouvement, il faudrait la quadrupler.

Des chocs.

5° Les chocs, en produisant des ébranlements et des vibrations dans toutes les parties d'une machine, ébranlements et vibrations qui ne peuvent exister sans dépense de force, absorbent aussi, sans utilité, une certaine partie de la puissance.

512. Le travail mécanique consiste à déplacer des corps pesants, tels que des pierres, de l'eau, etc. ; à changer les positions respectives des parties constitutives (molécules) d'un corps solide, comme dans le martelage des métaux ; à séparer ces parties, comme dans le sciage des bois, le broiement des pierres, la mouture des graines. Dans ces différents cas et dans tous ceux que l'on pourrait encore citer, le travail ne consiste pas seulement à faire équilibre à une résistance, mais encore à déplacer le point d'application de cette résistance. L'idée de travail comprend donc à la fois l'idée d'une résistance vaincue et l'idée d'un chemin parcouru par son point d'application. *(Travail mécanique.)*

Par suite, la quantité de travail mécanique produit par telle ou telle force s'obtient en multipliant la force appliquée, évaluée en kilogrammes, par le chemin que parcourt son point d'application, estimée suivant sa direction et évaluée en mètres. *(Quantité de travail.)*

Le travail moteur est non-seulement le travail réellement dépensé pour l'effet utile que l'on veut produire, mais encore celui absorbé par les résistances. *(Travail moteur.)*

Le travail utile est le travail réellement dépensé pour l'effet utile que l'on veut produire ; il est égal au travail moteur diminué du travail absorbé par les résistances. *(Travail utile.)*

Le travail inutile est celui absorbé par les résistances ; c'est encore la différence entre le travail moteur et le travail utile. Ce dernier travail ne peut jamais être nul. Aussi, dans toutes les machines, le travail utile est toujours plus petit que le travail moteur. Dans les meilleures machines à vapeur, on n'utilise guère que les trois ou les quatre cinquièmes du travail moteur. *(Travail inutile.)*

513. L'attraction de la terre ou la pesanteur s'exerce sur chacune des molécules composant les corps ; cette force, qui est le poids de la molécule, s'exerce verticalement et de haut en bas. Les poids des diverses molécules, dont l'ensemble constitue un corps, sont donc autant de forces parallèles, dont le poids du corps est la résultante. *(Poids d'un corps.)* *(Centre de gravité.)*

Or le point par lequel passe toujours la résultante des forces exercées par la terre sur les diverses molécules d'un corps, quelle que soit la position donnée à un corps, se nomme le centre de gravité.

NOTIONS ÉLÉMENTAIRES SUR LA MESURE DES FORCES.

Dynamomètres.

514. On a vu, dans l'introduction qui précède, que le poids d'un corps était l'énergie de la pesanteur, ou de l'attraction exercée par la terre sur ce corps.

Fig. 5.

Au moyen de certains instruments nommés dynamomètres, le poids d'un corps peut être rendu sensible.

Peson ordinaire.

515. Le dynamomètre ordinaire, nommé peson, est formé d'une lame d'acier recourbée en son milieu et présentant un certain degré de flexibilité. A l'extrémité de la branche inférieure A est fixé un arc en fer C D, qui passe librement dans une ouverture pratiquée dans la branche supérieure B, et se termine par un anneau ; vers l'extrémité de la branche supérieure B est fixé un arc semblable, qui passe dans une ouverture pratiquée dans la branche inférieure et se termine par un crochet.

On suspend le corps à peser en H, à l'extrémité de l'arc de cercle qui tient à la branche supérieure, et l'on tient l'instrument par l'anneau de l'arc fixé à la branche inférieure. L'effort exercé par le corps tend ainsi à faire approcher l'une de l'autre les deux branches du dynamomètre, et les graduations faites d'avance sur l'un des deux arcs, en employant des poids connus, donnent le moyen de constater la quantité dont elles se sont rapprochées et le poids qui produit ce rapprochement.

Peson cylindrique.
Fig. 6.

516. Il y a plusieurs espèces de pesons, mais tous reposent sur l'élasticité des ressorts d'acier. Le peson cylindrique se compose d'un cylindre creux en métal A B, portant à sa partie inférieure un crochet C pour suspendre le corps à peser P. Dans l'intérieur de ce cylindre est un ressort contourné en hélice, appelé ressort à boudin. Une tige métallique D E, portant à sa partie intérieure E une espèce de bouton, et à l'autre un anneau D, traverse le cylindre et son couvercle A A. Le ressort à boudin appuie, par une de ses extrémités, sur le bouton E de la tige, et, par l'autre, sous le couvercle A A du cylindre. La tige D E, graduée au moyen de poids connus, sort plus ou moins du cylindre, suivant que le dynamomètre est soumis à une force de traction plus ou moins grande.

Les deux premiers dynamomètres servent à mesurer les efforts de traction.

517. Le dynamomètre de Regnier est un ressort elliptique AB. A la partie supérieure est fixé un arc gradué C D, au centre duquel tourne une aiguille E, pressée par un levier coudé G H. L'un des bras de ce levier est mis en communication avec l'arc inférieur du ressort par le moyen d'une bielle K. On voit donc que si, par suite de compression, le petit axe du ressort diminue de grandeur, la bielle mettra le levier en mouvement et, par suite, aussi l'aiguille indicatrice de l'effort de compression. Que cette compression soit produite par un poids appliqué sur la partie supérieure du ressort, la partie inférieure reposant sur le sol, ou par la traction sur un des points A et B, l'autre étant retenu à un point fixe, l'effort exercé sera toujours traduit par l'aiguille sur l'arc gradué. Il n'en serait pas de même s'il s'agissait de mesurer une force de traction tendant à augmenter le petit axe du dynamomètre ou à écarter l'une de l'autre les deux parties du ressort. Aussi, pour tenir compte de ces tractions, ajoute-t-on un second arc de cercle gradué et concentrique au premier, et une seconde aiguille qui marche ordinairement en sens contraire de la première.

Les aiguilles du dynamomètre de Regnier sont ordinairement à frottement doux sur le cadran ; cette disposition permet de mesurer une force instantanée ou un choc, l'aiguille restant à l'extrémité de l'arc qu'elle a parcouru.

Cet instrument est gradué au moyen de poids connus d'avance. On sait, dès lors, à quel poids correspond chacune des indications de l'une ou l'autre des aiguilles.

Si donc, avec un de ces instruments ou tout autre semblable, on pèse plusieurs corps différents, on pourra constater l'énergie de l'attraction terrestre sur chacun d'eux et l'exprimer en kilogrammes.

Mais, quelle que soit la force qui détermine une pression ou une tension, cette pression ou cette tension pourra être assimilée au poids d'un corps, et évaluée comme lui en kilogrammes. Si un cheval tire sur une corde fixée à un corps qu'il doit mettre en mouvement, on peut attacher un dynamomètre à un point quelconque de cette corde, de manière à faire traduire par l'instrument l'effort exercé.

Le ressort ou les ressorts fléchiront, et la tension de la corde sera équivalente au poids du corps qui, suspendu au dynamomètre, le fléchirait de la même quantité. On peut donc dire que la force exercée par le cheval et que la tension de la corde sont de tant de kilogrammes.

S'il s'agit d'un navire à vapeur, on peut l'attacher par l'arrière à un dynamomètre fixé lui-même à un point solide à terre. Dès lors, la force de propulsion développée par les roues ou l'hélice sera traduite par l'instrument, qui indiquera le poids qui représente cette force.

Frein de Prony.   **518.** S'il s'agit d'un arbre tournant ou, en général, d'une machine quelconque, le frein dynamométrique de Prony permet d'évaluer la quantité de travail de ces machines, indépendamment de tout calcul.

Fig. 8.   Ce frein consiste dans un levier A B, portant une pièce échancrée qui saisit entre elle et une mâchoire l'arbre moteur de la machine ; deux boulons $b\,b$ permettent d'exercer telle pression que l'on veut sur l'arbre. A l'une des extrémités B du levier est suspendu un plateau dans lequel on place des poids P, capables de faire équilibre au frottement du frein contre l'arbre : de sorte que, R étant la distance D E du centre de rotation C de l'arbre à la verticale du centre de gravité des poids, P R sera le moment de cette force par rapport au point C'. Si F est l'effort exercé par le frottement et r le rayon de l'arbre sur lequel il s'exerce, F r sera le moment de cette résistance par rapport au même point C ; et, tant que le levier A B restera horizontal, on aura

$$P\,R = F\,r.$$

P R représentant un nombre de kilogrammes.

Mesure de la tension des gaz.   **519.** Enfin, si l'on renferme un gaz, de l'air par exemple, dans un cylindre fermé par en bas et bouché, à sa partie supérieure, par un piston mobile mais bien ajusté, et que sur la partie supérieure du piston on accumule des poids, le piston descendra et comprimera l'air à chaque nouvelle charge. Dans ce cas, le poids placé sur le piston, à un moment quelconque de l'expérience (augmenté du poids du piston), donnera la mesure de l'effort qu'exercerait le gaz pour reprendre son premier volume, s'il était laissé libre.

Ainsi donc, on peut exprimer en kilogrammes l'énergie d'une force, quelle que soit sa nature ou son mode d'action. Mais il faut tenir compte de la vitesse et du temps; car cette force, qui fait parcourir un mètre par seconde à un corps d'un poids connu, serait moitié d'une autre qui ferait parcourir deux mètres à ce corps dans le même temps, ou encore qui lui ferait parcourir un mètre dans moitié moins de temps.

520. Nous regrettons de ne pouvoir donner ici une idée du dynamomètre de M. Taurines. Cet instrument, aussi nécessaire pour les machines que la lunette pour l'astronomie, que la balance pour la chimie, manquait complétement. Avec lui, on peut connaître la quantité de force développée réellement par une machine pour faire mouvoir le propulseur d'un navire, la partie de cette force utilisée réellement par le propulseur pour faire marcher le bâtiment, la résistance de ce dernier, et plusieurs autres données importantes. Dès lors, on a un moyen expérimental pour connaître les effets particuliers des différentes hélices employées, les avantages et les inconvénients des unes et des autres ; on pourra donc arriver à choisir la meilleure ; la théorie, jusqu'à ce jour, n'a pu trancher la question. La résistance des liquides, encore si peu connue, ne pourra que marcher en avant, avec un instrument qui donne la force utilisée par une même hélice placée à différentes profondeurs, dans des eaux différentes de nature et plus ou moins agitées.

Hélicomètre Taurines.

RELATIONS ENTRE LA PUISSANCE ET LA RÉSISTANCE
DANS LES MACHINES SIMPLES.

521. La force primitive dont on dispose produisant rarement l'effet voulu, on modifie ou on transforme cette force au moyen de certains appareils nommés machines. En général, une machine est un instrument propre à transmettre l'action d'une ou de plusieurs forces. Les machines sont variables à l'infini par les combinaisons sans nombre que l'on peut faire avec celles appelées machines simples.

Nécessité des ma-
chines.

On a vu, dans l'introduction, que la force que l'on veut utiliser se nomme la puissance et que celle que l'on veut vaincre est la résistance.

522. Il ne faut pas s'imaginer qu'une machine donne plus d'énergie à une force donnée ; le travail qu'elle développe, qui est le produit du poids qu'elle soulève par la vitesse qu'elle lui communique ou le chemin qu'elle lui fait parcourir, est loin d'être augmenté. Au contraire, ce travail est sensiblement diminué par les résistances passives ; dans les machines à vapeur en particulier, cette perte est fort grande.

Une machine ne peut
que diminuer l'é-
nergie d'une force
donnée.

Cet inconvénient des machines s'exprime en mécanique par ces mots :

I.   12

On perd en force ce que l'on gagne en temps, et réciproquement on gagne en force ce que l'on perd en temps.

Ainsi, par exemple, supposons un homme capable d'élever à 10 mètres de hauteur, en une minute, un poids de 100 kilogrammes. Le travail de cet homme sera exprimé par $100^k \times 10$ ou 1.000 kilogrammètres. C'est-à-dire que l'homme serait capable d'élever à un mètre de hauteur, en une minute, un poids de 1.000 kilogrammes. Admettons maintenant qu'il emploie une machine pour transmettre sa force (force musculaire que rien ne vient augmenter, ne l'oublions pas) et qu'il veuille élever 500 kilogrammes au lieu de 100 kilogrammes, c'est-à-dire un poids 5 fois plus grand. Pour élever ce nouveau poids à 10 mètres de hauteur, il faudra à l'homme 5 fois plus de temps que pour élever 100 kilogrammes; il mettra donc 5 minutes au lieu d'une, ou bien il n'élèvera les 500 kilogrammes qu'à 2 mètres en une minute.

Dans aucun cas, le travail de l'homme ne pourra surpasser celui qu'il pourrait produire sans l'intermédiaire d'aucune machine. Au plus, on aura $500^k \times 2 = 100^k \times 10$.

Ainsi une machine parfaite, dont la création est en dehors du pouvoir de l'homme, ne pourrait que transmettre dans toute son énergie la force qui lui est appliquée.

525. Une machine quelconque se compose toujours de points d'appui et de pièces mobiles dont le but est de communiquer ou de transmettre le mouvement; et elle résulte toujours, quelque compliquée qu'elle soit, de la combinaison de certaines machines élémentaires ou simples, qui sont :

1° Le levier,

2° Le treuil ou la roue et son axe,

3° La poulie,

4° Le plan incliné,

5° Le coin,

6° La vis,

qui se réduisent même à trois, car le treuil ou la roue et son axe ne sont que des modifications du levier, comme le coin et la vis ne sont que des modifications du plan incliné.

Ainsi donc, il n'y a, en résumé, que trois machines simples :

Le levier,

La poulie,

Le plan incliné.

Nous allons étudier chacune de ces machines séparément.

LEVIER.

524. Le levier est la plus simple des machines ; il consiste en une barre de fer, de bois ou de toute autre matière, mobile sur un point fixe.

525. On distingue dans le levier trois points particuliers : le point d'appui, sur lequel il repose ; le point de puissance, auquel s'applique la force qui doit déplacer l'obstacle ; le point de résistance, qui est en contact avec l'obstacle. Suivant les circonstances, la puissance peut occuper la place de la résistance, et réciproquement.

526. Les bras du levier sont les distances comprises, d'un côté, entre le point d'appui et le point de puissance, et, de l'autre, entre le point d'appui et le point de résistance.

527. Quoique tous les leviers agissent de la même manière, on est convenu de les classer en trois genres.

Dans le levier du premier genre, le point d'appui A est entre la résistance R et la puissance P.

Dans le levier du second genre, le point d'appui A est au delà de la résistance R, qui se trouve ainsi entre la puissance P et le point d'appui A.

Enfin, dans le levier du troisième genre, le point d'appui est encore au delà de la puissance P et de la résistance R, mais la puissance P est appliquée entre le point d'appui A et la résistance R.

Nous allons voir quelle est la relation entre la puissance et la résistance dans chacun de ces leviers.

528. Soit le levier du premier genre R P, dans lequel le bras A P est double du bras A R, les moments des deux forces R et P, par rapport au point de suspension A, seront en appelant les bras du levier m et m' : m'R et mP.

Si l'équilibre existe entre ces deux forces, on aura nécessairement m' R $= m$P.

Et, comme m est double de m', on aura :

$$1 \times \text{R} = 2 \times \text{P ou}$$
$$\text{P} = \frac{\text{R}}{2}.$$

Par suite, la force qui agit en P aura deux fois plus d'avantages que celle qui agit en R ; ou, ce qui est la même chose, à l'extrémité du bras A P, il faudra une force moitié moindre que celle qu'il faudrait à l'extrémité du bras A R pour maintenir le levier en équilibre sur son point d'appui.

Donc, pour qu'un levier soit en équilibre sur son point d'appui, il faut que la force qui agit à l'une de ses extrémités, et que nous nommerons P, multipliée par la distance de cette extrémité au point d'appui désignée par m, soit égale à la force R qui agit à l'autre extrémité, multipliée par la distance m' de cette extrémité au point d'appui.

Enfin on doit toujours avoir l'égalité

$$m\,P = m'\,R.$$

Ce qui montre que les forces sont en raison inverse des longueurs des bras de levier, ou que les leviers sont en raison inverse des forces qui agissent à leurs extrémités.

Au moyen de la formule qui précède, il sera facile de connaître l'énergie de la force qui doit faire équilibre à une résistance donnée, avec un levier dont on connaît la longueur des bras ; car trois des quatre quantités qui entrent dans cette formule étant données, on pourra toujours connaître la quatrième.

Les conditions d'équilibre connues, une faible augmentation dans la puissance rompra l'équilibre et produira le mouvement.

Supposons maintenant un levier du premier genre suspendu par son milieu, et portant à chacune de ses extrémités un poids égal. Si l'on augmente momentanément l'un des poids d'une faible quantité, l'équilibre sera troublé et l'extrémité la plus chargée s'abaissera ; mais, la cause du trouble cessant, l'équilibre se rétablira et le levier reprendra sa position horizontale. Le levier oscillera donc sur son point d'appui, et ses extrémités décriront des arcs de cercle égaux, puisque les rayons A P et A R sont égaux.

Il n'en sera pas de même si on diminue le bras A P de la moitié de sa longueur par exemple, et qu'on remplace la force P par une autre P' double de la première.

Le levier sera encore en équilibre, mais une faible augmentation dans l'un des poids produira de nouvelles oscillations, dans lesquelles les arcs de cercle décrits seront entre eux comme leurs rayons ou comme les bras du levier.

Par suite, le point R parcourra un chemin double de celui parcouru par le point P′.

Ainsi, pour élever un poids de 1.000 kilogrammes à une hauteur de $0^m,01$, il suffirait de prendre un levier dont les bras seraient dans le rapport de 1 à 10, et de placer un peu plus de 100 kilogrammes à l'extrémité du grand bras, le poids de 1.000 kilogrammes étant à l'extrémité du petit. Mais ce poids de 100 kilogrammes devrait parcourir dix fois plus de chemin que l'obstacle à élever, et le travail serait le même des deux côtés $(1.000^k \times 0^m,01 = 100^k \times 0^m,10)$; on aurait gagné en force, mais on aurait perdu en temps dans la même proportion.

Ce que l'on vient de voir pour le levier du premier genre est aussi vrai pour les leviers des deux autres genres.

Fig. 12.

Dans le levier du second genre A P, les choses se passent exactement comme si le levier était prolongé d'une quantité A R′ = A R ; dès lors on rentre dans le cas d'un levier R′ P du premier genre, dont les bras seraient A P et A R′.

Il en est de même pour le levier du troisième genre, avec cette différence, pourtant, que la puissance est toujours située à l'extrémité d'un bras de levier moins long que celui à l'extrémité duquel se trouve la résistance. Dans ce levier, la puissance devra donc toujours être plus grande que la résistance à vaincre.

Fig. 13.

Les leviers peuvent être coudés, leur forme ou la manière dont ils sont disposés ne change en rien leur action. Les deux leviers représentés dans la figure 13 produisent les mêmes effets que s'ils étaient droits, les bras de levier sont toujours AP et AR. Nous admettons que les forces appliquées à l'extrémité des bras de levier sont toujours perpendiculaires à leur direction. S'il en était autrement, il ne faudrait tenir compte que de la composante perpendiculaire aux bras du levier.

Les romaines, les balances, etc., sont des applications du levier du premier genre.

Les avirons, le gouvernail, une porte, un soufflet, un casse-noisette sont des applications du levier du second genre.

Le levier du troisième genre est employé le moins souvent possible, mais on ne peut pas toujours l'éviter.

Treuil et cabestan.
Fig. 14.

529. Le tour ou treuil est, comme nous l'avons dit plus haut, une application du levier. Cette machine se compose d'un cylindre A, terminé à ses deux extrémités par un tourillon B et C reposant sur des coussinets fixes. Le cylindre, qui n'est appuyé que sur ses tourillons, peut tourner autour de son axe. Le mouvement est donné soit au moyen de barres E, H, soit au moyen d'une manivelle K. Une corde, dont un des bouts est fixé au cylindre, est attachée, par son autre extrémité, sur le poids à soulever.

Il est facile de comprendre que cette machine est un levier du premier genre, dont un des bras est la longueur des barres ou celle de la manivelle, et dont l'autre est le rayon du cylindre du treuil.

Le cabestan employé sur les navires pour transmettre les forces réunies d'une grande masse d'hommes n'est qu'un treuil vertical : la mèche est l'axe ; la cloche, le cylindre. Le grand bras du levier est la longueur des barres, comptées à partir de l'axe du cabestan ; le petit bras est le rayon du cabestan à l'endroit où se garnit le câble ou la chaîne.

Quelquefois, dans le treuil, les barres sont remplacées par une grande roue à chevilles ou par un tambour dans lequel des hommes montent pour faire tourner le treuil. Ces dispositions ne changent en rien le principe sur lequel repose la machine, ce n'est toujours qu'un levier, et il est facile de calculer ce que l'on gagne en force et, par suite, ce que l'on perd en temps.

POULIE.

550. La poulie est un disque circulaire, en bois ou en métal, nommé rouet, portant sur tout son contour une rainure appelée gorge ; elle peut tourner librement autour d'un axe qui traverse son milieu ou qui lui est fixé. Dans le premier cas, l'axe est fixé à une chape B ; dans le second, l'axe tourne dans deux ouvertures pratiquées dans la chape.

Dans la gorge de la poulie passe une corde ou une chaîne C, au moyen de laquelle la puissance agit sur la résistance ; comme dans toutes les machines, les parties flottantes doivent être graissées avec soin pour diminuer, autant que possible, les résistances passives.

La poulie est fixe, si sa chape reste attachée au même point ; elle est mobile, quand cette chape peut monter ou descendre.

551. Dans la poulie fixe, une corde flexible, étant passée dans la gorge, embrasse une portion de la circonférence ABC, et la puissance s'applique à l'une de ses extrémités tandis que la résistance est appliquée à l'autre. Il en résulte que les forces agissent suivant les tangentes aux points H et C, et les rayons AO et OC, menés à ces points, peuvent être considérés comme deux bras de levier égaux. Il ne peut donc y avoir équilibre que si la puissance et la résistance sont égales. La résultante des deux forces passe par le centre de la poulie, et partage en deux l'angle formé par les directions des deux forces ; cette résultante est détruite par la résistance du point fixe auquel est attachée la chape de la poulie ; et, si les deux forces sont parallèles, la charge du point fixe et celle de la poulie sont égales à la somme de ces forces.

C'est au moyen de la poulie fixe qu'on change la direction d'une force sans en altérer sensiblement l'intensité.

Dans la poulie mobile, la corde est attachée, par une de ses extrémités, à un point fixe A ; à l'autre extrémité est appliquée la puissance B ; la résistance P à vaincre, ou le poids à soulever, est suspendu à la chape. Le point fixe A supporte un effort égal à la force appliquée en B, et il y aura équilibre si la force B est égale à la moitié du poids P à soulever, les cordes supposées parallèles.

Les conditions d'équilibre étant trouvées, une faible augmentation dans la puissance déterminera le mouvement de la machine.

Il semblerait qu'au moyen de la poulie un homme pourrait lever un poids double de celui qu'il lèverait sans le secours de cette machine, puisqu'il ne doit produire qu'un effort très-peu supérieur à la moitié du poids de ce corps ; mais il faut considérer que, pour lever ce poids à un mètre de hauteur, il doit tirer à lui deux mètres de la corde ; par suite, il perd en temps ce qu'il gagne en force, sans compter les résistances produites par la roideur de la corde et le frottement de l'axe de la poulie.

532. La réunion de plusieurs poulies sur une même chape sert à la composition des moufles ; ces poulies tournent ordinairement autour du même axe ; mais chacune d'elles a un mouvement indépendant. Les moufles se composent de deux séries de poulies, une supérieure, l'autre inférieure ; la première s'attache ordinairement au point fixe, la seconde à la résistance à vaincre.

Si le nombre des poulies est le même en haut et en bas, la corde s'attache, par une de ses extrémités, à la chape supérieure ; de là elle descend passer dans la gorge d'une des poulies inférieures ; puis elle remonte pour passer dans la gorge d'une des poulies supérieures et descend de nouveau passer dans la gorge d'une des poulies inférieures ; et ainsi de suite, jusqu'à ce que la corde ait embrassé les gorges de toutes les poulies : elle se détache alors de la dernière poulie supérieure. Si la partie inférieure de la moufle avait une poulie de moins que la partie supérieure, la corde aurait été attachée à la chape inférieure, puis elle aurait passé dans la gorge d'une des poulies supérieures, pour revenir dans la gorge d'une poulie inférieure et continuer comme nous l'avons dit plus haut

La corde, dans toute sa longueur, a la même tension, puisque les cordons qui se détachent d'une poulie sont toujours également tendus.

Ainsi, si la moufle a six cordons, on peut regarder la partie inférieure de cette moufle et le poids qu'elle soulève comme soutenus par six cordes parallèles et également tendues. Chacune de ces cordes ne supportera donc, en réalité, qne la sixième partie du poids suspendu à la moufle. La force de traction appliquée à l'extrémité libre de la corde qui détermine cette tension aura donc la même valeur, c'est-à-dire qu'elle sera six fois plus petite que le poids auquel elle fait équilibre. Ce que l'on vient de dire n'est vrai qu'au point de vue théorique, la résistance des cordes apportant une grande différence dans la pratique.

A l'aide des poulies comme à l'aide du levier, on peut, avec une force donnée, faire équilibre à une résistance aussi grande qu'on le voudra ; il suffit de diviser la résistance par la force dont on dispose. Le quotient sera le nombre des cordes de la moufle et, par suite, celui des poulies qui doivent la composer.

Poulie à deux gorges.
Fig. 19.

553. Quand une poulie a deux gorges dont les rayons sont, par exemple, comme un est à deux, un poids de 100 kilog. attaché au cordon B, qui passe dans la gorge dont le diamètre est le plus grand, fera équilibre à un poids de 200 kilog. fixé à l'extrémité du cordon A, qui passe dans l'autre gorge ; c'est, du reste, le cas d'un levier dont l'un des bras est double de l'autre.

PLAN INCLINÉ.

554. Un plan incliné est celui qui occupe une position intermédiaire entre le plan horizontal et le plan vertical. Cette machine est souvent employée comme transformation de mouvement ; on élève ainsi, en les faisant glisser ou rouler sur des planchers ou sur des poutres inclinées, des fardeaux qui auraient demandé des forces trop considérables pour être soulevés directement.

555. Soit un plan incliné A B C D reposant, par une de ses extrémités B C, sur un plan horizontal O P Q R, et appuyant sur un plan vertical A S T D perpendiculaire à B C. Si l'on suppose un quatrième plan M N K, vertical et perpendiculaire à la base B C, les lignes M N, N K et K M seront les intersections des trois plans avec le quatrième, et ces intersections formeront un triangle rectangle M N K, dans lequel M K est la hauteur du plan incliné, M N sa longueur, K N sa base et l'angle M N K son angle d'inclinaison. On voit encore, dans cette machine, que, si, au lieu de faire monter un poids de K en M, on lui fait suivre M N, on aura pu gagner en force, mais on aura perdu en temps, car l'hypoténuse M N est plus longue que le côté de l'angle droit M K.

Supposons le plan incliné A B, sur lequel un poids P tend à glisser, et voyons quelle serait la force qu'il faudrait faire pour le maintenir en repos; E F représente en longueur le poids du corps P. Si le plan était horizontal, le poids du corps serait détruit par la résistance du plan; si le plan était vertical, le corps tomberait avec tout son poids. L'énergie du corps pour glisser sera donc d'autant plus grande que le plan incliné se rapprochera plus de la position verticale, ou que son angle d'inclinaison sera plus grand, ou encore que sa hauteur A C sera plus grande.

Dans tous les cas, la force E K peut se décomposer en deux autres, une parallèle au plan A B et l'autre perpendiculaire à ce plan; il suffit, pour cela, de construire le parallélogramme E H K G. La composante H K sera évidemment détruite par la résistance du plan incliné ; il ne restera donc plus que la composante G K qui représentera la force nécessaire pour maintenir le corps P en équilibre.

Si l'on considère les triangles A B G et E K G, qui sont rectangles et semblables, on aura la proportion :

$$\text{G K} : \text{E K} :: \text{A C} : \text{A B.}$$

Il s'ensuit que la force à produire, parallèle au plan incliné, est, au poids du corps qui tend à glisser, comme la longueur du plan incliné est à sa hauteur.

Si la force dont on dispose est horizontale, on forme encore le parallélogramme E H K G; mais E H et G K sont parallèles à l'horizontale C B, et les deux lignes H K et E G perpendiculaires au plan incliné. Les deux triangles semblables A C B et E K G donnent la proportion :

$$\text{G K} : \text{K E} :: \text{A C} : \text{C B;}$$

Relations entre la puissance et la résistance.
Fig. 20.
Fig. 21.
Fig. 22.

Ou la force à produire horizontalement, pour maintenir le corps en équilibre, est, au poids du corps, comme la hauteur du plan incliné est à sa base.

De ce qui précède on déduit que, si la force est parallèle au plan incliné, on gagne toujours quelque chose avec cette machine; mais, si la force est horizontale, on perd dès que la hauteur est plus grande que la base, ce qui arrive quand l'inclinaison dépasse un demi-angle droit ou 45 degrés.

Ainsi donc, connaissant la force qui fait équilibre à celle qui tend à faire glisser un corps sur un plan dont l'angle d'inclinaison est donné; connaissant, d'un autre côté, le frottement du corps sur le plan, il sera toujours facile de déterminer l'intensité de la force à produire pour faire monter le corps sur le plan incliné avec une vitesse donnée.

Coin.
Fig. 23.

536. Le coin A B C peut être considéré comme la réunion de deux plans inclinés A D C et B D C accolés par la base, et dont les deux hauteurs réunies forment la partie postérieure ou la tête du coin.

Or, d'après ce que nous avons vu plus haut, dans le cas d'une force horizontale, ou, ce qui est la même chose, dans le cas d'une force poussant un plan incliné, la force à produire est, à la résistance à vaincre, comme la base du plan incliné est à sa hauteur. Ainsi, en supposant la tête du coin A B égale à $0^m,05$ et la longueur ou la base C D égale à $0^m,25$, la puissance sera, à la résistance, comme $0^m,25$ est à $0^m,05$ ou comme 5 est à 1; c'est-à-dire qu'un effort de 1 kilogramme sur la tête du coin produira un effort de 5 kilogrammes, cinq fois plus grand que si cette force agissait sans le secours du coin.

On peut déduire, de ce qui précède, qu'un coin sera d'autant plus favorable qu'il sera plus long, par rapport à la hauteur de sa tête.

Le coin a de nombreuses applications dans l'industrie; il sert à diviser les matières solides et surtout les bois; tous les instruments tranchants et piquants sont des coins, les clavettes employées dans les machines à vapeur sont aussi des coins.

Vis.

537. La vis n'est aussi qu'une modification du plan incliné; c'est un cylindre droit, à la surface duquel se trouve creusé un sillon de section habituellement carrée ou triangulaire. Les différentes révolutions des sillons laissent entre elles une partie saillante, à section carrée ou triangulaire, et qui semble avoir été enroulée suivant une hélice sur le cylindre passant au fond de la gorge. Ce dernier cylindre porte le nom de noyau, et la partie saillante du noyau se nomme le filet. L'écartement compris entre chaque révolution de l'hélice, mesuré sur l'axe du cylindre, se nomme le pas de la vis.

La vis est complétée par son écrou, dont l'intérieur présente une rainure en tout semblable au filet de la vis.

Tantôt la vis est fixe et l'écrou mobile, tantôt la vis est mobile et l'écrou fixe; dans l'un et l'autre cas, la partie mobile reçoit le mouvement au moyen d'un levier, et la force que l'on exerce est d'autant plus grande que ce levier est plus long.

Pour bien comprendre que la vis n'est qu'un plan incliné, il suffit de savoir comment se trace un filet d'hélice. Soient A B C D le cylindre et A E C un triangle rectangle dans lequel la hauteur A C est le pas de la vis ou celui de l'hélice formant le filet, et C E, l'autre côté de l'angle droit, la circonférence du cylindre-noyau ou la base. Si l'on enroule ce triangle sur le cylindre A C D B, de manière que la base C E se confonde avec la circonférence du bas du cylindre, l'hypoténuse A E formera sur la surface courbe du cylindre une ligne courbe continue nommée hélice. Or cette hélice est précisément le filet de la vis; par suite, on voit clairement que ce filet n'est qu'un plan incliné ayant même inclinaison et même longueur que A E. Ainsi donc, la hauteur du plan incliné d'une vis est le pas de cette vis, et sa longueur est la circonférence développée de la base du cylindre servant de noyau.

Fig. 21.

DU KILOGRAMMÈTRE. DU CHEVAL-VAPEUR.

538. Nous avons vu, dans l'introduction, que, pour connaître la quantité de travail produite par une machine quelconque, il fallait considérer trois choses : la masse soulevée exprimée par son poids, l'espace qu'elle a parcouru et le temps employé à le faire. On a dû aussi adopter une unité de travail qui permette de comparer entre elles toutes les machines.

Kilogrammètre
ou unité dynamique.

Cette unité de travail, nommée unité dynamique ou kilogrammètre, est le travail dépensé pour élever un kilogramme à un mètre de hauteur en une seconde : il s'écrit (dans les formules) en mettant, un peu au-dessus et à droite du nombre qui exprime le travail, les lettres [k. m.]

Ainsi une machine de 500 kilogrammètres peut élever 500 kilogrammes à 1 mètre de hauteur en une seconde; elle pourrait aussi élever 1 kilogramme à 500 mètres en une seconde, car le travail nécessaire pour produire ce résultat serait exprimé par 500 kilogrammètres, force supposée de la machine.

Cheval-vapeur.

Le kilogrammètre, applicable à toutes les machines faibles en force, rentre dans notre système décimal ; cependant la première idée avait été de comparer la force d'une machine à vapeur à celle du cheval et, par suite, de prendre pour unité de travail dynamique cette force animale représentée par 33.000 livres anglaises élevées à 1 pied par minute.

Cette unité, nommée cheval-vapeur, adoptée par les Anglais, est aussi admise par nous; traduite en mesure française, elle équivaut à 75 kilogrammes élevés à 1 mètre en une seconde ou à 75 kilogrammètres.

Ainsi, pour connaître la force en kilogrammètres d'une machine à vapeur exprimée en chevaux-vapeur, il faudra multiplier le nombre de chevaux-vapeur qu'elle développe par 75 ; réciproquement, pour avoir en chevaux-vapeur la force d'une machine exprimée en kilogrammètres, on divisera le nombre de kilogrammètres qu'elle développe par 75°. Dans le premier cas, le produit donnera le nombre de kilogrammètres de la machine; dans le deuxième, le quotient donnera le nombre de chevaux-vapeur qu'elle développe.

Depuis quelque temps, dans les marchés passés pour les machines à vapeur, on se base sur une valeur du cheval-vapeur, qui dépasse de beaucoup aujourd'hui les 75 kilogrammètres qu'il représentait dans le principe.

TRANSFORMATIONS DES MOUVEMENTS.

539. Si nous considérons le mouvement d'après sa forme et sa direction, sans avoir égard à sa vitesse , nous verrons qu'il ne peut être que continu ou alternatif, rectiligne, circulaire ou suivant une courbe donnée. Ces cinq espèces de mouvements peuvent se combiner deux à deux de quinze manières différentes, et même de vingt et une, si l'on combine chacun des mouvements avec lui-même.

Les machines n'ont pour but que de changer ou de communiquer un ou plusieurs de ces vingt et un mouvements, qui sont compris dans le tableau suivant, dressé par MM. Lany et Bétancourt.

TABLEAU DES TRANSMISSIONS DE MOUVEMENT.

1° Le mouvement rectiligne continu peut être changé en

Rectiligne...............	{ Continu............	1
	{ Alternatif..........	2
Circulaire...............	{ Continu............	3
	{ Alternatif..........	4
D'après une courbe donnée....	{ Continu............	5
	{ Alternatif..........	6

2° Le mouvement circulaire continu peut être changé en

Rectiligne...............	Alternatif..........	7
Circulaire...............	{ Continu............	8
	{ Alternatif..........	9
D'après une courbe donnée....	{ Continu............	10
	{ Alternatif..........	11

3° Le mouvement continu d'après une courbe donnée peut être changé en

Rectiligne...............	Alternatif..........	12
Circulaire...............	Alternatif..........	13
D'après une courbe donnée....	{ Continu............	14
	{ Alternatif..........	15

4° Le mouvement rectiligne alternatif peut être changé en

Rectiligne...............	Alternatif..........	16
Circulaire...............	Alternatif..........	17
D'après une courbe donnée....	Alternatif..........	18

5° Le mouvement circulaire alternatif peut être changé en

Circulaire...............	Alternatif..........	19
D'après une courbe donnée....	Alternatif..........	20

6° Le mouvement alternatif d'après une courbe donnée peut être changé en

D'après une courbe donnée....	Alternatif..........	21

Chacune de ces combinaisons a sa réciproque; ainsi le mouvement rectiligne continu peut être changé en circulaire alternatif, et réciproquement le mouvement circulaire alternatif peut être changé en rectiligne continu. En écartant les doubles emplois on trouve quinze nouvelles combinaisons, de sorte que le nombre total est de trente-six.

Nous allons examiner les plus simples et les plus usitées dans les machines à vapeur.

Changer un mouvement rectiligne continu en un autre mouvement rectiligne continu.
Fig. 25.

540. La poulie donne le moyen le plus simple de changer le mouvement rectiligne continu en un autre mouvement rectiligne continu, quand ces deux mouvements sont dans le même plan. Si les mouvements sont produits par des cordes, les poulies portent des gorges pour les recevoir ; si ce sont des courroies au lieu de cordes, les poulies sont remplacées par des roues bombées sur le milieu de leur pourtour : de cette manière le rayon le plus grand se trouve au milieu et appelle sans cesse la courroie, qui se maintient ainsi sur la roue, qui est ordinairement en fonte.

Aux cordes et aux courroies on substitue parfois des chaînes qui sont de différentes espèces et qui exigent, pour les poulies ou les roues qui doivent les recevoir, des dispositions particulières dont nous allons parler.

Chaînes ordinaires.

Quand la chaîne se compose de maillons oblongs, bagués les uns dans les autres, deux maillons consécutifs ont leurs plans à angles droits ; on donne alors à la poulie sur laquelle doit passer la chaîne la forme d'un cylindre droit, entaillé circulairement en son milieu pour recevoir les maillons qui se présentent dans un plan perpendiculaire à l'axe de rotation. Souvent le tour de la poulie porte un cercle barbotin, composé de creux ayant la forme des maillons dont les plans sont parallèles à l'axe de rotation ; dans ce dernier cas encore, les maillons dont les plans sont perpendiculaires à l'axe de rotation sont reçus dans une entaille circulaire.

Chaînes à la Vaucanson.
Fig. 26.

On se sert beaucoup, dans les machines, de chaînes dites à la Vaucanson et disposées de la manière suivante :

Les plaques qui composent cette chaîne se terminent, à chaque extrémité, par un demi-cercle dont le centre est percé d'un trou qui doit recevoir un boulon ; les maillons sont formés alternativement d'une et de deux de ces plaques ; les boulons, passant dans les œils dont il a été question plus haut, maintiennent toutes ces plaques qui forment les maillons de la chaîne. Quand on emploie ces chaînes, elles s'enroulent de champ sur les poulies qui doivent les recevoir.

Mais les deux mouvements rectilignes peuvent ne pas être dans le même plan ; alors une seule poulie ne suffit plus, il faut deux poulies, et leurs chapes doivent leur permettre d'obéir à la direction voulue par chaque corde ou chaque chaîne ; la fig. 27 montre cette disposition.

Au moyen de deux coins, on peut changer un mouvement rectiligne en un autre rectiligne perpendiculaire au premier. Soient les deux coins A et B superposés l'un à l'autre ; les faces opposées à celles en contact sont parallèles. Le coin inférieur A ne peut recevoir qu'un mouvement de droite à gauche, maintenu qu'il est, en avant et en arrière, par les guides C et D. Le coin supérieur B ne peut, au contraire, que monter ou descendre ; il est retenu, dans tous les autres sens, par des brides qui entourent les guides C et D. Si donc on donne un mouvement horizontal au coin A, ce mouvement est transformé, pour le coin B, en un mouvement également rectiligne, mais vertical, par suite perpendiculaire au premier.

On peut encore comprendre, dans cette série de changements de mouvements, les organes mécaniques, au moyen desquels on maintient un ou plusieurs points en mouvement dans une direction constamment parallèle à une droite donnée. Les instruments de mathématique représentés par la fig. 29 sont basés sur ce changement de mouvement ; ils servent, dans le dessin des machines, au tracé des parallèles. Ils sont composés de règles mobiles réunies par des traverses qui peuvent tourner autour de leurs points fixes, mais en conservant toujours leur parallélisme.

Le chariot d'une machine à raboter, astreint à suivre les glissières qui guident son mouvement, est une application de ce changement de mouvement ; il en est de même des mull-jennys employés à la filature du coton. A est le chariot qui porte les fuseaux ; B représente deux poulies superposées et ayant le même axe de rotation ; il en est de même de C. Deux cordes D et E, tendues également et fixées parallèlement au mouvement que doit prendre le chariot, s'enroulent comme l'indique la figure. De cette manière, en avançant ou en reculant, le chariot conserve exactement son parallélisme.

541. Pour changer un mouvement rectiligne continu en un autre circulaire continu, et réciproquement, on emploie le treuil, le cabestan, la poulie, la vis tournant dans son écrou, etc. La vis différentielle de M. de Prony sert à transformer un mouvement circulaire combiné en un autre rectiligne continu, ayant une vitesse aussi petite qu'on peut le désirer. Ce résultat est obtenu de la manière suivante : le treuil A porte, aux deux extrémités, des vis ayant des pas égaux ; au milieu est une troisième vis dont le pas diffère de celui des deux autres d'une quantité très-petite. Les deux vis extrêmes tournent dans des écrous fixes qui font partie des montants du treuil ; la vis du milieu porte aussi un écrou, mais ce dernier est mobile et forcé de suivre une glissière pratiquée dans la traverse qui porte les montants du treuil. De cette disposition il résulte que, si l'on fait tourner le treuil, il s'avancera ou se reculera, pour chaque tour, d'une quantité égale au pas des vis extrêmes, tandis que l'écrou du milieu ne s'avancera ou ne se reculera, à chaque tour, que d'une quantité seulement égale à la différence qui existe entre le pas de sa vis et celui des vis extrêmes.

542. Le jeu d'une pompe ordinaire offre la solution de la réciproque de ce problème. La main, appliquée à l'extrémité du levier, y prend un mouvement circulaire alternatif, tandis que l'eau, montant dans le corps de pompe, a un mouvement rectiligne continu.

La figure 32 donne une manière ingénieuse d'opérer encore la réciproque. A est une double crémaillère mobile dans le sens vertical seulement ; B est un levier double dont le point de suspension est sur un tourillon C fixe, mais traversant une rainure ménagée dans la crémaillère. Deux petits leviers à crochets D D, mobiles autour de leur point d'attache sur le levier double B, se croisent et viennent prendre, par leur extrémité libre, les dents des crémaillères. En donnant au levier double un mouvement circulaire alternatif, la double crémaillère monte d'un mouvement rectiligne continu.

543. Un des moyens le plus simple et le plus souvent employé dans les machines à vapeur, pour transformer le mouvement circulaire continu en un mouvement rectiligne alternatif, et réciproquement, consiste à placer, à l'extrémité A d'un arbre tournant, une manivelle A B ; à relier l'extrémité B de cette manivelle à une tringle B C, nommée bielle, qui elle-même est liée avec une tringle retenue entre deux guides E et G.

Si l'on donne un mouvement circulaire continu à l'arbre A, ce mouvement se transforme en un mouvement rectiligne alternatif pour la tringle C D.

La bielle B C doit nécessairement être plus longue que la manivelle A B, comptée du centre de l'arbre qui lui donne le mouvement au centre du bouton qui la rattache à la manivelle.

Sans cette condition le mouvement ne pourrait se continuer, puisqu'il arrive un moment où la manivelle est recouverte par la bielle. Le chemin total parcouru par la tringle C D est évidemment égal au double de la longueur de la manivelle A B.

Ce que nous venons de dire est indépendant des dimensions du bouton B de la manivelle, qui peut avoir un diamètre plus grand que celui de l'arbre ; la longueur de la manivelle sera toujours mesurée par la distance qui sépare le centre de l'arbre A de celui B du bouton de la manivelle. Lorsque, tout en conservant le même centre, le bouton de la manivelle augmente jusqu'à envelopper à la fois l'arbre et la manivelle qui fait corps avec lui, l'appareil porte le nom d'excentrique. L'excentrique, comparé à la manivelle, présente l'avantage de pouvoir s'établir sur le milieu d'un arbre, sans interrompre sa direction ; par suite, sans mettre dans l'obligation de le couper.

Toute courbe excentrique à un arbre qui l'entoure est propre à opérer le changement de mouvement circulaire continu en rectiligne alternatif. Il peut être nécessaire de tracer un excentrique de manière à obtenir tel rapport que l'on veut entre la vitesse de l'arbre et celle de la tringle qui doit recevoir un mouvement rectiligne alternatif ; il faut donc savoir comment agir dans une telle circonstance ; ce que nous allons dire pour le tracé de la courbe dite de Vaucanson s'applique à toutes les autres et pourra servir de guide. Le mouvement de la tringle T dans ses guides doit être uniforme et sa course doit être égale à A B. Du centre O de l'arbre, avec un rayon égal à celui de cet arbre augmenté de la course A B de la tringle, on décrit la circonférence B D G C'. On partage la course A B en un certain nombre de parties égales, en quatre par exemple, et la circonférence B D G C' en un nombre double de parties égales. Faisant passer des rayons par les points de division C, D, E, G, E', D', C', ces rayons indiqueront les positions respectives de l'arbre et de la tringle. Ainsi, quand cette dernière aura monté au point marqué 1, le point A de l'arbre sera arrivé sur le rayon O C ; quand la tringle sera au point 2, le point A de l'arbre sera sur le rayon O D, et ainsi de suite. Ceci bien compris, le tracé de la courbe qui doit donner le mouvement à la tringle est on ne peut plus simple ; il suffit de porter la distance 0 1 sur les deux rayons O C et O C', la distance O 2 sur O D et O D', la distance O 3 sur O E et O E', et la distance O B sur O B'. Par tous les points ainsi obtenus sur les rayons, faire passer une courbe continue, qui est celle cherchée. Cette courbe d'excentrique, qu'on attribue à Vaucanson, jouit de cette propriété précieuse pour une machine, que, si la résistance appliquée à la tringle est constante, il en est de même du moment de la puissance appliquée à la manivelle de l'arbre.

Le changement de mouvement, sur lequel nous venons de nous étendre assez longuement, est celui employé généralement pour donner le mouvement à l'organe de distribution de la vapeur dans le cylindre d'une machine.

Roues à cames. Fig. 35.

Les cames, qui sont souvent placées sur une roue, ne sont, par le fait, que des excentriques dont l'action est intermittente. Supposons qu'une tige T, glissant entre des guides, porte un mentonnet M fixé entre les deux guides ; d'un autre côté, qu'un arbre A tourne en entraînant avec lui des cames O. Si ces cames viennent rencontrer le mentonnet M, la tige T sera levée et ensuite abandonnée à son poids. Plus l'arbre portera de cames et plus la tige T sera soulevée de fois pendant une révolution de cet arbre ; ainsi le mouvement circulaire continu est changé en un mouvement rectiligne alternatif pour la tige. Le tracé des cames, dont nous venons de parler, rentre dans celui des engrenages dont nous nous occuperons plus loin.

Pour éviter la pression de la tige T contre les guides, on dispose le mentonnet comme l'indique le n° 2 de la fig. 35. Pour éviter les chocs, on donne une plus grande étendue au mentonnet M (n° 3) ; il doit être tangent à l'arbre, à la naissance des cames.

Fig. 36.

On obtient une course plus grande pour la tringle à mouvoir, en employant des crémaillères et des roues ne portant des dents que dans une partie de leur circonférence ; mais, dans ce système, les deux premières dents qui se mettent en prise ont toujours un grand effort à supporter et cèdent souvent sous cet effort.

Fig. 37.

Une roue est mobile autour de l'axe A, et reçoit son mouvement circulaire continu de la manivelle A B. Cette roue porte, vers sa circonférence, une cheville C qui s'engage dans une glissière D D fixée perpendiculairement à la direction d'une tringle E retenue entre des guides. En faisant mouvoir la roue, le mouvement circulaire continu de cette roue est changé, pour la tringle, en un mouvement rectiligne alternatif.

Fig. 33.

Le renvoi de mouvement donné dans la fig. 33 sert aussi à transformer un mouvement rectiligne alternatif en un autre circulaire continu. Dans ce cas, la tringle C D reçoit le mouvement, le transmet à la manivelle A B, qui le communique à l'arbre A. En examinant ce renvoi de mouvement, si commun dans les machines à vapeur, car c'est lui qui est généralement employé pour changer le mouvement rectiligne alternatif du piston en un mouvement circulaire continu pour l'arbre moteur, nous voyons d'abord que, quand la bielle et la manivelle sont dans la même direction, soit qu'elles se recouvrent, soit qu'elles soient placées l'une au bout de l'autre, la force qui tend à faire tourner l'arbre est nulle ; cet arbre est seulement ou poussé ou tiré. Ces deux points sont appelés les points morts de la manivelle ; on ne peut les franchir qu'au moyen d'un volant qui continue son mouvement en vertu de la vitesse acquise. Quand on ne peut pas mettre de volant, il faut, comme à bord de nos navires de guerre, mettre plusieurs machines dont les manivelles placées sur un arbre commun font entre elles un angle droit.

Or donc, alors que la bielle et la manivelle sont en ligne droite, la force qui agit sur la tringle n'est pas utilisée pour faire mouvoir l'arbre ; mais, à mesure que la manivelle se rapproche de la position perpendiculaire à celle de la tringle, son bras de levier augmente et une plus grande partie de la force est utilisée. Le minimum d'effet est aux points morts le maximum, quand la manivelle est perpendiculaire à la direction de la tringle. D'un autre côté, la force transmise par la bielle peut se décomposer en deux, l'une perpendiculaire à la direction de la tringle C D, et l'autre dans le sens de la bielle. Cette dernière sera d'autant plus grande que l'angle que font la bielle et la direction de la tringle sera plus petit ; il faut donc donner la plus grande longueur possible à la bielle. Une autre raison pour agir ainsi, c'est que l'autre composante, celle qui fait forcer la tringle sur ses guides, diminue dans la même proportion ; il s'ensuit que le frottement est aussi diminué.

La disposition représentée par la fig. 37 est souvent employée pour transformer le mouvement rectiligne alternatif de la tige du piston d'un petit cheval en un mouvement circulaire continu donné au volant qui doit faire franchir les points morts.

544. Les engrenages, les courroies et les chaînes, qui transmettent le mouvement de l'arbre principal d'une machine aux arbres et aux roues secondaires, offrent des exemples fréquents de la transformation d'un mouvement circulaire continu en un autre mouvement circulaire continu.

Fig. 37.

Changer un mouvement circulaire continu en un autre mouvement circulaire continu.

Fig. 38.

Une courroie sans fin entourant deux roues A et B, qui peuvent tourner autour de leur axe, transmet le mouvement de rotation de l'une à l'autre; si les diamètres des roues sont égaux, la vitesse de ces roues est la même; mais il faut que le frottement produit par la tension de la courroie soit assez grand. Pour augmenter les points de contact des roues et des courroies, on croise parfois ces dernières; mais alors les roues ont des mouvements de rotation en sens contraires.

Fig. 38 2.

Si la tension des courroies était trop faible, il en serait de même de leur frottement, et l'une des roues n'entraînerait pas l'autre, il y aurait alors glissement; si cette tension était trop grande, il en résulterait nécessairement une trop grande pression des tourillons des roues sur les coussinets. D'un autre côté, presque toutes les courroies employées sont susceptibles d'augmenter de longueur; il faut donc pouvoir leur donner la tension voulue. On y parvient de deux manières :

1° En écartant les axes des roues sur lesquelles elles passent ; pour cela, des vis permettent de faire marcher, dans un sens ou dans un autre, les boîtes qui portent les coussinets. Mais ce moyen n'est pas toujours possible, parce que, dans beaucoup de machines, les relations nécessaires des différents organes entre eux seraient troublées par ce dérangement.

Fig. 38 3.

2° Au moyen d'un rouleau de tension C, qui appuie, avec une force constante et connue d'avance, sur la courroie; ce procédé, bien supérieur au premier, a l'avantage immense de donner une tension constante, un frottement uniforme et, par suite, un travail régulier.

Les courroies sont souvent remplacées par des cordes et même des chaînes; pour augmenter le frottement des premières, on leur fait faire parfois un ou plusieurs tours complets sur les poulies. Quant aux chaînes, les poulies qui doivent les recevoir sont disposées comme nous l'avons dit au n° 540.

Le simple contact de roues tangentes suffit pour qu'il y ait transmission du mouvement de rotation de l'une à l'autre, mais il faut que la pression qu'elles exercent l'une sur l'autre et, par suite, le frottement des parties en contact soient assez considérables pour qu'il n'y ait pas simplement glissement. Cette transmission de mouvement est employée dans certaines machines, mais alors on prend la précaution d'envelopper les roues d'une peau de buffle; par ce moyen les points de contact sont augmentés, et on évite le poli, qui est la suite naturelle du frottement de bois contre bois ou de métal contre métal.

La transmission du mouvement de rotation d'un axe à un autre axe, au moyen de roues en contact, peut présenter trois cas :

1° Les axes étant dans le même plan,

2° Les axes se rencontrant,

3° Les axes dans des plans différents.

Dans tous les cas, on connaît le rapport des vitesses des axes et, par suite, celles des roues qui doivent être montées dessus.

Occupons-nous successivement de chacun de ces trois cas. Soient A et A' les projections verticales de deux axes horizontaux. Puisque les deux roues doivent tourner sans se quitter et sans qu'il y ait glissement, elles devront rester tangentes; par suite, la somme de leurs rayons ne peut être ni plus grande ni plus petite que la distance A A' qui sépare les deux axes l'un de l'autre. Supposons le problème résolu et que les deux cercles A et A' représentent les roues de transmission de mouvement en contact au point C. Quand le point C, considéré comme appartenant à la roue A, est amené en C', ce point considéré comme appartenant à la roue A' se trouve en C", et l'arc CC' est égal à l'arc C C"; car les différentes parties de l'arc C C' se sont successivement superposées sur l'arc C C". Les vitesses de rotation des deux roues autour de leurs centres sont mesurées par les angles C A C' et C A' C", décrits dans le même temps; ces angles ont pour mesures les arcs sous-tendus divisés par les rayons :

$$\text{Arc } \frac{C C'}{\overline{A C}} \quad \text{et} \quad \text{arc } \frac{C C''}{\overline{A'C}};$$

le rapport des vitesses est donc exprimé par :

$$\frac{C C'}{\overline{A C}} : \frac{C C''}{\overline{A' C}} \quad \text{ou} \quad A C : A' C,$$

puisque nous avons dit que CC' égalait CC".

Les vitesses de rotation des deux roues sont donc en raison inverse de leurs rayons. Comme ce rapport est constant, on en conclut que le mouvement transmis à la deuxième roue est uniforme, si le mouvement de la première l'est lui-même.

On peut, comme on le voit, connaissant le rapport des vitesses des deux roues, trouver le rayon de ces roues; il suffit, en effet, de diviser la distance qui sépare les deux arcs A A' en deux parties inversement proportionnelles aux vitesses de ces axes.

Fig. 40.

Dans le second cas, les axes se rencontrent en S. Il est d'abord évident que les roues ne peuvent être que coniques, et la question se réduit à partager l'angle O S O', que font les deux axes entre eux, en deux parties formant le demi-angle au centre de chaque cône. Si le point C appartenait à la ligne de contact des deux cônes cherchés, les cercles décrits par ce point C sur la surface de chacun des cônes auraient encore leurs rayons, ou les distances aux axes de rotation, inversement proportionnels aux vitesses des deux cônes servant de roues de transmission de mouvement. Par suite, pour déterminer la position de la ligne de contact S C des deux cônes, il suffit de mener, dans le plan des deux axes, des parallèles A B et D E distantes de ces axes de quantités qui soient en raison inverse de leurs vitesses angulaires, et l'intersection C de ces deux parallèles donnera un second point de la ligne cherchée.

Fig. 41.

Dans le troisième cas, on ne résout pas directement le problème de la transmission du mouvement. Les deux axes donnés étant A B et C D, on en prend un troisième E G, qui les rencontre l'un et l'autre ; et on cherche d'abord les cônes qui doivent transmettre le mouvement de l'axe A B à l'axe E G, puis les deux qui doivent transmettre le mouvement de l'axe E G à l'axe C D. Dans ce cas, l'axe intermédiaire porte deux cônes ayant une base commune.

Mais le simple contact des roues, outre qu'il donne lieu à une prompte usure des parties frottantes, devient tout à fait insuffisant quand on a à vaincre des résistances qui peuvent devenir supérieures au frottement; il n'y a plus alors que glissement. Il faut donc recourir à des moyens plus efficaces pour transmettre le mouvement de la première roue à la seconde, et ces moyens consistent à garnir chacune des roues de parties saillantes combinées avec des excavations, de sorte que les reliefs de l'une entrent dans les creux de l'autre.

Le plus souvent les parties saillantes sont des espèces de dents et les roues qui les portent sont des roues à engrenages, ou simplement des engrenages. La forme de ces dents n'est pas indifférente ; il faut qu'elles soient terminées par des surfaces courbes, telles que les dents de l'une des roues puissent conduire celles de l'autre roue d'une manière continue et avec le moins de frottement possible. (Voir le n° 547 pour le tracé des engrenages.)

Dans ces derniers temps, on a employé une sorte de roue qui peut tenir le milieu entre celles qui ne sont qu'en contact et celles qui portent des dents. Quand deux de ces roues doivent se transmettre un mouvement de rotation, l'une d'elles porte une gorge dont la section est un triangle équilatéral ; l'autre roue, au contraire, porte une couronne saillante ayant la même forme que la gorge, et devant pénétrer dedans ; on augmente ainsi les points de contact des deux roues. Ces roues, quand les résistances à vaincre ne sont pas très-considérables, donnent un travail très-régulier.

La vis engrenée avec une roue dentée donne aussi la possibilité de transformer un mouvement circulaire continu en un autre mouvement circulaire continu, alors que les deux axes de rotation sont perpendiculaires entre eux.

Lorsque les efforts à vaincre sont peu considérables, que les deux axes de rotation sont presque en ligne droite, et enfin quand on ne tient pas à une très-grande régularité dans le mouvement, on remplace les roues par le joint brisé ou universel représenté fig. 42. Pour user de ce moyen, les axes sont terminés par des mâchoires A et B, qui reçoivent les tourillons m, n, o, p d'un croisillon C à branches rectangulaires. Ce croisillon est parfois remplacé par une sphère métallique portant, aux extrémités de deux diamètres perpendiculaires entre eux, les tourillons dont nous avons parlé plus haut.

Joint universel. Fig. 42.

Dans la seconde partie des roues, nous reviendrons sur le joint universel, qui sert à lier entre eux l'arbre de la machine et celui qui porte l'hélice propulsive d'un navire. Avec ce moyen les dénivellations de l'arbre du propulseur ne sont pas supportées par la machine.

545. On change le mouvement circulaire continu en un mouvement circulaire alternatif au moyen d'une roue à cames qui viennent successivement rencontrer l'extrémité d'un levier. Ce moyen est très-souvent employé dans les ateliers pour faire marcher les martinets, les emporte-pièce, les cisailles, etc. La fig. 43 montre deux dispositions différentes : dans la première, le martinet est à l'extrémité d'un levier du premier genre ; dans la seconde, c'est un levier du second genre qui porte le martinet.

Changer un mouvement circulaire continu en un mouvement circulaire alternatif ou oscillant, et réciproquement. Fig. 43.

La fig. 44 représente le mécanisme connu sous le nom de levier à la garousse. Dans le n° 1 c'est un levier coudé A B C, mobile autour du point B, dont l'extrémité C vient pousser et tirer la tige D E. Cette tige est terminée par un pied-de-biche qui vient successivement prendre dans les dents de la roue R ; un linguet G, appelé déclic, échappe d'une ou plusieurs dents quand

Fig. 44.

la roue est mise en mouvement par le levier et la maintient pendant la reprise. On donne ainsi un mouvement circulaire alternatif à la queue du levier coudé, et ce mouvement se change en
un mouvement circulaire pour la roue. Le n° 2 montre une disposition préférable à la première, en ce que le mouvement de la
roue est continu. Le mouvement oscillant du balancier B communique un mouvement circulaire continu à la roue. Enfin le n° 3
est une des applications nombreuses du levier à la garousse; c'est
la roue à rochet et le levier d'un vireveau ou guindeau.

Fig. 45.

Pour changer le mouvement circulaire alternatif ou oscillant du
balancier A B d'une machine à vapeur en un mouvement circulaire continu à donner à l'arbre moteur M, le moyen le plus communément employé est une manivelle MN fixée sur l'arbre et reliée à l'extrémité du balancier A par une bielle A N.

Changer un mouve
ment circulaire al
ternatif en un mou
vement rectiligne
alternatif.
Fig. 46.

546. Au moyen de deux chaînes attachées, par leurs extrémités,
à deux tiges verticales, le mouvement circulaire alternatif du balancier AB, terminé par deux arcs de cercle, est transformé en un
mouvement rectiligne alternatif pour les tiges. Cet organe mécanique est souvent adapté aux pompes d'épuisement dans les mines.

Nous ne nous étendrons pas davantage sur les changements de
mouvements; ce que nous avons dit suffit pour faire deviner les
autres; nous engagerons seulement l'étudiant à se poser des problèmes de changements de mouvements et à s'efforcer de les résoudre; c'est le seul moyen de se familiariser avec toutes les
petites machines que l'on rencontre chaque jour.

ENGRENAGES.

547. Comme nous l'avons dit plus haut, les engrenages servent à transmettre le mouvement de rotation d'un axe à un autre
axe, dans un rapport constant connu d'avance. On détermine
d'abord deux cercles dont les rayons sont entre eux dans le rapport inverse de la vitesse de chaque roue ou, mieux, du nombre
de tours que doit faire chacune de ces roues dans le même temps.

Si nous désignons par

R le rayon de l'un des cercles,

R' le rayon de l'autre cercle,

n le nombre de tours que le cercle du rayon R' doit faire pour
un tour du cercle du rayon R, on aura

$$R = n R'.$$

Connaissant l'un des rayons, l'autre sera donc connu.

Si la distance des deux axes est donnée en la nommant D, on aura $D = R + R'$, remplacant R par sa valeur trouvée plus haut :

$$D = n R' + R' = R' (n + 1), \text{ d'où}$$

$$R' = \frac{D}{n + 1}$$

$$R = \frac{n D}{n + 1}$$

Ces formules donneront donc les valeurs des rayons des deux cercles en fonction de la distance des axes et du nombre de tours qu'ils doivent faire.

Cercle primitif.

Les cercles ainsi déterminés se nomment cercles primitifs ou proportionnels; ils servent de base au tracé.

L'*épaisseur des dents* se mesure sur la circonférence de ces cercles ;

Le *creux* est l'intervalle d'une dent à l'autre ;

La *largeur* d'une dent est sa dimension dans le sens de l'axe de rotation ;

La *face* d'une dent est la partie de cette dent en dehors du cercle primitif;

Le *flanc* d'une dent est la partie de cette dent en dedans du cercle primitif ;

Le *pas* d'un engrenage est la somme de l'épaisseur et du creux d'une dent.

D'après M. Morin, pour trouver l'effort qu'une dent doit supporter, il faut diviser le travail maximum que la roue doit transmettre par la vitesse de la circonférence de son cercle primitif.

L'épaisseur des dents dépendant évidemment de l'effort qu'elles doivent supporter et de la nature de la matière dont elles sont faites, les données suivantes sont fournies par l'expérience.

Une dent en fonte aura pour épaisseur un nombre de centimètres exprimé par les 105 millièmes de la racine carrée de l'effort qu'elle doit supporter.

Une dent en bronze ou en cuivre aura pour épaisseur les 131 millièmes de la racine carrée de cet effort, et une dent en bois dur les 145 millièmes de la même quantité.

Entre l'épaisseur et la longueur des dents on établit les relations suivantes :

Si la vitesse du cercle primitif ne dépasse pas 1^m,50, la longueur de la dent est égale à quatre fois son épaisseur ; si la vitesse du cercle primitif est plus grande que 1^m,50, la longueur est de cinq fois l'épaisseur ; enfin, si l'engrenage est exposé à être habituellement mouillé, on donne pour longueur six fois l'épaisseur.

La saillie de la dent sur la roue ne doit pas dépasser une fois et demie son épaisseur.

Le creux entre les dents est un peu plus grand que leur épaisseur : pour les roues retaillées et faites avec le plus grand soin, l'excès du creux sur l'épaisseur est de $\frac{1}{15}$; mais, pour les roues ordinaires, il faut mettre $\frac{1}{10}$ de l'épaisseur.

Par suite, le pas d'un engrenage sera égal à 2,10 ou 2.067 fois l'épaisseur de la dent qui le compose, selon la perfection de l'exécution.

M. Morin donne les formes suivantes pour avoir le nombre de dents de deux roues qui doivent s'engrener :

$$m = \frac{2\,\pi\,R}{a} = \frac{6,28\,R}{a} \text{ et } m' = \frac{m}{n}.$$

m est le nombre de dents de la roue dont le rayon du cercle primitif est R ;

m' le nombre de dents de la roue dont le rayon du cercle primitif est R';

n est le nombre de tours faits par les roues m' pendant que m fait un tour. Quand on obtient un nombre fractionnaire, ce qui arrive le plus souvent, on prend pour nombre de dents le nombre inférieur à celui trouvé par la formule, mais divisible par le rapport entre la vitesse des deux roues. Il en résulte une petite augmentation dans le pas et dans l'épaisseur des dents, ce qui n'a aucun inconvénient.

Pour une roue en fonte et à dents du même métal, l'épaisseur de l'anneau qui porte ces dents sera égale à la longueur des dents qu'il porte, souvent même il est renforcé par une nervure ; la hauteur de cet anneau, dans le sens du rayon de la roue, est ordinairement égale aux 2/3 de l'épaisseur des dents.

Quant au nombre de bras, il dépend du diamètre de la roue.

De 1^m,30 de diamètre et au-dessous, 4 bras.
De 1^m,30 à 2^m,50   —   6 bras.
De 2^m,50 à 5^m,000   —   8 bras.
De 5^m,000 à 7^m,000   —   10 bras.

TRACÉ PRATIQUE DES ENGRENAGES.

548. Déterminer d'abord le pas de l'engrenage et les rayons des cercles primitifs ; tracer ces cercles et diviser leur circonférence en autant de parties égales qu'ils doivent contenir de fois le pas. Marquer ensuite l'épaisseur de chaque dent.

Ainsi soient les deux cercles primitifs dont les centres sont en A et en B, C étant le point de tangence des deux cercles et les divisions des circonférences partant de ce point.

Supposons que D et D' soient les deux points des cercles primitifs qui marquent le pas de l'engrenage à partir du point de tangence C. Joindre le point D de la circonférence B au centre B ; le rayon D B coupe la circonférence, ayant C B pour diamètre, en ce point E. Joindre E et D' ; sur le milieu de E D' élever la perpendiculaire G H, qui coupe la circonférence A en un point K. La distance de K à D est le rayon du cercle qui va servir à tracer les faces de toutes les dents. Il suffit de prendre le centre de ce cercle à égales distances des points D et D' et de faire passer un arc de cercle par ces deux points. On agit pour toutes les dents comme pour celles dont nous venons de parler, le même rayon servant pour les deux faces des dents.

Limite de la longueur des dents. Du point A comme centre avec le rayon A D, décrire une circonférence qui limitera la longueur des dents de la roue A, de manière que l'une cesse de pousser quand la précédente arrive sur la ligne des centres A B.

Tracé du flanc. Le flanc des dents est donné par les rayons du cercle primitif A, qui vont aboutir à la naissance de la face de ces mêmes dents.

Dents du pignon. La plus petite des deux roues engrenées prend ordinairement le nom de pignon. Nous appellerons donc pignon la roue dont le centre est B et dont nous ne nous sommes pas encore occupé.

M et M' sont deux points pris sur les cercles primitifs à une distance de C égale au pas de l'engrenage. Mener le rayon A M qui coupe la circonférence décrite sur A C comme diamètre au point N. Joindre N et M' ; sur le milieu de cette ligne N M', élever la perpendiculaire O P, qui coupe la circonférence du cercle primitif en O. O M' est le rayon de l'arc de cercle, dont le centre, pris à égales distances des points M et M', forme la face des dents du pignon.

Du centre B, avec le rayon B M, décrire une circonférence qui limitera la longueur de toutes les dents du pignon, de manière qu'une de ces dents commence à être poussée par le flanc de celle de la roue, quand la précédente arrive à la ligne qui joint les centres.

Pour avoir la limite du creux des dents de la roue et du pignon, prendre le rayon A D du cercle qui limite les dents de la roue, le porter sur la ligne des centres de A en B ; augmenter ce rayon de quelques millimètres et prendre B Q pour rayon du cercle limitant le creux des dents du pignon. Pour limiter le creux des dents de la roue, augmenter de quelques millimètres le rayon B M du cercle qui limite les dents du pignon, le porter de B en R et prendre A R pour rayon du cercle que l'on cherche.

Enfin on adoucit par un petit raccordement curviligne le flanc et le fond des creux des dents; en agissant ainsi on n'a pas d'angles rentrants à vive arête, et l'on renforce les dents à leur naissance, point précisément où elles fatiguent le plus.

549. Soit C A B l'angle que forment les deux axes de rotation qu'il faut lier entre eux par des engrenages. En un point quelconque de ces deux axes, E et D par exemple, élever des perpendiculaires E G et D H qui soient entre elles en rapport inverse avec les nombres des tours des deux roues. Par les extrémités H et G de ces perpendiculaires mener deux parallèles aux axes C A et B A. Le point de rencontre I de ces deux parallèles est un des points de la ligne qui partage l'angle C A B en deux parties inversement proportionnelles aux vitesses des axes, et A I est cette ligne. Les cônes qui auraient pour génératrice cette ligne A I, tournant respectivement autour des axes A C et A B, rouleraient l'un sur l'autre en se transmettant des vitesses angulaires dans le rapport donné.

Ces cônes se nomment les cônes primitifs.

Tout ce que nous avons dit au sujet du tracé des engrenages plans se rapporte aux engrenages coniques. La longueur des dents se porte de I en Q sur la ligne I A, et l'on abaisse de Q des perpendiculaires Q L, Q N qui sont les rayons de deux nouveaux cercles primitifs, et c'est entre les cercles I K et Q L, I M et Q N qu'est comprise la denture.

Au point I, élever une perpendiculaire à I A qui va rencontrer les axes C A et B A aux points O et P. Regarder ces deux points comme les sommets des deux nouveaux cônes opposés par la base aux premiers et ayant mêmes axes qu'eux.

Développer ces nouveaux cônes; les cercles **I T V** et **I R S**, décrits avec les rayons **I O** et **I P**, sont les développements des bases des cônes et se touchent en **I**. Dès lors il suffit de regarder ces bases développées comme les cercles primitifs d'un engrenage plan, que l'on trace comme nous l'avons dit plus haut.

On répète les mêmes opérations pour les surfaces coniques dont les sommets sont en **X** et en **Y**.

Les deux tracés des dents de chacune des roues sont ensuite découpés sur une feuille de tôle mince, et on les présente, comme un gabarit, sur les surfaces planes des roues coniques. Les engrenages convenablement repérés et tracés à la pointe comme on vient de le dire, on a les profils des dents sur l'une et sur l'autre face des roues. Il suffit alors de tracer les lignes droites de l'un à l'autre des points homologues et d'enlever la matière qui est en dehors du tracé.

VITESSE DE ROTATION MAXIMUM

A DONNER A UNE ROUE DE FONTE SANS CRAINDRE SA RUPTURE

SOUS L'EFFORT DE LA FORCE CENTRIFUGE.

550. M. Mahistre pose la formule suivante :

« Si l'on divise le nombre 508,72 par le rayon moyen de la jante de la roue, on aura un nombre de tours par minute au-dessous duquel on pourra se tenir avec une entière sécurité. »

Cette règle fort simple convient aux roues en fonte, et par conséquent aussi à celles qui sont formées d'une matière plus résistante, telle que le fer.

Voir la table IX à la fin de cette partie.

MODIFICATEURS DU MOUVEMENT.

551. En mécanique, tous les organes qui ont pour objet, soit de suspendre instantanément et pendant un temps plus ou moins long une transmission de mouvement, soit de rendre ce mouvement de continu intermittent, soit de changer la direction du mouvement, soit enfin de faire varier les vitesses, sont désignés sous le nom de modificateurs du mouvement ou modificateurs instantanés.

On appelle plus particulièrement embrayage tout appareil qui fait cesser ou reprendre l'action mutuelle entre deux communications de mouvement.

Embrayage.

La figure 49 représente un des nombreux embrayages employés. Le manchon D est fixe sur l'arbre A. Sur l'arbre B, séparé de l'arbre A, mais placé dans son prolongement, est un autre arbre B qui porte un manchon E mobile, sous l'obligation de ne se transporter que parallèlement à lui-même. Sur les deux faces en regard les manchons portent des adents, placés de telle sorte que les parties saillantes de l'un correspondent aux parties creuses de l'autre, et réciproquement. Si, au moyen du levier F, qui reste engagé dans une rainure circulaire du manchon E, on fait rapprocher ce dernier du manchon D, de telle sorte que les adents prennent l'un dans l'autre, le mouvement de l'arbre A sera transmis à l'arbre B ; mais si les deux manchons sont éloignés, comme l'indique la figure 49, le mouvement de l'arbre A ne sera pas communiqué à l'arbre B.

Une roue est folle sur un arbre, quand elle peut tourner sur elle-même sans que l'arbre tourne ; ou encore, lorsque, l'arbre tournant, elle peut rester immobile. Au contraire, une roue est fixe quand forcément elle participe au mouvement de l'arbre sur lequel elle est montée ; il peut cependant arriver, comme pour le manchon d'embrayage dont nous venons de parler, que la roue, tout en étant entraînée par l'arbre dans son mouvement de rotation, puisse glisser parallèlement à elle-même sur l'arbre.

La roue folle est souvent employée comme modificateur de mouvement. Dans ce cas, l'arbre reçoit le mouvement par une courroie qui entoure une roue fixe, et à côté de cette roue fixe est une roue folle. Quand on veut interrompre le mouvement de l'arbre, il suffit de faire passer la courroie sur la poulie folle ; cette dernière tourne alors sans entraîner l'arbre dans son mouvement de rotation. C'est le moyen généralement employé pour faire marcher les différents outils d'un atelier, chaque ouvrier étant ainsi libre d'arrêter le mouvement du sien sans nuire au travail de celui de son voisin.

Quand le mouvement peut être donné ou retiré à volonté au moyen d'une tige ou d'une bielle, l'embrayage prend le nom d'enclanchement.

Les manchons d'embrayage sont encore employés pour changer la direction du mouvement de rotation entre deux arbres A B et C D. Le premier A B tourne toujours dans le même sens et porte sur deux roues dentées fixes ; l'arbre C D, au contraire, porte deux roues folles, l'une est directement engrenée avec une des roues de l'arbre A B, mais la seconde n'est engrenée avec la

poulie fixe de l'arbre A B que par l'intermédiaire d'une troisième
roue. Il résulte de cette disposition que la roue folle C possède
un mouvement circulaire continu opposé à celui de la roue D ;
tandis que la roue G, par le fait de la roue H, est animée d'un
mouvement dans le même sens que celui de la roue E. Si donc le
manchon K peut indifféremment être embrayé avec l'une ou l'autre
des poulies folles C et G, l'arbre pourra tourner à volonté, soit dans
le sens de l'arbre A B, soit dans un sens contraire à ce dernier.

La seconde partie de la figure 49 montre le même résultat obtenu au moyen de courroies ; il ne faut alors que quatre poulies,
deux fixes sur l'arbre moteur et deux folles sur l'autre. Une des
courroies va directement d'une poulie fixe à une poulie folle,
l'autre courroie est croisée. Il s'ensuit que les deux premières
poulies tournent dans le même sens et les deux autres en sens
contraires.

Lorsque la transmission de mouvement entre deux arbres parallèles se fait au moyen de poulies et de courroies, il est très-
facile de faire varier à son gré le rapport des vitesses des axes.
Pour atteindre ce résultat, on monte sur l'un des arbres un système composé de plusieurs poulies, dont les diamètres vont en
diminuant de l'une à l'autre ; ces poulies se tiennent toutes et
sont fixes sur l'arbre A B. Quand les poulies ont la disposition
dont nous venons de parler, on les nomme une fusée. Sur l'arbre
C D est montée une fusée semblable en tout à celle de l'arbre A B,
mais disposée dans un sens contraire ; c'est-à-dire que les grands
diamètres de cette dernière correspondent aux petits de l'autre,
et réciproquement. Cette disposition permet de se servir de la
même courroie pour changer le rapport des vitesses des deux arbres ; il suffit de faire prendre la courroie sur les deux poulies
qui se correspondent, et dont les diamètres sont inversement proportionnels aux vitesses que l'on veut obtenir.

Tout système qui rend momentanément fixe une poulie folle
peut aussi produire un mouvement circulaire intermittent. Ainsi
soit la poulie B folle sur l'arbre A ; cette poulie peut être rendue
fixe par le fait du linguet D qui tient à elle-même et qui peut
prendre dans le toc C qui fait partie de l'arbre. Un buttoir G,
contre lequel la queue du levier vient butter, fait dégager le buttoir, et momentanément la poulie est folle ; si elle est sollicitée par
un cordon H, elle peut prendre alors un mouvement contraire à
celui de l'arbre, jusqu'à ce que le linguet, dégagé du buttoir et
poussé par le ressort E, prenne dans le toc de l'arbre.

Le frein dont nous allons parler au sujet des modérateurs du mouvement peut aussi servir à faire varier les vitesses relatives de deux arbres.

MODÉRATEURS DU MOUVEMENT.

552. On nomme modérateur tout système qui sert à rendre le travail d'une machine quelconque régulier: aussi les uns introduisent momentanément un travail résistant étranger, quand celui du moteur l'emporte sur le travail utile que l'on veut produire ; les autres donnent la possibilité de laisser perdre l'excédant du travail moteur sur le travail utile.

Frein.
Fig. 53.

Le frein, que l'on rencontre dans un si grand nombre de machines et dans presque toutes les voitures, sert à modérer les vitesses des unes et des autres. Il consiste généralement dans un cercle en fer ou en bois entourant une poulie fixée sur l'arbre en mouvement; un levier ou une vis permet de rapprocher le frein de la poulie au point de rendre le travail résistant beaucoup plus considérable ; le frottement, déterminé ainsi, est souvent assez puissant pour arrêter l'arbre moteur.

Volants à ailettes.
Fig. 54.

Les volants à ailettes, employés dans les horloges et dans les tournebroches, pour modérer la vitesse accélérée acquise par le poids moteur, consistent dans un arbre A B sur lequel se trouve une vis sans fin dont les filets s'engagent dans les dents d'une roue solitaire de la machine à laquelle le volant à ailettes est adapté. L'arbre A B porte des bras C, aux extrémités desquels sont fixées des plaques métalliques dont les plans passent par l'axe de l'arbre A B. La résistance de l'air étant proportionnelle à la surface totale des ailettes D et au carré de leur vitesse, il est facile de voir que plus la machine marche vite, plus la vitesse des ailettes est grande, et la résistance qu'elles éprouvent arrive bien vite à être assez puissante pour modérer la vitesse du poids moteur.

RÉGULATEURS DU MOUVEMENT.

553. Les régulateurs du mouvement ont pour but d'emmagasiner le travail surabondant du moteur, au lieu de le perdre comme le font les modérateurs. Ce travail emmagasiné est restitué par les régulateurs quand le travail résistant devient momentanément plus grand que le travail moteur ; c'est surtout dans cette dernière propriété que réside la fonction régulatrice des régulateurs.

De tous les moyens employés pour régulariser le mouvement d'une machine, le volant est le plus commun. Il consiste dans un anneau en fonte relié par des rayons à un noyau. Ce noyau sert à fixer le volant sur l'arbre moteur de la machine. Parfois le volant est composé seulement de masses lenticulaires, en fonte ou en plomb, placées aux extrémités de bras égaux fixés sur l'arbre moteur. Mais dans tous les cas l'effet produit est le même.

Volant.

Si la résistance diminue, l'excédant de la puissance est employé à donner un plus grand mouvement au volant ; si, quelques instants après, la résistance augmente, l'arbre moteur diminue de vitesse ; mais alors le volant s'oppose, par son inertie, à cette diminution de vitesse et rend le travail qu'il a accumulé quand la résistance avait diminué. Il en résulte nécessairement une certaine régularité dans la résistance et, par suite, dans la puissance ou le travail moteur.

En ne tenant pas compte des rayons, la formule suivante donne le moyen d'évaluer le poids d'un volant en fonte de fer :

$$P = D (2 \pi A B).$$

dans laquelle D est la densité de la fonte ;

π, le rapport de la circonférence au diamètre ;

A, la largeur de l'anneau du volant parallèlement à l'axe de rotation ;

B, l'épaisseur de l'anneau dans le sens du rayon du volant.

De sorte que $2 \pi A B$ est, par le fait, le volume annulaire et cylindrique du volant.

En employant l'excès du travail moteur à comprimer l'air dans un réservoir, cet air, par sa détente, rend le travail dépensé à la compression et régularise le travail des pompes et celui des machines soufflantes.

Réservoir d'air.

Les registres qui permettent l'arrivée, en plus ou moindre quantité, de la vapeur dans le cylindre d'une machine, de l'air nécessaire à la combustion du charbon ; les distributeurs mécaniques qui amènent dans le foyer une quantité plus ou moins grande de charbon suivant les besoins de la machine, sont tous des régulateurs du mouvement, car tous régularisent le travail moteur et le travail résistant.

Registres distributeurs mécaniques.

I.   14

Comme nous l'avons dit plus haut, le volant régularise le mouvement d'une machine en empêchant que les variations dans le travail résistant ne produisent de trop grandes diminutions ou de trop grandes accélérations dans la vitesse du moteur ; mais il se présente beaucoup de circonstances dans lesquelles cela ne suffit pas. Par exemple, si les résistances que la machine doit vaincre diminuaient pendant longtemps ou d'une manière considérable, la puissance se trouverait, à chaque moment, trop grande, et nécessairement le mouvement s'accélérerait constamment.

Le volant peut bien empêcher une augmentation instantanée dans la vitesse ; mais, malgré son action, elle augmenterait sans cesse et elle pourrait devenir telle que la force centrifuge fît voler le volant en éclats. Si, au contraire, les résistances augmentaient sans cesse, le volant pourrait avoir donné toute la force qu'il a emmagasinée, et la machine s'arrêterait.

Dans de pareilles circonstances, on doit modifier les forces qui agissent sur la machine, soit en augmentant ou en diminuant la puissance, soit en diminuant ou en augmentant la résistance. Il est impossible d'arriver à équilibrer constamment la puissance et la résistance, le travail moteur et le travail résistant ; mais on peut régler ces forces de manière que la vitesse, tout en variant sans cesse, ne s'éloigne jamais beaucoup de celle qui convient au meilleur travail de la machine.

Le régulateur à force centrifuge sert à atteindre ce but ; il permet de diminuer ou d'augmenter, dans de certaines limites, la puissance suivant les variations de la résistance.

Il se compose de deux boules métalliques A A, fixées aux extrémités de deux tiges A B, A C : ces tiges sont à charnières aux points C et B de l'arbre D E, qui reçoit un mouvement de rotation de la machine. Articulés sur les tiges aux points G et H, sont deux bras articulés, par leur autre extrémité, sur un manchon O, mobile sur l'arbre D E. Les boules A sont sollicitées par deux forces : la pesanteur qui tend à les rapprocher de l'arbre D E ; la force centrifuge, plus ou moins grande, suivant la rapidité du mouvement de rotation de l'arbre, qui tend à les écarter de cet arbre. Si donc l'on suppose l'arbre D E animé d'une certaine vitesse, déterminant une force centrifuge supérieure à la pesanteur, les boules s'écarteront l'une de l'autre ; en s'écartant, le losange O G B H voit sa diagonale B O diminuer et, par suite, le manchon O monte ; si, au contraire, la vitesse de rotation de l'arbre D E, dépendante de celle de l'arbre moteur, diminue au point que la pesanteur l'emporte sur la force centrifuge, les boules se rapprochent et le manchon O descend.

C'est ce mouvement ascendant ou descendant du manchon O que l'on utilise pour agir soit sur la puissance, soit sur la résistance. Dans certains cas, le régulateur agit directement sur la puissance qui fait mouvoir la machine, en diminuant sa grandeur quand le mouvement est trop rapide, et en l'augmentant, au contraire, quand il est trop faible. C'est ordinairement le moyen employé pour les machines à vapeur établies sur terre ; le manchon O ouvre ou ferme plus ou moins l'obturateur qui laisse arriver la vapeur de la chaudière au cylindre, selon que la vitesse de la machine est plus petite ou plus grande que celle qui donne le meilleur travail.

D'autres fois, le régulateur ne fait que prévenir l'ouvrier que la vitesse atteint les limites qu'elle ne doit pas dépasser, et c'est à lui à agir pour augmenter ou diminuer cette vitesse. Dans le cas dont nous parlons, le régulateur fait ordinairement sonner un timbre ou une sonnette.

PHYSIQUE.

PHYSIQUE.

NOTIONS GÉNÉRALES.

554. Les molécules, parties constitutives d'un corps, sont continuellement soumises à deux forces opposées : l'une, l'attraction, qui tend à les rapprocher ; l'autre, la chaleur ou le calorique, qui agit pour les écarter sans cesse les unes des autres. *Corps.*

555. Les corps sont partagés en deux grandes divisions : les corps simples et les corps composés. *Division des corps.*

Les corps simples sont ceux qu'il a été impossible de décomposer jusqu'à ce jour, c'est-à-dire dont on n'a pu tirer plusieurs corps différents. *Corps simples.*

Les corps composés sont ceux qui ont pu être décomposés en plusieurs autres différents. *Corps composés.*

556. Les molécules des corps, nous l'avons déjà dit, ne sont pas en contact immédiat et comme soudées l'une à l'autre ; elles laissent entre elles des espaces considérables par rapport à leurs dimensions, et sont toujours dans une indépendance réciproque. *Porosité.*

Ces espaces constituent la porosité des corps.

557. Sous l'influence de certaines forces la porosité peut être plus ou moins diminuée, c'est-à-dire que les molécules peuvent être plus ou moins rapprochées, serrées les unes contre les autres, suivant la nature de chaque corps. Cette propriété se nomme la compressibilité. *Compressibilité.*

558. Lorsqu'un corps a été comprimé ou déformé d'une manière quelconque, il tend plus ou moins, suivant sa nature, à revenir à son premier état, à reprendre son premier arrangement moléculaire. Cette tendance se nomme élasticité. *Élasticité, force d'expansion, détente.*

Cette propriété de s'étendre toujours davantage, qu'ont certains corps, est ce qu'on appelle, en général, force élastique, force d'expansion, détente ; elle augmente à mesure que l'espace occupé par le corps diminue, et réciproquement elle diminue à mesure que cet espace augmente.

Attraction, force attractive; calorique, force répulsive.

559. Nous avons vu plus haut que les molécules des corps sont maintenues à la distance propre à chacun d'eux par deux forces : l'attraction, qui tend sans cesse à les rapprocher davantage, en lutte avec une force répulsive, le calorique, qui tend, au contraire, à les séparer de plus en plus.

Gravitation.

560. Quand l'attraction s'exerce entre les masses planétaires, elle s'appelle gravitation.

Pesanteur.

561. Quand elle s'exerce entre le globe terrestre et les corps placés à sa surface, elle prend le nom de pesanteur.

Attraction moléculaire.

562. Enfin, si elle agit entre les éléments matériels des corps, à des distances infiniment petites, on la nomme attraction moléculaire.

Division des corps en solides, liquides et gaz.

563. Le rapport entre la force attractive et la force répulsive a permis de classer tous les corps en trois grandes catégories : les solides, les liquides et les gaz.

Solides.

Certains corps, comme le fer, l'or, les pierres, le bois, etc., conservent la forme particulière qu'ils ont, quoique la distance qui sépare leurs molécules puisse varier dans de certaines limites. Dans ces corps, l'attraction qui maintient les molécules en présence les unes des autres l'emporte sur le calorique qui tend à les séparer. Ces corps sont désignés sous le nom générique de solides.

Liquides.

Dans l'eau, le vin, l'huile, etc., qui n'ont pas de forme propre, qui prennent celle du vase qui les contient, l'attraction fait équilibre au calorique. Dès lors, la stabilité moléculaire, caractère distinctif des solides, n'existe plus; les molécules sont, au contraire, dans une mobilité relative.

Tous les corps qui jouissent de cette propriété sont désignés sous le nom de liquides.

Gaz.

Enfin, dans l'air et d'autres corps semblables, le calorique l'emporte sur l'attraction : la mobilité des molécules est encore plus grande que dans les liquides, et ces molécules tendent sans cesse à s'éloigner les unes des autres, pour occuper toujours un volume plus grand.

Ces corps sont appelés gaz.

Passage d'un état à un autre.

564. Un solide, le plomb par exemple, chauffé à un degré convenable, devient liquide ; un liquide, l'eau par exemple, dans les mêmes conditions, passe à l'état de gaz ou de vapeur.

On peut donc, en augmentant le calorique d'un corps, changer le rapport qui existait entre lui et l'attraction moléculaire et, par suite, la nature de ce corps : de solide, il peut devenir liquide : de liquide, il peut devenir gaz.

D'un autre côté, si on laisse refroidir le plomb fondu, il redevient solide; l'eau, pendant les grands froids d'hiver, devient solide.

On peut donc aussi, en refroidissant un corps ou en diminuant son calorique, changer la nature de ce corps : de liquide, il peut devenir solide ; de gaz, il peut devenir liquide.

565. Mais, avant de changer de nature, un corps soumis à l'influence de la chaleur commence toujours par augmenter de volume; ses molécules s'écartent les unes des autres et occupent naturellement plus de place. Ce phénomène, dont les limites sont différentes pour chaque espèce de corps, se nomme dilatation. — *Dilatation.*

566. La diminution de volume qui résulte, au contraire, du refroidissement ou de la diminution du calorique dans un corps se nomme contraction ou retrait. — *Contraction, retrait.*

567. La masse d'un corps est la quantité de molécules matérielles dont ce corps est composé. — *Masse d'un corps.*

568. La pesanteur agit sur toutes les molécules des corps; la résultante de ces actions particlles sur les éléments matériels d'un corps est son poids. — *Poids d'un corps.*

Le poids est encore la pression qu'exercerait le corps sur un plan horizontal s'opposant à sa chute.

569. Ainsi donc, puisque l'écartement des molécules peut être plus ou moins grand, tous les corps, sous le même volume, ne renferment pas la même masse et n'ont pas le même poids. — *Densité.*

On nomme densité d'un corps la masse ou la quantité de matière qu'il contient sous l'unité de volume; ou bien, ce qui revient au même, le rapport de sa masse à son volume.

Les différences que l'on remarque entre les densités des différents corps peuvent provenir, soit de ce que les molécules de ces corps, supposés de même masse, sont plus rapprochées dans les uns que dans les autres, ce qui arrive pour un même corps chargé différemment de calorique; soit de ce que les molécules mêmes de ce corps ont des masses inégales et, par suite, des poids différents; soit enfin de ces deux causes réunies.

570. Le poids spécifique d'un corps est le poids exprimé en kilogrammes ou fractions de kilogramme, d'un décimètre cube de ce corps (celui d'un décimètre cube d'eau distillée étant exprimé par 1 kilogramme). — *Poids spécifique.*

Par suite, connaissant le volume d'un corps en décimètres cubes et son poids spécifique, il suffit de multiplier ces deux quantités l'une par l'autre, pour avoir le poids réel de ce corps, donné en kilogrammes et fractions de kilogramme.

571. La difficulté qu'on éprouve à séparer les unes des autres les molécules d'un corps, à rompre ou à déchirer ce corps, et qui provient de l'attraction moléculaire, est ce qu'on nomme la cohésion.

Elle est plus ou moins grande dans les corps solides, très-faible dans les liquides et nulle dans le gaz.

572. L'attraction moléculaire prend le nom d'*adhérence*, quand elle s'exerce entre deux corps séparés mis en contact l'un avec l'autre.

573. La propriété que les solides possèdent plus ou moins, de s'étendre en feuilles minces sous l'action du marteau ou entre les rouleaux du laminoir, se nomme malléabilité.

574. La propriété des fils métalliques, particulièrement de supporter une tension plus ou moins forte sans se rompre, est la ténacité.

575. On dit qu'un espace est saturé de vapeur, par exemple, quand cet espace contient toute la vapeur qu'il peut renfermer ; il ne peut plus en recevoir, parce qu'il ne pourrait plus la loger.

Un liquide est saturé de sel, par exemple, quand ce liquide a dissous tout le sel qu'il peut recevoir. Si l'on ajoute du sel alors que le liquide est saturé, ce sel tombe au fond, comme le ferait du sable.

PESANTEUR DE L'AIR.

PRESSION DE L'ATMOSPHÈRE PAR CENTIMÈTRE CARRÉ.

HAUTEUR DU MERCURE FAISANT ÉQUILIBRE

A UNE ATMOSPHÈRE.

576. Prenons un ballon de verre pouvant se fermer au moyen d'un robinet ; par un moyen quelconque, retirons l'air qu'il renferme, c'est ce qu'on appelle *faire le vide*, et mettons-le ensuite dans le plateau d'une balance, en chargeant l'autre plateau d'un poids suffisant pour établir l'équilibre.

Si alors on ouvre le robinet du ballon, on entend un sifflement qui annonce que l'air s'y précipite aussitôt, et l'équilibre de la balance est rompu, le plateau chargé du ballon emporte l'autre. Si, dès que tout sifflement a cessé ou dès que le ballon est plein d'air, on rétablit l'équilibre dans la balance, le poids ajouté sur le plateau qui ne porte pas le ballon sera évidemment le poids de l'air contenu dans le ballon.

Des expériences souvent renouvelées et faites avec le plus grand soin ont donné les résultats suivants :

1 litre d'air pris à la surface de la terre et dans les circonstances ordinaires de température (10° environ) pèse 1 gramme 3 décigrammes. Le mètre cube d'air pèse donc 1.300 grammes, $1^k.300$. Ce poids diminue à mesure qu'on s'élève au-dessus de la surface de la terre ; à 3,000 mètres le poids du litre d'air n'est plus que de 65 centigrammes ou la moitié de celui du litre d'air pris à la surface et de la terre.

L'air est donc pesant, et par suite il doit exercer une pression considérable sur le sol, sur la surface des eaux et sur tous les corps qu'il touche ; c'est cette pression qu'on nomme *pression atmosphérique*.

577. On nomme *atmosphère* la masse de l'air qui entoure la terre ; son épaisseur est comprise entre 36 et 50 milles marins, ou entre 13 et 15 lieues métriques. Par suite de la pesanteur de l'air, les couches inférieures de ce gaz, c'est-à-dire celles qui touchent le sol, sont plus pressées que celles supérieures, et les couches successives le sont d'autant moins qu'elles sont plus élevées ; on dit alors que la densité de l'air diminue en raison de son éloignement de la surface de la terre.

Nous avons vu plus haut que la pression de l'air était considérable ; en effet, elle est de $1^k.0335$ par centimètre carré de surface. On va voir comment on a pu arriver à constater ce poids.

578. Si l'on prend un tube de verre d'un certain diamètre intérieur, ouvert par ses deux extrémités, et qu'on plonge sa partie inférieure dans un vase rempli d'eau, on remarquera que le liquide est au même niveau en dedans et en dehors ; en effet, la pression atmosphérique s'exerçant de la même manière en dedans et au dehors, il n'y a pas de raison pour que le liquide ne conserve pas le même niveau. Mais qu'on applique la bouche à l'extrémité supérieure du tube et qu'on aspire une partie de l'air qui y est contenu, on verra immédiatement le liquide s'élever dans le tube et gagner promptement la partie supérieure.

Ce phénomène vient de ce que la pression de l'air dans le tube étant diminuée par l'aspiration et celle de l'extérieur restant la même, cette dernière presse davantage sur la surface du liquide, et le fait monter dans le tube jusqu'à ce qu'il y ait équilibre des

Pression atmosphérique par centimètre carré.

Hauteur du mercure faisant équilibre à une atmosphère.

deux côtés, c'est-à-dire jusqu'à ce que le poids de la colonne d'eau soulevée, joint à celui que l'air exerce encore sur son sommet, soit égal à la pression atmosphérique.

Or, s'il était possible de faire le vide dans un tube long de 11 mètres et plongé, par une de ses extrémités, dans une cuvette d'eau, la colonne d'eau, arrivée à une hauteur de 10^m,33, ne monterait plus, elle resterait à ce point sans variation sensible.

Il s'ensuivrait donc que cette colonne d'eau ferait équilibre à la pression totale exercée par l'atmosphère sur la partie inférieure du tube. Ne pouvant faire le vide, on ferme le tube de verre, ayant environ 11 mètres, par une de ses extrémités, on le remplit de liquide, et, bouchant l'extrémité ouverte, on le renverse dans une cuvette d'eau, ne le débouchant par le bas qu'alors que l'extrémité inférieure est au-dessous de la surface du liquide de la cuvette. A ce moment le liquide descend dans le tube, et la colonne d'eau reste, après quelques oscillations, à 10^m,33 au-dessus du niveau de l'eau de la cuvette.

Mais un tube de 11 mètres de hauteur était trop embarrassant pour qu'on ne cherchât pas un liquide plus lourd que l'eau ; le mercure, 13 fois plus pesant que l'eau, fut choisi. Il devait se maintenir à une hauteur 13 fois moins grande dans un tube; c'est, en effet. ce que l'expérience confirma.

Par suite, une hauteur de 76 centimètres de mercure fait équilibre à 10^m,33 d'eau et à la pression atmosphérique.

On a donc adopté, pour poids de l'atmosphère, celui d'une colonne de mercure de 76 centimètres de hauteur. Cette colonne, calculée pour un tube ayant une section égale à 1 centimètre carré, a été trouvée de 1^k.0335.

1^k.0335 est donc la pression exercée par l'atmosphère sur chaque centimètre carré de surface.

C'est encore ce qu'on appelle le poids de l'atmosphère.

DESCRIPTION ET USAGE DU BAROMÈTRE.

579. Pour que la hauteur du baromètre soit bien celle correspondant à la pression atmosphérique, il est essentiel qu'il ne reste pas d'air au sommet de la colonne soulevée ; car son poids, quelque petit qu'il soit, viendrait en aide au poids de la colonne de mercure pour faire équilibre au poids de l'atmosphère. Aussi agit-on de la manière suivante pour obtenir un vide à peu près parfait au-dessus du mercure.

On prend un tube de verre d'environ 1 mètre de longueur et de 7 à 8 millimètres de diamètre, fermé à l'une de ses extrémités; on le remplit de mercure à peu près au tiers, et sur un fourneau destiné à cet usage on fait bouillir le mercure dans toute sa longueur, afin de chasser l'air et l'humidité qui s'attachent au verre; on verse une nouvelle quantité de mercure chaud, que l'on fait bouillir à son tour; et l'on continue ainsi jusqu'à ce que le tube soit tout à fait plein. Le mercure refroidi et le tube parfaitement plein, on le ferme avec le doigt, en faisant attention qu'il ne reste aucune bulle d'air, puis on le retourne pour le plonger verticalement par son extrémité ouverte, mais toujours bouchée par le doigt, dans une cuvette contenant du mercure. Alors seulement on ôte le doigt, le mercure descend et s'arrête à une certaine hauteur, qui mesure la pression atmosphérique.

Cet instrument, inventé par Torricelli en 1640, est composé, comme on le voit, d'un tube rempli de mercure et d'une cuvette contenant aussi du mercure. La hauteur du mercure variant dans de certaines limites, une échelle graduée permet de constater ces différentes hauteurs, et un censeur donne la possibilité de marquer la hauteur observée.

Dans les baromètres employés pour les expériences minutieuses un vernier permet de tenir compte des fractions de millimètre de variation, et une pointe d'ivoire peut être mise en contact avec la surface du mercure dans la cuvette, surface qui monte quand la colonne diminue de hauteur et qui descend quand cette colonne monte.

On comprend que l'échelle graduée, ne suivant pas les variations de cette surface, ne peut indiquer la hauteur du mercure au-dessus de cette surface qu'en y apportant certaines corrections.

La délicatesse du baromètre est telle, qu'il annonce les moindres changements survenus dans le poids de l'atmosphère, et, comme l'expérience a prouvé que ces variations accompagnent et précèdent celles du vent, le baromètre devient un guide précieux pour le marin, en lui faisant pressentir les circonstances dans lesquelles il va se trouver.

La pression ou le poids de la colonne d'air étant moins grand au haut d'une montagne qu'à son pied, la colonne de mercure d'un baromètre doit descendre à mesure que l'on monte sur une montagne; cette propriété a été utilisée pour la mesure des hauteurs. Mais cette opération, qui paraît si simple à première vue, présente, au contraire, de grandes difficultés, à cause des corrections délicates qu'il faut faire subir à la hauteur du baromètre.

Enfin le baromètre, ou du moins la hauteur du mercure dans un tube, sert à indiquer la pression d'un gaz ; c'est surtout sous ce dernier point de vue que nous le considérerons. Comme on l'a vu plus haut, le vide existe dans le tube barométrique au-dessus du mercure ; si l'on suppose cet espace en communication avec un gaz dont la pression soit au-dessous de la pression de l'atmosphère, la colonne de mercure descendra d'une certaine quantité, et la différence entre la hauteur du mercure et celle d'un baromètre ordinaire donnera précisément la pression du gaz en expérience.

On conçoit très-bien que, si le mercure dans le premier baromètre est abaissé au niveau de celui de la cuvette, c'est une preuve que la pression du gaz est égale à celle de l'atmosphère.

On comprend aussi que la pression atmosphérique étant de $1^k.033$ par centimètre carré, la hauteur du niveau étant de $0^m,76$, cette pression ne serait que de $0^k.516$ par centimètre carré de surface, si le baromètre ne marquait que $0^m,38$ de hauteur.

Ainsi donc, on pourra, au moyen d'un baromètre en communication, par sa partie supérieure, avec un gaz dont la pression est au-dessous de celle de l'atmosphère, connaître la tension de ce gaz. Mais le haut du baromètre et le vase qui contiennent le gaz ne doivent pas renfermer d'air. Si maintenant on suppose le vide dans un tube barométrique long de plusieurs mètres, ce tube plongeant, par sa partie ouverte, dans une cuve de mercure dont la surface est en communication avec un gaz, si la pression de ce gaz est supérieure à celle de l'atmosphère, le mercure montera dans le tube au-dessus de $0^m,76$. S'il atteint $1^m,52$, la pression du gaz sera de deux atmosphères ; si elle est de $1^m,90$, le premier sera de deux atmosphères et demie. Ordinairement, la disposition du baromètre change lorsqu'il doit mesurer les tensions des gaz au-dessus de la pression atmosphérique, le tube barométrique est ouvert à la partie supérieure, par suite, à l'état de repos, le niveau de la cuvette et celui du tube sont à la même hauteur ; la communication de la surface de la cuvette étant établie avec la chaudière que produit la vapeur, par exemple, le niveau du tube ne changera que quand la pression de la vapeur aura dépassé celle de l'atmosphère, puisque l'atmosphère pèse de tout son poids dans le tube du baromètre, et la hauteur du mercure au-dessus du niveau de la cuvette donnera l'excès de la pression de la vapeur en dessus d'une atmosphère.

Ainsi donc, le baromètre peut servir à mesurer la pression de la vapeur, soit que cette pression dépasse celle de l'atmosphère ou reste en dessous.

Mais alors le baromètre prend le nom de manomètre.

DU VIDE ET DU MOYEN DE LE CONSTATER.

580. On sait que l'air est un gaz pesant; il a aussi la propriété de pénétrer plus ou moins tous les corps pour se loger entre leurs molécules, et de remplir immédiatement toute capacité dans laquelle il a accès.

En physique, l'on dit qu'on a fait le vide dans un vase quelconque quand on a soutiré l'air qui pouvait y être contenu.

Tous les moyens employés jusqu'à ce jour par l'homme pour produire un vide parfait n'ont pu atteindre ce but. La machine pneumatique, qui sert pour les expériences de physique, ne peut et ne pourra jamais extraire tout l'air contenu dans le vase sur lequel on opère. En effet, réduisons la machine à une seule pompe aspirante et foulante, et agissons sur un vase dont la capacité est égale à celle de la partie du cylindre de la pompe parcourue par le piston. Au premier coup de piston on offre à l'air contenu dans le vase un espace double de celui qu'il occupait; puis, en faisant descendre le piston de la pompe, on chasse cet air dans l'atmosphère. Il n'y a donc plus dans le vase que la moitié de l'air qu'il renfermait. Un second coup de piston retirera la moitié de l'air ou le quart de ce qui y était contenu, et ainsi de suite; mais toujours il restera de l'air dans le vase, et il arrivera un moment où la pompe ne pourra plus assez comprimer l'air qu'elle aura soutiré pour le repousser au dehors. Nous faisons abstraction, ici, des imperfections, toujours très-nombreuses, de l'instrument. Ainsi donc, on peut conclure de ce qui précède que l'homme ne pourra jamais produire un vide parfait par des moyens mécaniques.

Le vide le plus complet obtenu jusqu'à ce jour est celui qui existe au-dessus de la colonne de mercure d'un baromètre, et encore tout cet espace est saturé de vapeur de mercure, c'est-à-dire qu'il contient toute la vapeur qui peut s'y loger.

Dans les machines à vapeur, on appelle vide la raréfaction de l'air produite dans le condenseur par la condensation de la vapeur. Cette vapeur, remplissant toute la capacité du condenseur, chasse devant elle l'air qui s'y trouvait contenu ; il n'en reste plus qu'une petite partie très-dilatée, qui se loge entre les molécules de la vapeur. Quand, au contact de l'eau lancée par l'injection, cette vapeur abandonne une grande partie de sa chaleur, elle revient à l'état liquide, laissant cependant le condenseur rempli d'une vapeur beaucoup plus faible que celle arrivée, il est vrai, mais qui possède néanmoins une pression dépendante de la température qui existe dans le condenseur après la condensation. Quant à l'air qui était resté, il se dilate pour occuper tout l'espace laissé libre entre les molécules de la vapeur, qui se sont considérablement écartées. Ce sont ces causes réunies qui entretiennent toujours une certaine pression dans le condenseur d'une machine à vapeur ; mais cette pression est toujours, même dans les plus mauvaises conditions, au-dessous de celle de l'atmosphère.

581. Dans la machine pneumatique, le degré de raréfaction de l'air dans le vase soumis à son action, ou le degré du vide, est indiqué de deux manières différentes :

1° Par un baromètre dont la partie supérieure du tube est en communication avec le vase, la cuvette restant soumise à l'action de la pression atmosphérique. Au commencement de l'opération, la pression est la même dans le vase et au dehors ; par suite, le mercure est à la même hauteur dans le tube et dans la cuvette ; mais, dès que l'on soutire l'air du vase, la pression diminue dans l'intérieur du tube, tandis qu'elle reste la même à l'extérieur. Le mercure monte dans le tube jusqu'à ce que son poids, ajouté à la pression intérieure de l'air dans le vase, fasse équilibre à la pression atmosphérique. Plus on raréfie l'air dans le vase et plus le mercure monte dans le tube ; il monterait ainsi jusqu'à la hauteur du mercure dans un baromètre ordinaire, si l'on pouvait produire un vide aussi parfait que celui qui existe au sommet de la colonne du baromètre.

Dans tous les cas, la différence entre la hauteur du mercure dans le baromètre de la machine et celle du mercure dans le baromètre ordinaire donne la tension de l'air dans le vase.

2° La cuvette d'un baromètre ordinaire est en communication avec le vase dans lequel on fait le vide. Au commencement de l'opération, le mercure est à la même hauteur dans le baromètre de la machine que dans le baromètre ordinaire ; mais, dès qu'on pompe l'air du vase, la pression sur le mercure de la cuvette diminuant, le mercure descend dans la colonne de verre ; et, si l'on parvenait à faire un vide parfait, le mercure de la colonne descendrait au niveau de celui de la cuvette.

Dans tous les cas, la hauteur du mercure dans le tube du baromètre de la machine indiquera directement la pression de l'air dans le vase ou le degré du vide.

L'un ou l'autre de ces deux moyens peut être employé pour constater le degré du vide dans le condenseur.

Nous reviendrons sur cette dernière question à l'article : *Mesure de la condensation. Baromètre du condenseur. Indicateur du vide.*

DE LA CHALEUR.

EFFETS PRODUITS SUR LES CORPS PAR L'ACCROISSEMENT OU LA DIMINUTION DE LA CHALEUR.

582. On nomme chaleur, ou plutôt calorique, la cause inconnue des impressions de chaud et de froid que les corps font éprouver à nos organes, soit au contact, soit à distance.

Nos propres impressions nous font connaître qu'il y a dans les corps divers degrés de chaleur ; nous sentons qu'ils sont peu froids ou peu chauds, froids ou chauds, très-froids ou très-chauds.

Nous reconnaissons, de plus, que les causes de ses sensations particulières se distinguent de la matière elle-même, car nous pouvons faire passer le même corps par tous les degrés différents de chaleur.

Ainsi la chaleur est distincte des corps ; elle peut les pénétrer, s'accumuler dans leurs substances, alors ils deviennent chauds, très-chauds, brûlants ; elle peut les abandonner, alors ils deviennent moins chauds, tièdes, froids, très-froids.

Si l'on pèse un corps froid, et qu'on le pèse de nouveau lorsqu'il est devenu chaud, c'est-à-dire lorsqu'on a accumulé en lui une grande quantité de chaleur, on trouve le même poids ; donc, le calorique ne pèse pas. C'est pour cette raison qu'on le nomme un fluide impondérable, c'est-à-dire qui ne peut se peser.

583. On nomme température les divers degrés de chaleur que nos sensations nous font connaître ; la température d'un corps est d'autant plus élevée qu'il est plus chaud, d'autant moins élevée qu'il est moins chaud ou plus froid. Mais, comme nos sensations

De la chaleur.

Température.

ne donneraient que des indications souvent fausses, on constate les températures au moyen du thermomètre, instrument dont il sera question plus loin.

Sources de chaleur. 584. 1° L'insolation. La température d'un corps exposé à l'action des rayons solaires s'élève plus ou moins suivant sa nature. Ainsi les corps transparents laissent en quelque sorte passer une partie de la chaleur qu'ils reçoivent, et s'échauffent beaucoup moins que les corps opaques.

2° La percussion. D'après M. Lamé, on doit attribuer la chaleur produite par la percussion à un mouvement vibratoire des molécules du corps frappé.

3° Le frottement. Cet habile physicien donne la même explication à la production de la chaleur par le frottement.

4° La compression d'un gaz. L'air comprimé brusquement dans un tube de verre s'échauffe assez pour allumer de l'amadou : pour que cet effet ait lieu, il suffit que l'air soit réduit au 1/5 de son volume.

5° Les combinaisons chimiques. C'est l'acte de la combinaison et principalement la combustion qui constituent pour nous la source ordinaire de la chaleur ; aussi aurons-nous l'occasion de revenir souvent sur cette question.

Mode de propagation
de la chaleur. 585. Dans la chambre d'une machine, comme dans tout autre lieu, les différentes pièces, inégalement chaudes, échangent entre elles des quantités inégales de chaleur, et tendent à se mettre en équilibre de température. Si l'on suppose la source de chaleur tarie tout à coup, les pièces les plus chaudes donnant plus qu'elles ne reçoivent, les pièces les moins chaudes recevant plus qu'elles ne donnent, toutes arriveront bientôt à avoir le même degré de chaleur.

Mais, dans une machine à vapeur en action, la source de chaleur fournit tant que les feux restent allumés ; il s'ensuit qu'une partie de cette chaleur est employée inutilement à réchauffer des pièces qui pourraient rester froides ; cette chaleur perdue est du combustible brûlé, c'est donc une dépense inutile qu'il faut s'efforcer de réduire à ses plus faibles limites.

Pour pouvoir trouver des moyens efficaces, ou du moins pour comprendre ceux en usage, il faut connaître les modes de propagation de la chaleur.

La chaleur peut se propager d'un corps à un autre de deux manières différentes :

1° Si les corps sont à distance les uns des autres, par voie de rayonnement ;

2° Si les corps sont en contact, par conductibilité ou, mieux, par rayonnement moléculaire intérieur.

586. Un corps chaud envoie de la chaleur tout autour de lui et dans toutes les directions, et si le milieu dans lequel il se trouve est homogène, c'est-à-dire partout de même nature, la chaleur se transmet en ligne droite.

On pourrait croire que le rayonnement n'est pas indépendant de l'air, que ce sont les molécules de ce dernier corps qui s'échauffent au contact du corps chaud et qui nous transmettent l'impression que nous ressentons. Pour détruire cette idée fausse il suffirait de faire voir que la chaleur traverse le vide ; mais une observation, qui peut être faite toujours, montrera mieux encore le rayonnement de la chaleur indépendant de l'air.

Quand on ouvre la porte d'un fourneau et que le chauffeur s'approche pour examiner l'intérieur, il met toujours la main devant ses yeux, non-seulement pour éviter l'action directe de la lumière qui frappe sa vue, mais encore la chaleur intense qui vient s'y joindre. Pourtant, dès qu'on ouvre la porte du fourneau, l'air s'y précipite avec une si grande force, qu'il éteint en partie la flamme ; pour que la chaleur se fasse sentir au dehors du fourneau, il faut donc que le rayonnement soit indépendant du mouvement de l'air et de ce corps lui-même.

Pour vérifier soi-même si le rayonnement agit bien en ligne droite dans un milieu homogène, il suffit de mettre un thermomètre vis-à-vis le fourneau d'une chaudière : il montera immédiatement pour accuser une température d'autant plus élevée qu'il sera plus près de la source de chaleur ; mais, si alors on interpose entre lui et la source de chaleur une planche ou tout autre corps opaque, il descendra immédiatement pour se mettre en équilibre de température avec l'air qui l'entoure. Donc, le corps opaque a interrompu l'arrivée des rayons de chaleur ; donc, le rayonnement se fait en ligne droite.

Si donc on voulait préserver un corps quelconque de l'action du rayonnement, ou encore si l'on voulait diminuer le rayonnement d'un corps, par exemple une chaudière ou un cylindre, il suffirait de s'opposer au passage des rayons en couvrant la chaudière ou le cylindre d'un corps opaque. Mais ce corps ne devrait pas s'échauffer lui-même, car alors il rayonnerait à son tour, et la perte de chaleur serait plus grande, puisque la surface du corps rayonnant serait augmentée.

587. Les rayons du soleil nous apportent la chaleur en même temps que la lumière; par suite, la chaleur nous arrive aussi vite que la lumière. Or cette dernière parcourt 80.000 lieues par seconde; donc, la chaleur rayonnante possède la même vitesse.

588. L'intensité de la chaleur rayonnée varie en raison inverse du carré de la distance au corps qui la fournit.

L'intensité de la chaleur rayonnée est proportionnelle à la température du corps qui la fournit.

Enfin l'intensité de la chaleur rayonnée par les corps dépend encore de la nature de ces corps et de l'état de leurs surfaces, ou, ce qui est la même chose, de leur pouvoir émissif, dont il sera question un peu plus loin.

589. Si les corps sont en contact, la chaleur se propage de l'un à l'autre par conductibilité ou rayonnement moléculaire intérieur. Ainsi la conductibilité est la faculté plus ou moins grande que possèdent les corps de transmettre la chaleur de proche en proche dans les masses. Un morceau de fer d'une certaine longueur, rouge à une de ses extrémités, brûle les doigts de celui qui veut le prendre par le bout opposé; tandis que l'on peut tenir un morceau de bois ou de charbon, beaucoup moins long, brûlant par une de ses extrémités, sans ressentir la moindre sensation de chaleur : cette expérience prouve que le fer est meilleur conducteur de la chaleur que le bois ou le charbon. La perméabilité de la chaleur varie aussi avec l'état d'agrégation; elle est extrêmement faible dans les liquides et plus faible encore dans les gaz.

590. On appelle pouvoir émissif la propriété qu'ont les corps, à température égale, d'envoyer à l'extérieur une quantité plus ou moins grande de leur chaleur, suivant la nature de la substance qui les compose et le degré de poli de leur surface.

Le noir de fumée est de tous les corps celui qui envoie le plus de chaleur.

En représentant son pouvoir émissif par 100, on trouve pour les autres substances les nombres suivants :

Papier.	98
Verre.	90
Encre de Chine.	88
Mercure.	20
Plomb.	19
Fer.	15
Étain, argent et cuivre poli.	12

En outre, un métal passé au laminoir envoie plus de chaleur quand il est rayé ou dépoli que lorsque sa surface est polie. M. Melloni a montré que ce résultat n'avait lieu que pour les métaux dont les molécules à la surface sont plus serrées que celles qui sont au-dessous.

591. La chaleur qui tombe sur la surface d'un corps se partage en deux parties : l'une pénètre dans le corps, est absorbée par lui et sert à élever sa température ; l'autre est renvoyée, réfléchie à l'extérieur, comme la lumière qui tombe sur une glace.

Le rapport entre la quantité absorbée et celle réfléchie varie avec la nature des corps et avec l'état de leur surface.

Cette propriété des corps, de réfléchir ou d'absorber une portion plus ou moins grande de la chaleur qui tombe sur leur surface, constitue leurs pouvoirs réflecteur et absorbant.

Ces deux pouvoirs sont toujours, pour le même corps, en ordre inverse l'un de l'autre. Si sur 100 rayons calorifiques un corps en absorbe 60, il en réfléchira 40 ; s'il en absorbe 85, il en réfléchira 15, de sorte que les quantités de chaleur absorbées et réfléchies sont complémentaires l'une de l'autre. Il s'ensuit que la connaissance du pouvoir absorbant d'un corps entraîne celle du pouvoir réflecteur et réciproquement.

Leslie a trouvé les résultats suivants :

	Pouvoir réflecteur.	Pouvoir absorbant.
Laiton.	100	0
Étain.	80	20
Argent et acier. . . .	70	30
Plomb.	60	40
Noir de fumée.	0	100

M. Dulong a démontré que les pouvoirs émissifs des corps sont toujours identiques avec leurs pouvoirs absorbants ; c'est-à-dire que, dans un même temps très-court, si un corps, à une certaine température, est mis en présence d'une source de chaleur à une température supérieure de 10 degrés à la sienne, par exemple, il absorbera la même quantité de chaleur que celle qu'il émettrait s'il était, au contraire, à une température supérieure de 10 degrés à celle du milieu dans lequel il serait plongé.

592. En mélangeant intimement deux masses égales de même matière dont les températures sont différentes, mais sans qu'aucune cause étrangère vienne ajouter ou enlever de la chaleur au mélange, on trouve une masse double de celle composant le mélange et une température moyenne.

Ainsi, en mélangeant 1 kilogramme d'eau à 20 degrés avec un autre à 30, on obtient 2 kilogrammes d'eau à 25 degrés.

Mais, si l'on mélange des corps de différentes matières, les choses ne se passent plus de la même manière. Si l'on mélange, par exemple, 1 kilogramme d'eau à 14 et 1 kilogramme de mercure à 100, on trouve que la température finale est de 17 degrés environ au lieu d'être de 54. D'après cette expérience, les 83 degrés perdus par le mercure n'ont augmenté la température de l'eau que de 3 degrés; il s'ensuit que $\frac{3}{83}$ ou à peu près $\frac{1}{28}$ est le rapport entre les variations de température dans les deux corps. Par suite, il faut 28 fois plus de chaleur pour faire augmenter d'un degré la température de l'eau que pour faire augmenter de la même quantité la température du mercure. Il est bien entendu que les deux corps sont considérés sous le même poids.

Les expériences précédentes démontrent clairement que les corps ont des capacités différentes pour la chaleur ou, ce qui est la même chose, des chaleurs spécifiques différentes.

En physique, on entend par chaleur spécifique d'un corps la quantité de chaleur nécessaire pour élever de 1 degré la température de ce corps pris sous l'unité du poids. On n'évalue pas cette quantité de chaleur d'une manière absolue, on détermine seulement son rapport avec une quantité de chaleur prise pour unité. Cette quantité prise pour unité est, le plus souvent, la chaleur spécifique de l'eau, c'est-à-dire, suivant la définition, la quantité de chaleur nécessaire pour élever d'un degré centigrade la température d'un kilogramme d'eau.

Calorie.

593. Cette dernière quantité (la chaleur nécessaire pour élever de 1 degré centigrade la température de 1 kilogramme d'eau) est encore prise comme unité pour mesurer les quantités de chaleur absorbées ou émises par les corps; dans ce dernier cas, elle prend le nom de calorie.

Pour connaître le nombre de calories, ou la quantité de chaleur absorbée ou dégagée pendant l'élévation ou pendant l'abaissement de la température d'un corps, il faut multiplier le poids de ce corps, exprimé en kilogrammes, par sa chaleur spécifique (table n° 2), et enfin multiplier ce premier produit par le nombre de degrés dont la température a varié.

Chaleur latente, chaleur sensible.

594. On verra (à l'article *Formation de la vapeur, évapora-*

tion, ébullition) que la température de l'eau contenue dans un vase découvert et chauffé d'une manière continue s'élève graduellement jusqu'à ce que le liquide entre en ébullition ; mais alors la température reste stationnaire. Pourtant le foyer envoie toujours de la chaleur ; il faut donc qu'elle soit absorbée par la vapeur qui se forme. Cette chaleur, que le thermomètre n'accuse pas, est appelée chaleur latente pour la distinguer de la chaleur indiquée par le thermomètre et nommée chaleur sensible.

L'expérience a démontré que la quantité de chaleur nécessaire pour vaporiser complétement 1 kilogramme d'eau à la température de 100 degrés suffirait pour élever de 1 degré la température de 537 kilogrammes d'eau; il faut donc 537 calories pour vaporiser 1 kilogramme d'eau à la température de 100 degrés.

Les résultats cités plus haut sont obtenus avec de l'eau distillée et sous une pression de l'atmosphère égale à 0,76 de mercure. Si le poids de l'atmosphère est plus grand, le point d'ébullition est retardé; il faut alors que le liquide soit à plus de 100 degrés pour que la vaporisation commence.

Il en est de même si le liquide, au lieu d'être distillé, contient des sels en dissolution ; les phénomènes se présentent dans le sens contraire, si la pression de l'atmosphère est moindre que 0,76 de mercure ; et si le liquide, par une cause quelconque, devient moins dense, dans ce cas l'ébullition commence à une température plus faible.

Si l'on ajoute aux calories nécessaires pour la formation de la vapeur celles indiquées par le thermomètre, la somme sera la chaleur totale de vaporisation.

Ainsi, prenons de l'eau sortant de la bâche d'une machine à vapeur à 36 degrés par exemple : pour amener cette eau à 100 degrés, il faudra lui fournir 100° — 36 ou 64 calories par kilogramme d'eau ; ces calories, jointes aux 537 qu'il faudra dépenser pour faire passer chaque kilogramme d'eau à l'état de vapeur, nous donneront 537 + 64 ou 601 calories qui exprimeront la chaleur totale de vaporisation.

Quoique la chaleur totale de vaporisation augmente avec la température de la vapeur, cette augmentation est assez faible pour être négligée dans les calculs pratiques des machines à vapeur marines. Ainsi on peut admettre que la chaleur totale de vaporisation pour 1 kilogramme d'eau pris à zéro est de 637 calories.

Pour la pression que nous employons le plus souvent aujourd'hui dans nos machines, 640 vaudrait mieux.

595. Nous avons vu, dans l'introduction qui précède cette partie du cours, que tous les corps étaient formés de molécules séparées plus ou moins les unes des autres. L'éloignement de ces molécules peut augmenter ou diminuer dans de certaines limites, variables avec l'espèce de chaque corps. La chaleur est la cause de ces variations; le fluide calorifique, en pénétrant l'intérieur des corps, se loge, s'accumule entre les molécules et les écarte l'une de l'autre; de même, en se retirant d'un corps, il permet aux molécules de se rapprocher plus ou moins sous l'action de l'attraction moléculaire.

Ainsi donc, tous les corps augmentent plus ou moins de volume sous l'influence de la chaleur.

Fig. 2.

Une barre de fer A, qui, à l'état ordinaire, serait comprise entre deux repères B et C, ne pourrait plus tomber entre eux, une fois chauffée; une vis chauffée ne peut plus être introduite dans son écrou, si ce dernier n'est chauffé également. De l'eau froide, remplissant complétement un vase, déborde bientôt lorsque le vase est exposé à l'action d'un foyer. Enfin de l'air ou un gaz quelconque, contenu dans une enveloppe fermée, peut faire éclater cette enveloppe si on l'échauffe.

Mais il faut remarquer que nous n'avons parlé, jusqu'à ce moment, que des phénomènes produits par la chaleur sans changer l'état des corps sur lesquels elle agit. Car, si l'on dépasse les limites fixées par l'attraction moléculaire de chacun d'eux, ces corps se transforment en d'autres possédant des caractères différents. Ainsi, pour un corps solide, l'accumulation du calorique entre ses molécules peut le faire passer à l'état liquide; c'est ce qui arrive pour le fer lorsqu'il entre en fusion, la force attractive qui maintenait les molécules stables est vaincue et le corps devient liquide. Que le refroidissement s'opère et que les molécules puissent recouvrer leur force attractive, de liquide le corps redevient solide. Arrivé à une certaine température, un liquide change de nature, il passe à l'état de gaz; c'est ce qui a lieu pour l'eau qui se transforme en vapeur. Mais, qu'on enlève à la vapeur la chaleur, elle redevient liquide; on dit alors qu'elle est condensée. Si par un moyen quelconque on absorbe une partie de la chaleur de l'eau, elle passe à l'état solide et devient de la glace. Le mercure qui est un métal, à l'état liquide, chauffé suffisamment, passe à l'état de gaz; refroidi au contraire, il devient solide.

En résumé, la chaleur produit sur tous les corps une augmentation de volume, et les variations de son intensité peuvent être telles que les distances relatives des molécules se modifient au point que les corps auxquels elles appartiennent changent d'état. D'où résultent la fusion des solides et la solidification des liquides, la vaporisation des liquides et la liquéfaction des vapeurs et des gaz.

DILATATION ET CONTRACTION DES MÉTAUX.

RETRAIT. TREMPE. RECUIT.

596. La chaleur, étant sans cesse en lutte avec l'attraction moléculaire, détermine, suivant que son énergie augmente ou diminue, l'écartement ou le rapprochement des molécules des corps et, par suite, le changement de volume de ces corps.

L'augmentation de volume est ce qu'on nomme la dilatation; la diminution de volume est la contraction. On dit la dilatation et la contraction linéaires, quand on ne veut parler que du changement des corps en longueur; la dilatation et la contraction superficielles, quand il s'agit de l'augmentation ou de la diminution d'une surface; la dilatation et la contraction cubiques, quand on veut parler des changements de volume des corps considérés sous leurs trois dimensions.

Pour démontrer les effets de la dilatation et de la contraction sur les corps solides, on se sert d'une barre de métal, fer, zinc, ou laiton, qui, à la température ordinaire, tombe juste entre deux talons fixés sur une plaque épaisse. Cette barre chauffée ne peut plus tomber entre ses repères; il faut qu'elle se refroidisse pour reprendre la longueur qu'elle avait d'abord; dilatée par la chaleur, elle se contracte quand cette chaleur l'abandonne et revient à ses dimensions primitives.

Chaque jour, dans l'industrie, cette propriété des métaux est utilisée; le charron chauffe le cercle de la roue qu'il garnit avant de le placer, pour que la contraction du métal, en se refroidissant, serre les jantes. Les cercles qui réunissent les différentes pièces d'un mât d'assemblage sont mis à chaud, pour que leur contraction opère une réunion intime entre toutes les parties.

Une virole mise à chaud sur un arbre en fer fait partie de cet arbre et peut être tournée avec lui.

597. La dilatation des corps est à peu près uniforme jusqu'aux températures de 100 degrés; c'est-à-dire que l'allongement linéaire et l'augmentation du volume de chacun d'eux sont sensiblement proportionnels à l'élévation de température. Ainsi la dilatation linéaire d'une barre de fer étant, je suppose, de $0^m,001$ pour un degré d'augmentation dans la température de la barre, sera de $0^m,010$ si la température est augmentée de 10 degrés. Mais, comme nous l'avons déjà dit plus haut, cette proportionnalité ne se maintient que jusqu'à 100 degrés environ.

L'augmentation en longueur, en surface et en volume due à une augmentation de température de 1 degré est ce qu'on nomme les coefficients de dilatation. La première augmentation, celle de la longueur, se désigne sous le nom de coefficient linéaire ; la seconde, sous celui de coefficient superficiel ; et enfin le coefficient cubique est l'augmentation des corps considérés sous leurs trois dimensions.

Le coefficient superficiel étant le double de celui linéaire, et le coefficient cubique le triple, le tableau 5 donne les coefficients linéaires ; mais il faut remarquer qu'ils représentent l'augmentation de la longueur du corps passant de 0 à 100 degrés ; ils sont donc 100 fois trop grands.

La connaissance des coefficients de dilatation sert à résoudre des questions semblables à celle qui suit :

Connaissant le volume d'un corps à une température, trouver le volume de ce corps à une autre température plus forte ou plus faible.

V étant le volume du corps à la température E, V' le volume du même corps à la température T', K le coefficient cubique pour 1 degré d'augmentation dans la température, et t la différence des deux températures, on aura

$$V' = V (1 + K t).$$

Retrait.

Pour avoir K au moyen du tableau 5, il faudra multiplier le coefficient du corps par 3 et le diviser par 100.

598. Le retrait est la contraction éprouvée par tout métal, chauffé ou fondu, en se refroidissant ; cependant, par ce mot on entend plus généralement la contraction éprouvée par le métal fondu en passant de l'état liquide à l'état solide.

Ainsi donc, un forgeron doit tenir compte de retrait lorsqu'il mesure une pièce de fer chaude ; pour les pièces coulées, la connaissance du retrait est très-importante et les modèles doivent être faits avec un excédant de dimension tel que la pièce coulée et refroidie se trouve dans les dimensions voulues. Cette considération n'est pas la seule dont il faut tenir compte en faisant un modèle, il y en a d'autres qui tiennent encore au retrait et qui sont très-importantes.

Ainsi, les parties d'une pièce n'étant pas toutes de la même épaisseur, il s'ensuit que le refroidissement se fait beaucoup plus vite dans les endroits faibles que dans les endroits forts ; de là des ruptures fréquentes qu'on ne peut éviter qu'en donnant, autant que possible, aux différentes parties des pièces à couler, des masses de métal à peu près égales.

Le retrait de la fonte de fer est de 0,0109 par mètre, environ 1 pour 100 pour chacune des trois dimensions ; pour la fonte de laiton, elle est de 0,0146 par mètre, ou environ 1 $\frac{1}{2}$ pour 100 pour chacune des trois dimensions.

599. La trempe consiste à refroidir subitement, en le plongeant dans un liquide froid, un métal chauffé. Cette opération peut être utile ou nuisible suivant la nature du métal : il y en a que le refroidissement subit rend mou, granuleux et cassant ; d'autres, au contraire, acquièrent des qualités précieuses.

Ainsi le fer pur et d'autres métaux ne se trempent pas, parce qu'ils perdraient leurs qualités ; la fonte trempée devient blanche et très-aiguë, c'est-à-dire très-cassante ; mais l'acier se durcit pas la trempe, sa couleur devient plus claire ; il prend un beau poli ; sa dureté, sa ténacité et son élasticité augmentent d'une manière sensible. Par contre, le réchauffement d'un objet en acier trempé lui enlève les qualités données par la trempe.

L'acier trempé présente cette particularité qu'il conserve le même volume qu'au moment où il a été plongé dans le liquide.

La trempe s'opère en chauffant l'acier à des températures d'autant plus élevées qu'on veut rendre le métal plus dur ; mais on ne doit pas dépasser le rouge blanc ; au delà de cette limite l'acier serait altéré, et il deviendrait impossible de lui rendre de nouveau ses qualités premières. Une fois chaud au degré voulu, on le plonge dans un liquide froid, qui est ordinairement de l'eau douce, et on le remue jusqu'au refroidissement complet. L'eau doit être en assez grande quantité pour que sa température ne s'élève pas trop en prenant la chaleur du métal. La trempe dans les acides est toujours plus dure que celle dans l'eau ordinaire ; pour les petits outils, on se sert avec avantage de suif ou d'huile ; la trempe ainsi obtenue est très-douce.

Les phénomènes produits par la trempe ne sont pas encore

bien expliqués; les théories émises jusqu'à ce jour sont peu satisfaisantes et laissent beaucoup à désirer.

Les outils doivent être différemment trempés suivant l'usage auquel on les destine; ainsi les burins, les ciseaux, les forets et les marteaux doivent être fortement trempés; les outils destinés pour le bois le sont moins, et les ressorts reçoivent une trempe encore plus faible.

Il faut une telle expérience pour arriver aux températures convenables qui produisent les différentes trempes, qu'on se sert quelquefois d'alliages métalliques qui ne fondent qu'à une température connue d'avance. Ces alliages se composent de bismuth, d'étain et de plomb; plus il entre de ce dernier métal et plus il faut de chaleur pour déterminer la fusion.

Cémentation. **600**. On appelle cémentation l'opération qui consiste à transformer le fer en acier; pour arriver à ce résultat, on combine le fer avec le carbone, principe du charbon.

Trempe au paquet. **601**. La trempe au paquet est une cémentation superficielle du fer; le haut prix de l'acier et la facilité avec laquelle il casse ont conduit au procédé suivant, pour donner à la surface du fer la dureté de l'acier, tout en conservant à l'intérieur du métal son nerf. Les pièces que l'on doit tremper étant finies, mais non polies, on les place par couche dans une caisse en tôle remplie de charbon de bois pilé, de suie, de corne, de sabots d'animaux, de vieux cuirs brûlés et en poudre. Le charbon animal, que l'on emploie aussi, est préférable à tous les autres. Les pièces de fer ne doivent ni toucher les parois de la caisse ni se toucher entre elles. Tout ainsi disposé, on ferme la boîte et on enduit ses joints avec de la terre glaise; enfin on les place dans un four en briques, ou simplement dans un feu de forge, quand la boîte est assez petite pour que toutes ses parties puissent atteindre en même temps la même température. On porte le tout au rouge léger, puis on le plonge dans l'eau.

La surface du fer, sous une épaisseur de $0^m,001$ environ, est ainsi transformée en acier et trempée. L'épaisseur de la partie cémentée pourrait être augmentée, en laissant les pièces plus longtemps au feu avec une plus grande quantité de charbon dans la caisse. La surface du fer trempé au paquet est presque toujours aigre, et elle résiste très-bien au frottement, tandis que l'intérieur, resté fer, conserve sa souplesse.

Cette opération demande beaucoup d'expérience; et, malgré tous les soins apportés, il arrive souvent que les pièces trempées au paquet sortent déformées de la caisse, et il est quelquefois impossible de s'en servir.

602. Les grosses pièces, pour lesquelles le procédé que l'on vient d'indiquer serait impraticable, sont trempées au prussiate de potasse. Le fer, chauffé au rouge sombre, est frotté avec ce sel, ou roulé dedans; puis il est soumis au feu pendant quelques minutes et plongé dans l'eau. Cette trempe est souvent inégale, parce que des parties du métal ne reçoivent pas l'influence du prussiate et ne se cémentent pas de la même manière.

Du reste, toutes ces opérations demandent beaucoup d'habitude de la part des ouvriers ; la pratique et l'observation peuvent seules leur donner le tact néessaire pour les bien conduire.

603. Recuire, c'est soumettre l'acier, le fer, la fonte, le cuivre, ou tout autre métal, à l'action d'une faible température, pour le laisser ensuite refroidir le plus lentement possible. Par là on donne plus de douceur et de malléabilité au métal ; dans cet état, il est plus facile à buriner, à limer, à tordre et à écraser sous le marteau. L'acier recuit légèrement est moins sujet à se casser ; la fonte recuite perd son aigreur et prend en partie la ténacité du fer. En conduisant cette dernière opération avec soin, on arrive à transformer en fer l'extérieur de la fonte, tandis que l'intérieur, resté à l'état de fonte, se liquéfie et s'écoule laissant la pièce creuse.

Pour recuire une pièce, on la place sur un brasier de charbon de bois, préférablement à tout autre combustible; on n'active pas le feu, afin que son réchauffement soit lent ; et, quand elle est rouge, on la laisse sous les charbons et les cendres jusqu'à ce que le brasier s'éteigne de lui-même. De cette manière seulement, le refroidissement se fait le plus lentement possible.

La difficulté de donner à la trempe d'acier le degré de dureté voulu fait employer le recuit comme moyen plus appréciable de juger la température du métal. Alors l'objet est trempé aussi dur que possible ; il est chauffé ensuite à une température modérée, et on observe la couleur qu'il prend, pour le replonger de nouveau dans l'eau ; cette couleur, nommée couleur de recuit, indique la température du métal et, par suite, le degré de dureté que donnera la trempe.

Ainsi la couleur jaune paille indique une température de 221 à 234 degrés; elle convient au recuit des outils destinés à tailler les métaux.

Le jaune paille sombre accuse une température de 243 à

250 degrés; il convient aux outils destinés à couper le bois, aux tarauds et aux coussinets à fileter. Le jaune brun, tirant un peu sur le pourpre, répond à 260 ou 270 degrés; c'est la couleur pour les haches et les scies. Le bleu foncé indique 287 à 315 degrés ; c'est la couleur pour les ressorts.

Afin de mieux suivre le changement de couleur de l'acier pendant qu'il se recuit, on le place sur une pièce de fer rouge, le retournant de temps en temps pour qu'il chauffe également partout ; il reste alors visible, et il est possible de bien apprécier le moment où il doit être plongé dans l'eau.

Pour les outils taillés en biseau on chauffe du côté opposé au taillant, et l'on plonge dans l'eau seulement ce taillant, les retirant aussitôt pour voir quelle couleur ils prennent sous l'influence de la chaleur de la partie opposée, qui n'a pas été refroidie. Dès qu'ils ont atteint la couleur désirée, on les jette dans l'eau.

MESURE DES TEMPÉRATURES.

DESCRIPTION ET USAGE DU THERMOMÈTRE.

Thermomètre. **604.** On a vu, page 225, ce qu'on appelle température; tout instrument propre à mesurer, ou mieux, à comparer les températures, se nomme thermomètre.

Tous les corps se dilatant quand on les chauffe et se contractant quand on les refroidit peuvent servir à construire des thermomètres. Mais les solides se dilatant peu ne peuvent être employés que pour mesurer de très-grandes variations dans l'intensité de la chaleur. Les gaz, au contraire, se dilatant beaucoup, ne peuvent servir qu'à accuser de très-faibles changements dans la température. Aussi les liquides dont la dilatation est intermédiaire entre celle des solides et celle des gaz, et dont il est facile d'observer les changements de volume en les mettant dans une enveloppe transparente, sont employés de préférence.

Enfin, parmi les liquides, on prend le mercure ou l'esprit-de-vin ; le mercure, parce qu'il se dilate plus uniformément que les autres liquides, qu'il est toujours facile de l'obtenir pur, qu'il n'adhère pas aux parois des tubes de verre, qu'il ne se congèle qu'à un froid très-vif et qu'il ne bout qu'à une température très-élevée. L'esprit-de-vin ou l'alcool est choisi pour mesurer les basses températures, parce qu'il résiste aux plus grands froids connus sans se congeler.

605. Le thermomètre à mercure se compose d'un tube de verre capillaire soudé à un réservoir sphérique ou cylindrique d'un assez grand diamètre.

La boule et le tube sont remplis de mercure jusqu'à une certaine hauteur. Par cette disposition, de très-faibles variations de volume, dans la masse totale du liquide, sont rendues sensibles par une élévation ou une dépression considérable dans le tube capillaire.

Le mercure introduit, on ferme la partie supérieure du tube en y laissant un petit renflement, pour que la compression de l'air qui peut rester en dessus du mercure ne puisse, dans aucun cas, faire éclater le tube. Le thermomètre construit, on le gradue.

Pour cela on prend deux points fixes de chaleur, c'est-à-dire deux phénomènes que l'on puisse reproduire à volonté et qui exigent toujours, pour s'accomplir, la même quantité de chaleur.

606. Le premier point fixe, celui qui donne le zéro de l'échelle thermométrique centigrade, est la glace fondante, parce qu'on a reconnu que la température de la glace qui commence à fondre reste invariable pendant tout le temps qu'elle met à passer de l'état solide à l'état liquide. Le second point fixe, celui qui donne la graduation 100 de la même échelle, est fourni par l'eau en ébullition à l'air libre et sous une pression atmosphérique mesurée par 76 centimètres de mercure, parce que, dans ce cas encore, la température de l'eau reste constante, quelle que soit l'intensité du foyer de chaleur qui détermine sa conversion en vapeur. L'intervalle compris entre les deux points que l'on vient d'indiquer est divisé en 100 parties égales nommées degrés de thermomètre; les divisions sont prolongées au-dessous de zéro et au-dessus de 100; les graduations supérieures à zéro sont marquées du signe + (plus); celles inférieures à zéro sont marquées du signe — (moins) et sont appelées vulgairement les degrés de froid.

607. L'échelle dont nous venons de parler est l'échelle centigrade; une seconde graduation est encore usitée en France; elle est connue sous le nom de Réaumur, son inventeur; elle diffère de l'échelle centigrade en ce que le point d'ébullition de l'eau est marqué 80 degrés et que la partie comprise entre le zéro et ce point est divisée en 80 parties égales au lieu de l'être en 100, comme nous l'avons vu plus haut.

Fahrenheit.

608. Les Anglais graduent différemment leurs thermomètres; le point de glace est marqué **32** degrés et celui de l'eau bouillante **212**. La distance de l'un à l'autre est donc de **180** degrés. Cette graduation est celle de Fahrenheit.

Conversion des échelles.

609. D'après ce que nous venons de dire au sujet des différentes graduations des thermomètres, il résulte que

$$100° \text{ cent.} = 80° \text{ Réaumur} = 180° \text{ Fahrenheit}$$

ou mieux $\qquad 5\,C = 4\,R = 9\,F - 32.$

De cette égalité on tire les règles suivantes :

1° Pour convertir en degrés Réaumur un certain nombre de degrés centigrades, multiplier ce nombre par $\frac{4}{5}$ ou seulement en retrancher le cinquième.

2° Pour convertir en degrés centigrades un certain nombre de degrés Réaumur, multiplier ce nombre par $\frac{5}{4}$, ou seulement lui ajouter le quart de lui-même.

3° Pour convertir en degrés de Fahrenheit un certain nombre de degrés centigrades, prendre les $\frac{9}{5}$ de ce nombre et lui ajouter 32 degrés.

4° Pour convertir en degrés centigrades un certain nombre de degrés Fahrenheit, retrancher d'abord 32 degrés du nombre donné, afin d'avoir le nombre de degrés au-dessus de la glace fondante, et prendre les $\frac{5}{9}$ du reste.

5° Pour convertir en degrés Fahrenheit un certain nombre de degrés Réaumur, prendre les $\frac{9}{4}$ de ce nombre et lui ajouter 32.

6° Enfin, pour convertir en degrés Fahrenheit un certain nombre de degrés Réaumur, retrancher d'abord 32 du nombre donné et prendre les $\frac{4}{9}$ du reste.

Thermomètre à alcool.

610. Le thermomètre à alcool coloré est fait de la même manière que celui à mercure, avec cette différence, pourtant, qu'on ne le purge jamais de l'air qui reste au-dessus du liquide. Par ce moyen, l'air comprimé par l'alcool, quand le thermomètre est soumis à des températures supérieures à **79** degrés (point d'ébullition de l'alcool), retarde le point d'ébullition de ce liquide. On gradue le thermomètre à alcool soit directement, soit en comparant sa marche à celle d'un bon thermomètre à mercure.

Usage du thermomètre.

611. Le mercure se congèle à la température de $-39°$ et entre en ébullition à $+360°$. Ainsi c'est entre les limites $-36°$ et $+360°$ que sont renfermées les indications du thermomètre à mercure.

Pour les températures inférieures à — 36° on se sert du thermomètre à alcool , pour celles supérieures à 360 on fait usage de pyromètres fondés sur la dilatation des métaux ou sur la propriété que possède l'argile de se contracter sous l'influence de la chaleur; le pyromètre de Wedgwood, celui qui est le plus en usage, repose sur ce dernier phénomène.

Les thermomètres servent à constater la température des milieux; mais, pour que leurs indications soient réelles, il faut, autant que possible, les soustraire aux influences étrangères à celle que l'on veut mesurer. Ainsi, s'agit-il de savoir le degré de chaleur existant dans la chambre de chauffe d'une machine à vapeur, on ne devra placer le thermomètre ni près des chaudières ni dans un courant d'air froid. S'il s'agit de constater la température d'un liquide, le thermomètre devra être plongé et maintenu dans le liquide assez de temps pour pouvoir se mettre en équilibre de température avec lui.

Ainsi, quand l'on dit que telle eau a 12 degrés de chaleur, on veut faire entendre seulement que cette eau, comparée à celle dans laquelle on mettrait de la glace à fondre, contient 12 degrés de chaleur de plus. Mais rien ne dit la quantité de calorique contenue dans le liquide.

De même, quand, comparant deux corps, on trouve la température de l'un de 12 degrés et celle de l'autre de 40 degrés, ce dernier a une température qui surpasse celle du premier de 28 degrés, mais là encore rien ne dit la quantité de chaleur contenue dans chacun d'eux ; on ne sait même pas, quand les deux corps en expériences sont différents, si celui dont la température est la moins élevée ne contient pas plus de chaleur que l'autre corps.

MOYENS A EMPLOYER POUR EMPÊCHER LES CORPS DE PERDRE LEUR CHALEUR.

612. On a vu, au n° 590, ce qu'on entend par le pouvoir émissif des corps; puisque cette perte de chaleur dépend beaucoup de la nature des surfaces, on peut arriver à rendre ce phénomène le moins préjudiciable possible, car on ne pourra jamais le détruire complétement. Outre cette considération, parmi les corps les uns laissent passer facilement le calorique, les autres ne lui permettent le passage que difficilement. Les premiers sont bons conducteurs et les seconds mauvais conducteurs Par suite,

Enveloppes non conductrices.

si l'on recouvre un corps chaud d'un autre mauvais conducteur du calorique, comme le bois, le charbon, la laine, le chanvre, etc., on diminuera de beaucoup le pouvoir émissif du corps chaud. C'est pour arriver à ce but que l'on entoure les cylindres et les chaudières d'une enveloppe de bois, qu'on couvre de laine ou de chanvre les tuyaux qui doivent conduire la vapeur.

Une remarque qu'il est important de faire, c'est que tous les corps deviennent moins bons conducteurs lorsqu'ils sont réduits en poudre ou en filaments, au lieu d'être en masse compacte. Ainsi la sciure de bois non tassée ne laisse pas passer la chaleur aussi bien que le bois lui-même; on attribue cet effet au changement intérieur du corps dans lequel les points de contact sont moins intimes et moins multipliés. Si on presse cette sciure, le contact des différentes parties augmente et la chaleur passe plus facilement; et, si sa densité surpasse celle du bois qui l'a fournie, elle acquiert un pouvoir conducteur supérieur à celui du bois lui-même. Cependant il ne faut pas non plus que les parcelles de sciure soient trop espacées, car alors l'air qui les enveloppe peut circuler facilement entre elles, et porter la chaleur de l'une à l'autre; dans ce cas, la transmission de chaleur s'accomplit avec plus de facilité que dans le bois lui-même.

EFFETS DES SURFACES POLIES ET DES SURFACES DE COULEUR CLAIRE.

613. Lorsque plusieurs corps, à des températures différentes, sont en présence les uns des autres, chacun d'eux envoie et reçoit de la chaleur; les plus chauds en envoyant plus qu'ils n'en reçoivent; les plus froids en recevant plus qu'ils n'en envoient. De sorte qu'au bout de quelque temps l'équilibre de température s'établit entre eux; mais le rayonnement et l'absorption continuent toujours, et la température générale diminue sans cesse.

D'après ce qui a été dit au n° 586 et aux suivants, on sait que la perte de calorique, par les surfaces extérieures d'un corps, dépend de la nature de ces surfaces, de leur degré de poli quand les corps ne sont pas partout de la même densité, et de leur couleur.

Ainsi une surface rugueuse dans un corps passé au laminoir ou martelé, par conséquent de densité variable, rayonne une plus grande quantité de chaleur qu'une surface polie; pour les métaux laminés susceptibles du plus beau poli, le pouvoir émissif est presque nul.

Il y a donc nécessité de polir les parties d'une machine qui ne doivent perdre que le moins possible de la chaleur qu'on leur a communiquée ; car, la plupart du temps, leurs surfaces extérieures sont plus denses que leurs parties intérieures. La couleur noire étant celle qui laisse échapper le plus de chaleur, on devra donc préférer les couleurs claires pour couvrir les pièces qui ne doivent pas se refroidir.

Mais aux couleurs on préfère encore les vernis transparents, dont le pouvoir émissif est d'autant plus faible que les couches sont plus minces.

FORMATION DE LA VAPEUR. ÉVAPORATION. ÉBULLITION.

614. La plupart des liquides peuvent passer, soit spontanément, soit par l'action d'un foyer de chaleur, de l'état liquide à à l'état gazeux. On dit alors qu'ils se volatilisent ou qu'ils se transforment en vapeur.

La vapeur se forme de deux manières, par évaporation et par ébullition.

615. Un linge humide exposé à l'air sèche ; l'eau contenue dans un vase ouvert diminue et finit par disparaître. Dans les deux cas, le liquide n'est pas anéanti, mais bien transformé en vapeur ; c'est ce phénomène qu'on nomme *évaporation*. Elle peut être ralentie ou activée suivant les circonstances ; mais elle se fait toujours lentement. Longtemps on a cru que l'air jouait un rôle actif dans l'évaporation des liquides ; l'expérience suivante démontre, au contraire, que l'air oppose une résistance passive à la formation de la vapeur et, par suite, à l'évaporation.

On prend trois tubes barométriques A, B, C, que l'on remplit de mercure ; on retourne le premier A dans une cuve remplie de mercure pour former un baromètre ; avant de retourner le second tube B, on ôte un centimètre de mercure environ pour le remplacer par de l'eau ; on agit de même pour le troisième C, mais à la place de l'eau on y met de l'éther. Ces trois tubes, placés auprès l'un de l'autre, présentent des hauteurs de mercure bien différentes. Dans le second tube B, qui contient de l'eau, la colonne de mercure, comparée à celle du baromètre A, est déprimée de 15 millimètres environ ; dans le troisième C, cette dépression est de 5 ou 6 centimètres. Dans les deux tubes B et C, la dépression a lieu instantanément au moment où on les retourne; donc, les vapeurs se forment très-rapidement dans le vide, et ces vapeurs sont analogues à l'air par leur transparence. L'évaporation soit dans l'air, soit dans le vide a donc pour cause unique la force répulsive que le calorique exerce entre les molécules des liquides.

Plusieurs circonstances peuvent influer sur la rapidité de l'évaporation à l'air libre :

1° La quantité de liquide qui s'évapore, dans un temps donné, est proportionnelle à l'étendue de la surface sur laquelle la vapeur prend naissance;

2° L'évaporation est d'autant plus grande que l'air est plus sec;

3° Elle est d'autant plus grande que la température du liquide est plus élevée;

4° Enfin l'agitation de l'air, emportant les vapeurs à mesure qu'elles sont formées, facilite encore l'évaporation.

Dans le phénomène de l'évaporation, le liquide emprunte à lui-même et aux corps environnants la chaleur dont il a besoin pour se transformer en vapeur; il doit donc nécessairement produire du froid, et un froid d'autant plus intense que l'évaporation est plus rapide. C'est ainsi que l'on explique la sensation de froid qu'on éprouve en sortant d'un bain, et le refroidissement de l'eau contenue dans un vase poreux comme sont les gargoulettes.

L'éther, étant plus volatil que l'eau, absorbe dans le même temps plus de chaleur et produit un froid plus vif; c'est ce dont il est facile de se convaincre en se versant quelques gouttes d'éther sur la main.

Quand l'évaporation de l'eau est très-rapide, le froid produit par la partie qui se volatilise ou, mieux, la quantité de calorique absorbée pour la formation des vapeurs est assez grand pour congeler le reste du liquide.

Ébullition.**616**. L'ébullition est une évaporation forcée : le liquide ne reste plus soumis aux seules influences du calorique qu'il peut renfermer; il est, au contraire, exposé à une chaleur considérable qui précipite son changement d'état et rend visible le phénomène de la formation de la vapeur.

Fig. 5.Si l'on prend un vase de verre rempli d'eau avec laquelle on a mélangé de la sciure de buis ou de gaïac qui ne coule ni ne flotte, et qu'on expose ce vase à l'action d'une source de chaleur, on verra bientôt se former divers courants qui iront du fond du vase à la partie supérieure, et d'autres de la partie supérieure au fond du vase. Ces courants, rendus visibles par la sciure de bois, sont produits par les causes suivantes :

1° Les molécules du liquide en contact avec le fond du vase s'échauffent et se dilatent; elles deviennent donc plus légères que celles qui ne sont pas soumises à l'action de la chaleur du foyer; par suite de leur légèreté, elles montent à la surface du vase.

2° Celles de la surface du vase, moins influencées que toutes les autres, sont les plus denses et, par suite, les plus lourdes; elles doivent donc tomber au fond du vase ; là elles s'échauffent à leur tour et remontent à la surface.

Mais chacune des molécules laisse une partie de sa chaleur en montant à la surface; il suit de ces courants que la masse entière du liquide s'échauffe; aussi l'évaporation est-elle bientôt rendue visible par un léger nuage qui se promène à la surface, et qui augmente à mesure que la chaleur du liquide devient plus grande. Enfin l'on voit apparaître des bulles de vapeur qui partent du fond et qui disparaissent comme écrasées, en montant vers la surface du liquide (c'est cet écrasement qui produit le bruit que l'on entend dans les chaudières avant l'ébullition); mais le point de leur disparition est de plus en plus élevé, et elles finissent par venir crever à la surface.

Ce n'est qu'à ce moment que commence véritablement l'ébullition ; dès qu'elle est régulière, elle fournit une quantité de vapeur en rapport avec la quantité de chaleur reçue par le liquide.

Si, dès le commencement de l'opération, on a placé un thermomètre dans le vase, on pourra remarquer que, jusqu'au moment de l'ébullition, il a manqué des degrés de chaleur de plus en plus élevés, mais qu'à cet instant il cesse de monter et reste stationnaire.

C'est là un des points fixes de température qui servent à graduer les thermomètres. Ce point ne change pas dans le même lieu, quelle que soit la quantité de chaleur fournie. La formation de la vapeur ne peut avoir lieu qu'aux dépens du liquide soumis à l'ébullition ; ce liquide diminue sans cesse et disparaît bientôt, s'il n'est pas renouvelé.

Pour que les effets de l'ébullition continuent, il faut que la source de chaleur donne toujours de nouveau calorique; sans cette condition indispensable, le liquide cesse d'être agité et l'ébullition disparaît pour faire place à l'évaporation et au refroidissement.

Nous supposons que le liquide dont il s'agit est de l'eau et que le thermomètre a marqué 100 degrés pour le point d'ébullition.

Si dans cette eau refroidie on fait dissoudre du sel, on remarque que le point d'ébullition est retardé. Si la quantité de sel est de $\frac{1}{35}$, proportion de celui contenu dans l'eau de mer, l'ébullition n'a lieu qu'à 100°,7 ; et, si le liquide contient tout le sel qu'il peut dissoudre ou $\frac{12}{35}$ (on le dit alors saturé de sel), il n'entre en ébullition qu'à 108 degrés.

En faisant entrer en ébullition des liquides différents et observant le thermomètre pendant l'opération, on remarque que le point d'ébullition n'est pas le même pour chacun d'eux :

L'éther bout à. . . . . 37°,8
L'alcool bout à. . . . . 78°
L'eau bout à. . . . . 100°
L'huile de lin bout à. . . . 316°
Le mercure bout à. . . . . 360°

Un liquide est dit plus volatil qu'un autre, si son point d'ébullition est plus bas que celui de cet autre ; il est moins volatil dans le cas contraire. Ainsi l'éther est plus volatil que l'eau, et l'huile de lin l'est moins que l'eau.

D'après ce que l'on a vu plus haut, il est évident que la formation des globules de vapeur n'ayant lieu qu'au contact de la partie du vase chauffée par le foyer, plus cette partie présentera de surfaces, plus il y aura de vapeur formée et plus l'ébullition sera considérable.

617. De tous les liquides employés jusqu'ici pour former de la vapeur, l'eau a été trouvée de beaucoup préférable, non-seulement sous le point de vue de son bon marché et de la facilité avec laquelle on peut se la procurer, mais encore sous celui des qualités particulières de la vapeur qu'elle fournit. Il semblerait qu'il y aurait avantage à employer la vapeur d'éther ou celle de l'alcool, qui coûte infiniment moins à produire ; mais il faut considérer que le travail que peut produire une vapeur dépend de son volume ; or, le volume de la vapeur fournie par l'eau étant 1, celui de la vapeur de l'alcool est de 0,36, et celui de la vapeur d'éther seulement 0,17, la quantité du liquide volatilisé étant la même pour l'eau, l'alcool et l'éther. Ainsi l'avantage du volume de la vapeur d'eau peut compenser l'excédant des dépenses du combustible nécessaire pour le fournir.

618. Cependant la grande volatilité de l'éther a donné l'idée d'employer sa vapeur, qui peut être produite sans nouvelle dépense de combustible, en utilisant la chaleur de la vapeur d'eau qui vient d'agir sous le piston d'une machine à vapeur. On a remplacé ensuite l'éther par le chloroforme, dont les vapeurs ne sont pas aussi inflammables ; mais les vapeurs de ce dernier liquide présentent de tels dangers pour la santé des hommes qui conduisent les machines, que les quelques expériences faites jusqu'à ce jour laissent beaucoup à désirer.

QUANTITÉ DE VAPEUR PRODUITE PAR UN LITRE D'EAU.

619. Si l'on prend un long tube de verre fermé à sa partie inférieure B C, que dans ce tube on mette 1 centimètre d'eau et par-dessus ce liquide un piston P étanche, équilibré de telle sorte par un poids K qu'il ne produise aucune pression ;

Si l'on place alors une lampe F au-dessous du vase, le liquide s'échauffe et passe à l'état de vapeur ; au fur et à mesure que la transformation se fait, le piston monte, laissant un espace plein de vapeur au-dessous de lui.

Plus la lampe chauffe, plus l'espace au-dessous du piston augmente et plus l'eau diminue. Enfin, quand tout le liquide est transformé en vapeur, le piston est monté de 1695 centimètres, ou $16^m,95$ au-dessus de son point de départ.

Si un thermomètre permet de suivre les variations de température du centimètre d'eau déposé au fond du vase, on remarque que le piston ne commence à monter que lorsque l'eau est arrivée à la température de 100 degrés. Le thermomètre alors reste stationnaire, et à ce moment seulement la vapeur a acquis assez de force pour soulever l'atmosphère qui pèse de tout son poids sur le piston P.

Si le piston P, au lieu d'être équilibré par le poids K, comme dans l'expérience précédente, est chargé de telle sorte que son poids propre, additionné à celui ajouté au-dessus, réponde à autant de fois $1^k,033$ que sa surface contient de centimètres carrés, ce piston P sera, par le fait, pressé par un poids double de celui de l'atmosphère. Si, dans ces nouvelles conditions, on chauffe le centimètre d'eau contenu dans le tube, le piston ne commence à monter que lorsque le thermomètre accuse une température de 120 degrés, et il s'arrête à une hauteur de 896 centimètres au-dessus de son point de départ, ou à la moitié de celle qu'il avait atteinte dans la première expérience, alors que la force de la vapeur n'était que d'une atmosphère.

Si le poids de piston équivaut à celui de trois atmosphères, la température du liquide doit s'élever à 135° et le piston ne monte qu'à 619 centimètres, environ le tiers de la première hauteur, 1695 centimètres.

En continuant les expériences on arrive toujours à des résultats semblables, c'est-à-dire que le volume occupé par la vapeur est d'autant plus petit que la pression de cette vapeur est plus grande et que sa température est plus élevée.

De ce qui précède on conclut que la vapeur, à la pression d'une atmosphère ou à la température de 100°, occupe 1.700 fois plus de place que le liquide qui l'a fournie. Par suite, 1 litre d'eau fournirait 1.700 litres de vapeur à 100° (press., 1 atm.), environ 850 litres de vapeur à 121° (press., 2 atm.), environ 600 litres à 135° (press., 3 atm.) ; etc.

Voir le tableau 1.

PROPRIÉTÉS GÉNÉRALES DE LA VAPEUR, SA FORCE ÉLASTIQUE OU TENSION.

620. Pour se faire une idée bien exacte des propriétés de la vapeur, reprenons l'exemple cité au n° 615.

Fig. 4. Soient donc trois tubes de baromètres remplis de mercure ; de l'un faisons un baromètre ordinaire, en le renversant dans une cuvette remplie de mercure ; dans le second, avant de le placer à côté du premier, introduisons une petite quantité d'eau avec les précautions indiquées au n° 615. Le mercure de ce baromètre, comparé au premier, se trouve déprimé ou plus bas de 10 à 15 millimètres. Cette différence est due à la pression exercée par la vapeur qui s'est formée instantanément dans le vide. Or cette pression, mesurée par la différence des deux colonnes de mercure, est ce qu'on nomme élasticité ou tension de la vapeur.

Avant de renverser le troisième tube dans la cuvette à côté des deux autres, introduisons une petite quantité d'air. Ce baromètre, comparé au baromètre ordinaire, présente aussi une dépression causée par la pression de l'air. En introduisant successivement de nouvelles quantités d'air dans ce dernier baromètre, le mercure se trouve de plus en plus déprimé, et il arrive un moment où le niveau est le même dans le tube et dans la cuvette. Évidemment alors la pression de l'air introduit est égale à la pression atmosphérique, puisque les choses se passent comme si, le tube étant ouvert par le haut, la pression atmosphérique agissait sur le liquide contenu dans le tube.

Examinons maintenant le second baromètre, celui qui contient Fig. 9.
de l'eau. Remarquons d'abord que tout le liquide introduit n'est pas vaporisé, une partie surnage au-dessus du mercure ; si ce tube A B est assez long pour plonger d'une certaine quantité dans une cuvette profonde C D et qu'on l'élève, la quantité d'eau surnageant au-dessus du mercure diminue ; l'espace vide A H augmente, mais la hauteur de la colonne du mercure H E reste la même. Si, au contraire, on enfonce le tube, le liquide surnageant augmente, l'espace vide A H diminue, mais la hauteur de la colonne de mercure H E reste encore la même.

De cette expérience il faut donc conclure que la vapeur ne peut pas s'accumuler comme l'air dans un espace donné. Dès que cet espace a reçu toute celle qu'il peut contenir, il en est saturé ; le liquide n'en donne plus parce que l'espace n'en reçoit plus. Si l'on augmente l'espace occupé par la vapeur, le liquide produit une nouvelle quantité de vapeur pour saturer ce nouvel espace ; si l'on diminue l'espace, une partie de la vapeur, au contraire, repasse à l'état liquide. Ainsi donc, dans le vide, la vapeur prend immédiatement une force élastique maximum qui ne change pas, que l'espace occupé par elle devienne plus grand ou plus petit ; mais avec cette condition indispensable qu'il doit toujours y avoir du liquide pour saturer cet espace. Car, si l'espace n'est pas saturé, la tension peut devenir 10 fois, 100 fois plus petite.

Dans ce qui précède il n'a été question que du volume occupé par la vapeur, la température est restée constante ; si donc maintenant on fait varier la température, à mesure qu'elle sera plus élevée, une partie du liquide contenu dans la chambre du baromètre passera à l'état de vapeur ; le niveau du mercure baissera, et la différence entre la colonne déprimée et celle du baromètre ordinaire donnera encore la mesure de la force élastique ou tension de la vapeur. Dès lors, la température restant la même, on pourra augmenter ou diminuer l'espace occupé par la vapeur comme dans l'expérience précédente, sans que la hauteur du mercure change.

Quand la température qui environne le tube est égale à celle Fig. 10.
du point d'ébullition des liquides, c'est-à-dire à 100 degrés, puisqu'il s'agit de l'eau, on observe que le mercure du baromètre est

déprimé jusqu'au niveau du mercure de la cuvette ; donc, la tension de la vapeur contenue est égale à la pression atmosphérique. Arrivé à ce point de l'expérience, les tubes dont on s'est servi jusqu'à ce moment ne peuvent plus être employés pour mesurer les pressions de la vapeur au-dessus de 100 degrés. Mais on peut imaginer une caisse A B, fermée de toute part et remplie de mercure. Sur le couvercle de cette caisse est un baromètre C D contenant une petite quantité d'eau et de la vapeur à 100 degrés. A côté du premier tube il existe un autre plus long F E, ouvert à sa partie supérieure. Dans l'état actuel des choses, la vapeur ayant une pression égale à celle de l'atmosphère, le mercure est à la même hauteur dans les deux tubes. Mais, si l'on augmente la température du tube C D, le mercure monte aussitôt dans le tube F E, et la hauteur de ce niveau au-dessus du niveau de celui du tube C D, augmentée d'une pression atmosphérique, donnera la tension de la vapeur.

Le tableau n° 1, placé à la fin de cette partie du cours, donne les forces élastiques de la vapeur d'eau, ou sa tension depuis une atmosphère jusqu'à 50, le volume correspondant de la vapeur par rapport à celui de l'eau qui l'a produite, la température correspondante de la vapeur et enfin la pression sur un centimètre carré.

De ce qui précède on peut déduire les conséquences suivantes pour la vapeur saturée et formée dans le vide :

1° La vapeur se forme instantanément dans le vide.

2° Quand la vapeur, contenue dans un espace donné, est en contact avec son liquide générateur, elle prend d'elle-même une tension maximum : si on la comprime, une partie de la vapeur se liquéfie ; si on la dilate, une partie du liquide se vaporise : de sorte que, le volume augmentant ou diminuant, la force élastique et la densité de la vapeur restent constantes. L'espace où la vapeur est renfermée, contenant alors toute la vapeur qu'il peut contenir, est dit saturé, et la vapeur prend elle-même le nom de vapeur à saturation ou au maximum de tension.

3° Mais, si l'on agrandit assez l'espace occupé par la vapeur pour que le liquide générateur soit entièrement volatilisé, dès ce moment le phénomène change de nature, à mesure que le volume augmente, la vapeur s'éloigne de plus en plus de son maximum de tension, sa force élastique et sa densité diminuent. Réciproquement, si l'on comprime cette vapeur éloignée de son point de saturation, sa force élastique et sa densité augmentent jusqu'à l'instant où elle sature l'espace qu'elle occupe, c'est-à-dire où elle atteint de nouveau la tension limitée qu'elle possédait alors qu'elle était en contact avec son liquide générateur. Dès lors une nouvelle diminution de volume n'a pour effet que d'amener une condensation partielle de la vapeur sans augmenter sa tension.

4° La température de la vapeur augmentant, la tension de la vapeur augmente aussi.

5° La force élastique de la vapeur d'un liquide quelconque, à la température de son ébullition à l'air libre, est égale à la pression atmosphérique.

6° L'inspection du tableau n° 1, placé à la fin de cette partie, montre que la tension de la vapeur d'eau croît avec la température, mais dans une bien plus grande proportion qu'elle ; ainsi, à une température élevée, une augmentation d'un petit nombre de degrés de chaleur suffit pour faire croître la force élastique de la vapeur d'une atmosphère.

Il n'en serait pas ainsi si la vapeur que l'on chauffe n'était pas en contact avec un excès de liquide ; alors la tension n'augmenterait sous l'action du calorique que proportionnellement à la température, comme cela arrive pour les gaz ordinaires, l'air par exemple.

Nous avons vu plus haut que la tension de la vapeur d'un liquide en ébullition à l'air libre était égale à la pression atmosphérique. Il s'ensuit donc que, pour qu'il y ait ébullition, il faut que la pression de la vapeur puisse vaincre celle de l'atmosphère. Par suite, si cette dernière pression diminuait, l'ébullition aurait lieu plus tôt, et, si elle augmentait, le point d'ébullition serait retardé. C'est, en effet, ce que l'expérience confirme.

Si l'on place sous la cloche d'une machine pneumatique un vase rempli d'eau à la température du lieu et que l'on fasse le vide, l'ébullition commence dès les premiers coups de piston et devient assez tumultueuse pour projeter le liquide en dehors du vase ; si on suspend l'opération, l'ébullition cesse, l'espace se sature de vapeur, et tout rentre en repos. Mais, si on continue, chaque coup de piston de la machine raréfie l'air de la cloche et soutire une partie de la vapeur formée ; il y a, par suite, nouvelle ébullition, et refroidissement considérable du liquide qui finit par se congeler.

Si, au contraire, on comprime l'air au-dessus d'un vase contenant de l'eau en ébullition, l'ébullition s'arrête, et il faut que la température dépasse 100 degrés pour qu'elle recommence.

Ainsi donc, la cause qui influe le plus puissamment sur le point d'ébullition d'un liquide est la pression exercée sur sa surface. C'est pourquoi la température de l'eau en ébullition varie dans les différents lieux avec la hauteur de la colonne barométrique ; sur une haute montagne l'eau bout plus vite que dans les plaines, et, dans ces dernières, plus vite qu'au fond des mines.

Il suit de ce qui précède que, dans un vase clos, l'ébullition ne peut avoir lieu, car, la température augmentant sans cesse, il y a production continuelle de vapeur ; par suite, saturation de l'espace occupé par cette vapeur et augmentation de la tension. Mais, si tout à coup on ouvre ce vase, la pression exercée n'est plus que celle de l'atmosphère, et le liquide se trouvant à une température supérieure à 100°, il y a aussitôt ébullition.

Dans une chaudière à vapeur dont le liquide est à une température supérieure à 100°, on peut donc déterminer tout à coup des ébullitions considérables en couvrant trop précipitamment la soupape pour laisser échapper la vapeur, puisque par là on réduit la pression exercée par le liquide à celle de l'atmosphère.

Reprenons maintenant les expériences citées au n° 619.

Fig. 6.

Elles font voir comment on a pu arriver à connaître les propriétés de la vapeur ; elles démontrent que la pression et la densité croissent dans le même rapport. Quand la pression est double, la densité est double ; quand elle est triple, la densité est triple.

Dans le premier cas, le piston est monté à 16^m,95, mais n'ayant qu'une atmosphère à soulever ; dans le second, la vapeur a levé un poids double, mais à une hauteur moitié moindre ; enfin, dans le troisième, la vapeur a pu soulever un poids triple, mais elle ne l'a levé qu'au tiers de la hauteur primitive.

Ainsi donc, le travail est le même dans les trois cas ; par suite, on ne voit pas ici l'avantage qu'il peut y avoir à employer la vapeur à haute pression plutôt que celle à basse pression. Nous verrons, du reste, dans la seconde partie du cours, que les avanages des machines à haute pression sont tous de convenance.

Les mots pression, tension et force élastique étant souvent employés l'un pour l'autre, il est important de bien fixer le sens à donner à chacun d'eux. Ainsi :

La pression ne s'exerce que par la force élastique de la vapeur ; la force élastique est donc la cause de la pression, et celle-ci l'effet produit.

Quant au mot tension, on ne devrait l'employer que pour indiquer le nombre d'atmosphères équilibrées.

Ainsi on devrait dire : la force élastique de cette vapeur produit une pression de $2^k.066$ par centimètre carré, ou une tension de 2 atmosphères.

VARIATION DE LA TENSION
QUAND ON FAIT VARIER LA TEMPÉRATURE.

621. Nous avons vu, dans les numéros précédents, que, si la température d'une quantité de vapeur à saturation augmente, une partie du liquide se vaporise ; alors la tension et la densité croissent suivant une loi beaucoup plus rapide que celle que suivrait un gaz, l'air par exemple, dans les mêmes circonstances.

Si la température, au contraire, diminue, une partie de la vapeur revient à l'état liquide, et celle qui reste ne conserve plus que la tension et la densité qui conviennent à la nouvelle température.

Mais, lorsque l'espace occupé par la vapeur n'est pas saturé, la vapeur, ne se trouvant plus en contact avec son liquide générateur, se comporte exactement comme un gaz, soit qu'on élève sa température, soit qu'on l'abaisse. Seulement, dans ce dernier cas, un nouvel abaissement de température, alors que l'espace se trouve saturé, détermine la condensation d'une partie de la vapeur.

622. Sous une pression constante, quelle qu'elle soit, pourvu qu'elle ne varie pas pendant le cours de l'opération, l'air et tous les gaz secs, simples ou composés, se dilatent de la même fraction de leur volume pour une même élévation de température. *Loi de la dilatation des gaz.*

Nous admettrons que leur dilatation est uniforme de 0 à 100°, et que chacun d'eux, pour un croissement d'un degré dans la température, augmente de 0,003 environ de son volume à zéro. Ainsi 1 litre de gaz à zéro deviendrait $1^l,003$ à un degré et $1^l,3$ à 100.

Or la dilatation produit la tension, et, si le gaz est renfermé, elle occasionne sur les parois la pression, l'effet sensible de la tension. Donc la loi de dilatation des gaz et celle de leurs tensions sont sous l'influence de la température.

VARIATION DE LA TENSION
QUAND ON FAIT VARIER LE VOLUME. LOI DE MARIOTTE.

623. Si, la température d'une quantité de vapeur à saturation restant constante, on augmente le volume qu'elle occupe, une partie du liquide se vaporise, et la tension et la densité de la vapeur restent invariables. Si l'on diminue le volume, au contraire, une partie de la vapeur revient à l'état liquide, et celle qui reste conserve encore la même tension et la même densité.

Mais, si la vapeur n'est pas en contact avec son liquide générateur, elle rentre dans la loi commune des gaz : son volume augmentant, sa tension et sa densité diminuent ; son volume diminuant, sa tension et sa densité augmentent, jusqu'au moment où le volume est assez diminué pour que l'espace soit saturé avec la quantité de vapeur qu'il contient.

624. Alors on rentre dans le cas qui précède.

Loi de Mariotte.   Nous venons de dire que la vapeur non saturée suivrait la loi qui régit les gaz ; cette loi, connue sous le nom de *loi de Mariotte*, s'énonce ainsi :

Le volume de l'air ou de tout autre gaz est en raison inverse de la pression qu'il supporte.

Ainsi, en prenant un certain volume d'air sous une pression donnée, ce volume devient deux fois, trois fois, dix fois plus petit, si cette pression devient elle-même deux fois, trois fois, dix fois plus grande.

Il résulte de ce qui précède que la densité des gaz est proportionnelle à la pression qu'ils supportent ; ainsi, au sommet des hautes montagnes, où le baromètre ne marque que 380 millimètres, c'est-à-dire une demi-pression atmosphérique, l'air n'a que la moitié de la densité qu'il possède au niveau de la mer, en lui supposant la même température.

Cette loi devient sensible par l'expérience suivante :

Fig. 10.   Soient un tube fermé C D et un autre ouvert E F, unis au couvercle d'une cuvette A B remplie de mercure. En supposant que le niveau du mercure, dans les deux branches, soit au point O, l'air contenu de O à C, dans le tube fermé, sera pressé par la pression atmosphérique qui agit dans le tube ouvert.

Si l'on verse alors dans le tube E F une quantité de mercure suffisante pour que son niveau, dans cette branche, soit à 0,76 au-dessus de la branche formée, on exercera sur l'air contenu dans la branche C D une pression de 2 atmosphères, et l'on constatera que le volume occupé primitivement par l'air est réduit de moitié.

En agissant de même pour produire une pression de 3 atmosphères et mesurant l'espace occupé par l'air, on verra que cet espace n'est plus que le tiers de ce qu'il était, alors que le mercure était de niveau dans les deux tubes.

MESURE DE LA TENSION DE LA VAPEUR.

MANOMÈTRE A AIR LIBRE. MANOMÈTRE BOURDON.

625. On a vu, précédemment, que la hauteur de la colonne du mercure, dans un tube ouvert par le haut, donnait la tension de la vapeur agissant sur la surface du mercure contenu dans la cuvette.

Nous allons ici décrire, d'une manière plus particulière, les instruments qui servent à mesurer la tension de la vapeur, et qu'on nomme manomètres.

En général, un manomètre est un instrument qui indique, d'une manière permanente, la pression de la vapeur formée dans les chaudières ou circulant dans les tuyaux de conduite.

Trois espèces de manomètres sont en usage :

1° Les manomètres à air libre, qui servent à mesurer les basses et les moyennes pressions ;

2° Les manomètres à air comprimé, qui servent à mesurer les hautes pressions ;

3° Les manomètres Bourdon, du nom de l'inventeur, qui peuvent mesurer toutes les pressions.

626. Il y a deux espèces de manomètres à air libre, celui à une seule branche et celui à deux branches.

Manomètre à air libre.
Fig. 7.

Le manomètre à air libre à une seule branche se compose d'un tube en verre A B, ouvert à sa partie supérieure, et plongeant, par sa partie inférieure, dans le mercure D, que renferme une cuvette fermée de toute part. Sur le haut de cette cuvette vient se souder un petit tuyau C, portant un robinet, et établissant la communication avec la chaudière.

Un bouchon taraudé K permet de remplir et de visiter la cuvette. Dès que la pression de la vapeur dépasse celle de l'atmosphère, le mercure monte dans le tube de verre, et la hauteur peut être lue sur une échelle graduée à laquelle le tube est fixé. Ainsi la hauteur du mercure dans le manomètre, augmentée d'une pression atmosphérique, donne la pression de la vapeur qui agit.

Dans ce manomètre, on néglige la différence qui provient de l'abaissement du niveau du mercure dans la cuvette, niveau d'autant plus bas que la colonne est plus élevée, parce que la masse représentée par la cuvette est très-grande par rapport à celle de la colonne de mercure, alors même qu'elle remplit tout à fait le tube de verre.

627. Le manomètre à air libre à deux branches est formé d'un tube de fer A B C, recourbé sur lui-même en B, de manière que ses branches soient parallèles. L'une des branches A B communique, par le tuyau P, avec la chaudière ; l'autre branche C B est ouverte par le haut : le coude B, qui réunit les deux branches, est rempli de mercure en quantité suffisante.

Un flotteur en bois ou en fer, terminé par une petite boule, pénètre dans la branche ouverte et indique, sur une échelle graduée, les variations du niveau du mercure dans les branches du manomètre.

Quand la pression est égale des deux côtés, le mercure a la même hauteur dans les deux branches ; mais, dès qu'elle augmente du côté de la chaudière, le mercure baisse dans la branche qui communique avec elle et monte dans l'autre, et la différence du niveau, dans les deux branches, donne le surcroît de pression exercé du côté de la chaudière. Seulement il faut remarquer que, quand le mercure monte de 1 centimètre dans la branche qui porte le flotteur, ou bonhomme, comme on l'appelle, il descend aussi de 1 centimètre dans la branche en communication avec la chaudière, et la différence du niveau dans les deux branches est, par le fait, de 2 centimètres, tandis que le bonhomme n'en indique qu'un. C'est pour cette raison que l'échelle sur laquelle sa tête indique les pressions est divisée en demi-centimètres comptés comme des centimètres.

Un petit bouchon taraudé T, placé en bas du coude qui réunit les deux branches, permet de retirer le mercure sans démonter le manomètre.

L'échelle étant fixée à l'extrémité du tube ouvert, ou tracée sur la cloison qui reçoit le manomètre, c'est le bonhomme que l'on règle suivant la quantité de mercure, pour que sa tête corresponde à zéro, alors que les feux ne sont pas allumés, et que la pression atmosphérique agit sur la surface du mercure dans les deux branches, ou bien encore on ajoute ou l'on retire du mercure pour que le bonhomme soit à son point.

Plusieurs causes peuvent dénaturer les indications fournies par le manomètre à air libre à deux branches :

1° Sous l'influence de la chaleur de la vapeur, le mercure se dilate plus ou moins, et, si l'on pouvait alors rétablir l'équilibre dans les deux branches, le bonhomme ne marquerait plus zéro ; par suite, ses indications sont fausses, mais l'erreur produite dans ce cas est assez faible pour être négligée dans la pratique.

2° L'eau peut s'accumuler dans l'une ou dans l'autre des deux branches ; au-dessus du mercure, du côté de la chaudière, elle ajoute son poids à celui de la pression ; dans l'autre branche, elle augmente le poids du mercure. Dans ces deux cas, cette eau altère les indications du bonhomme, mais le mercure étant 13,6 plus pesant que l'eau, ces erreurs peuvent encore être négligées. Il est bon, du reste, d'avoir de petits trous, fermés par des bouchons à vis, au-dessus du niveau du mercure dans le cas d'équilibre pour faire écouler l'eau. Si le bonhomme est en bois, il peut être porté par l'eau contenue dans la branche ouverte.

Dans ce cas, les erreurs peuvent être considérables ; aussi, pour éviter cet inconvénient, est-il préférable d'avoir un bonhomme en fer, qui surnage également sur le mercure.

3° Il peut arriver que, par un refroidissement subit, la pression atmosphérique, agissant seule du côté de la branche ouverte, pousse le mercure avec assez de violence dans l'autre branche, pour qu'il se déverse dans la chaudière ; il faudra donc s'assurer que la quantité de mercure voulue existe bien.

4° Enfin l'oxydation de la branche, en communication avec la chaudière, ayant lieu plus vite que celle de l'autre branche, peut exercer une certaine influence sur les indications du manomètre.

On comprend facilement qu'au delà de certaines pressions les branches du manomètre à air libre seraient si longues qu'il deviendrait difficile de les placer et de les consulter. Aussi, dans ce cas, emploie-t-on le manomètre à air comprimé.

628. Si l'on suppose le manomètre à air libre à une seule branche, dont nous avons parlé, fermé à sa partie supérieure, on aura un manomètre à air comprimé. Se souvenant de la loi de Mariotte, on comprendra facilement sur quel principe repose cet instrument. Du reste, ce manomètre, assez bon pour indiquer les pressions des gaz froids, devient vicieux quand il s'agit des vapeurs. La force élastique de l'air comprimé étant mo-

Manomètre à air comprimé.
Fig. 7.

difiée inégalement par la température, et l'oxygène de l'air renfermé se combinant avec le mercure, forment un oxyde qui s'attache aux parois du tube et le salit à un tel point, qu'on ne peut plus suivre l'extrémité de la colonne de mercure.

Aussi M. Bourdon a-t-il rendu un véritable service à la navigation à vapeur en inventant son manomètre.

Manomètre Bourdon.
Fig. 11.

629. Le manomètre Bourdon, comme nous l'avons dit plus haut, sert à mesurer toutes les pressions. Il peut être posé facilement dans les chambres de chauffe des machines à vapeur ; et ses indications, toujours faciles à suivre, sont beaucoup plus exactes que celles du manomètre à air comprimé.

Le manomètre Bourdon se compose d'un tube creux A B écrasé, comme le montre la section B, et recourbé sur lui-même ; une de ses extrémités B est fermée, l'autre est en communication avec la chaudière ; son extrémité B fermée est reliée à une aiguille qui marche sur un cadran gradué porté par l'enveloppe de l'instrument. Ce manomètre est basé sur le fait suivant, démontré par l'expérience : un tube de cuivre courbé, sans être soutenu en dedans par de la résine, s'aplatit d'autant plus que sa courbure est plus prononcée. Si l'on bouche un tube, ainsi courbé, par une de ses extrémités, et que l'on introduise, par l'autre, de la vapeur à une pression plus élevée que celle de l'atmosphère, elle tend à gonfler le tube dans le sens du petit diamètre pour lui rendre sa forme cylindrique, et cette action occasionne un certain redressement dans la courbure du tube, qui se transmet à l'aiguille et lui fait parcourir le cadran.

On gradue les manomètres Bourdon au moyen de manomètres à air libre. Ceux destinés aux machines à basse et moyenne pressions indiquent le nombre de centimètres de mercure équilibré par la vapeur ; ceux destinés aux machines à haute pression sont gradués en atmosphères et dixièmes d'atmosphère.

Place
des manomètres.

630. Les manomètres doivent être placés le plus près possible des chaudières et de manière à être visibles de tous les points de la chambre de chauffe. Plus ils sont éloignés de la chaudière, moins les indications qu'ils donnent sont exactes. C'est ainsi qu'un manomètre placé sur un tuyau de conduite, à 4 ou 5 mètres de la chaudière, indique une pression de 7 à 8 centimètres au-dessous de celle exercée véritablement dans la chaudière.

CONDENSATION DE LA VAPEUR. MOYEN DE L'OPÉRER.

651. On appelle condensation de la vapeur son retour de l'état gazeux à l'état liquide.

Nous avons vu plus haut que la condensation dans un vase clos, alors que la vapeur est saturée, pouvait avoir lieu de deux manières : par refroidissement et par compression. Mais, dans aucun cas, il n'y a destruction de la vapeur; il en existe toujours, seulement sa force élastique est en rapport avec la température. Ainsi, en mettant, dans un vase fermé, de l'eau à 100 degrés, on aura en même temps de la vapeur à 100 degrés, ayant $0^m,76$ de pression; si on refroidit le vase, une partie de la vapeur se condense et la pression diminue jusqu'au point qui répond à la nouvelle température.

L'inspection du tableau n° 1 (tensions et densités des vapeurs) montre, par exemple, que, si la température descend à 10 degrés, la vapeur qui sature l'espace fait encore équilibre à une colonne de mercure de $0^m,009$. Mais, quel que soit le refroidissement, il n'y aura jamais vide parfait; car l'espace sera toujours saturé de vapeur. Le vide le plus complet qu'on ait pu obtenir jusqu'à ce jour est, comme nous avons déjà eu occasion de le dire, celui qui existe au-dessus de la colonne de mercure d'un baromètre, et cet espace est encore saturé de vapeur de mercure.

652. Puisque le refroidissement produit la condensation, il y a deux manières de condenser par le froid : Condensation par re-
froidissement.

1° En refroidissant le vase qui contient la vapeur :

2° En mêlant la vapeur avec un liquide froid.

La première se nomme condensation par contact; la seconde, condensation par injection. Cette dernière est généralement employée dans les machines à vapeur de la marine. La condensation par contact se fait très-lentement, si la vapeur n'est pas en présence d'une grande surface refroidie; car, n'étant pas conductrice, elle ne perd de sa chaleur que là où elle touche les surfaces froides; il en est de même dans la condensation par injection, si l'eau est froide et tranquille, car cette dernière n'agit que par sa surface supérieure; mais si, injectée en pluie, elle présente de nombreuses bulles traversant la vapeur, elle la condense presque instantanément.

Si donc, dans un vase clos plein de vapeur, on fait arriver un jet d'eau froide, la température se trouve tout à coup abaissée, une partie de la vapeur se condense et la pression de celle qui reste est en rapport avec la nouvelle température. Cela résulte de la loi d'équilibre des températures, qui veut que, de deux corps de températures différentes, le plus chaud communique sa chaleur au moins chaud, jusqu'à ce que la température soit égale pour chacun d'eux. Comme il est très-important de connaître la température du mélange de l'eau froide avec la vapeur, pour savoir la pression de la vapeur saturant l'espace laissé vide dans le vase où se fait la condensation, nous allons donner un exemple.

Supposons que l'on mélange 1 kilogramme de vapeur à 100 degrés avec 30 litres d'eau à 12 degrés. On a vu que, pour passer à l'état de vapeur, un kilogramme d'eau à 100 degrés absorberait 537 calories; un kilogramme de vapeur, pour revenir à l'état liquide, abandonnera donc 537 calories. La chaleur de cette vapeur sera, par suite, capable d'élever de 1 degré la température de 537 kilogrammes d'eau.

Reprenant l'exemple posé plus haut, nous avons en présence 30 kilogrammes d'eau à 12 degrés représentant 360 calories et 1 kilogramme de vapeur contenant 537 calories. Le mélange sera de 31 kilogrammes contenant 360 + 537 calories, ou 897 calories. En divisant 897 par 31 le nombre de kilogrammes du mélange, on aura son degré de température. Ainsi les 31 kilogrammes d'eau qui existent après la condensation ont 29 degrés de chaleur, et la pression de la vapeur saturant l'espace est encore de 29 millimètres de mercure.

Dans les machines à vapeur, ce qu'on nomme le vide n'est donc que l'abaissement de pression que produit la condensation de la vapeur.

La condensation par contact n'est guère employée dans la marine que pour les appareils destinés à produire l'eau douce par la condensation de la vapeur d'eau de mer. Cependant elle se produit souvent dans les tuyaux de conduite et dans le cylindre, dont les surfaces extérieures sont refroidies par l'air.

633. La condensation par compression n'est pas employée, mais elle agit naturellement dans les tuyaux coudés et les étranglements des conduits traversés par la vapeur; les obstacles que cette dernière rencontre sur sa route peuvent aussi occasionner sa condensation par compression. Il en résulte toujours une dépense inutile de vapeur et, par suite, de combustible.

MESURE DE LA CONDENSATION.
BAROMÈTRE DU CONDENSEUR. INDICATEUR DU VIDE.

634. Le degré de condensation obtenu dans le condenseur d'une machine à vapeur est mesuré par la pression de la vapeur restant dans le condenseur, pression toujours inférieure à celle de l'atmosphère. Ainsi, en supposant le condenseur en communication avec le haut du tube d'un baromètre, si ce baromètre marque 76 centimètres, on aura obtenu un vide parfait ; ce qui n'a jamais lieu.

On obtient un vide moyen quand la hauteur de la colonne barométrique est de 50 centimètres. Le vide est mauvais quand la hauteur barométrique n'est que de 38 centimètres ; il est très-mauvais au-dessous de cette limite.

635. Les baromètres employés pour mesurer le vide des condenseurs ont ordinairement l'une des deux dispositions suivantes :

Dans le premier cas, c'est un tube de verre A B, plongeant, par sa partie inférieure, dans une cuvette D pleine de mercure, et communiquant, par sa partie supérieure, avec le condenseur C.

La pression atmosphérique s'exerce sur le mercure de la cuvette par un trou E. Si l'on tourne le robinet du tuyau C, le vide du condenseur se communique dans le tube A B et le mercure monte : plus la colonne de mercure est élevée, plus le vide est bon ; si elle pouvait atteindre 76 centimètres, le vide serait parfait.

Dans le second cas, c'est un véritable manomètre à deux branches en fer, et un bonhomme, en descendant dans le tube qui n'est pas en communication avec le condenseur, marque la hauteur de la colonne de mercure dans l'autre branche.

Les graduations de l'échelle, faites en demi-centimètres, sont comptées comme des centimètres.

Ce moyen de mesurer le vide, très-exact lorsqu'un condenseur d'une grande capacité rend l'effet régulier, devient d'une application difficile, dès que le volume du condenseur est réduit, comme cela arrive dans les nouvelles machines des navires à vapeur ; chaque coup de piston de la pompe à air occasionne des variations considérables. Aussi à bord est-il très-difficile, au moyen du baromètre, de se faire une idée du vide, à cause des oscillations continuelles de la colonne barométrique. Il existe, du reste, une telle relation entre la chaleur du condenseur et la tension de la vapeur qu'il renferme, qu'il suffit souvent, dans la pratique, de toucher l'extérieur du condenseur avec la main pour se rendre compte de l'effet produit à l'intérieur.

Indicateur du vide.
Fig. 11.

636. Dans ces derniers temps, on a remplacé le baromètre du condenseur par un manomètre Bourdon, qui prend le nom d'indicateur du vide. Au n° 629 nous avons vu que la pression supérieure à celle de l'atmosphère, exercée dans le tube de ce manomètre, tendait à le rendre cylindrique en le redressant ; mais, si l'intérieur du tube communique avec le condenseur, la pression atmosphérique agira extérieurement sur lui pour l'aplatir davantage et, par suite, augmenter sa courbure ; et cette action de la pression atmosphérique sera d'autant plus forte que le vide sera plus parfait dans le condenseur. Il suit de là que l'aiguille, suivant cette augmentation de courbure, peut indiquer, en parcourant un cadran gradué convenablement, les pressions exercées dans les condenseurs.

DES POMPES. DE LEUR FONCTIONNEMENT.
DIVERSES ESPÈCES DE POMPES.

Des pompes.

637. Les pompes sont des machines destinées à extraire un gaz ou un liquide d'un endroit, pour le transporter dans un autre, lorsqu'il existe des empêchements à la translation naturelle, tels que la pesanteur ou la pression.

Les systèmes de pompes sont très-nombreux ; on peut cependant les diviser en quatre classes :

1° Pompes aspirantes,
2° Pompes foulantes,
3° Pompes aspirantes et foulantes,
4° Pompes rotatives.

Fig. 13.

Les pompes de la première classe se composent de deux parties ; le corps de pompe, dans lequel se meut le piston, et le tuyau d'aspiration, dans lequel l'eau monte pour atteindre le corps de pompe.

Fig. 14.

Les pompes de la deuxième classe n'ont aussi que deux parties : le corps de pompe et le tuyau d'ascension dans lequel se fait le refoulement de l'eau.

Fig. 15.

La pompe aspirante et foulante, qui est, en résumé, la réunion d'une pompe aspirante et d'une autre foulante, renferme trois parties : le corps de pompe, dans lequel se meut le piston, le tuyau d'aspiration, dans lequel le liquide monte pour atteindre le corps de pompe, et le tuyau d'ascension, dans lequel le liquide aspiré est refoulé par le piston.

Quant aux pompes rotatives, elles renferment bien aussi les trois parties qui composent toute pompe aspirante et foulante; mais elles offrent des différences essentielles dans la forme et la manière d'agir du piston, lequel tourne sur lui-même, au lieu de se mouvoir d'un mouvement rectiligne alternatif, comme dans les pompes des trois autres classes.

658. La fig. 13 représente une pompe aspirante dans sa plus grande simplicité. P est le piston qui se meut à frottement dans le corps de pompe ABCD; R est le tuyau d'aspiration. L'eau aspirée se déverse par une ouverture E pratiquée à la partie supérieure du corps de pompe.

Lorsque le piston P s'élève, il diminue la tension de l'air intérieur, et cette force ne contre-balançant plus la pression atmosphérique exercée sur le liquide L, dans lequel plonge le tuyau d'aspiration R, l'eau s'élève à une hauteur O telle que le poids de cette colonne, augmenté de la tension de l'air intérieur, soit égal à la pression atmosphérique. Les deux soupapes S et S′ s'ouvrent de bas en haut, mais l'une reste fermée quand l'autre se lève.

La soupape S, placée le plus généralement à la naissance du tuyau d'aspiration, se lève toutes les fois que le piston monte, et se baisse, au contraire, quand le piston revient sur ses pas. Quant à la soupape S, elle tient au piston lui-même, elle se ferme quand le piston monte et s'ouvre quand il descend.

En élevant le piston, la colonne atmosphérique pousse la colonne d'eau et soulève la soupape S; mais, dès que le piston s'abaisse, celle-ci retombe et bouche le tuyau d'aspiration par l'effet de son propre poids. L'autre soupape S se lève alors pour donner passage à l'air intérieur, qui, resserré dans un moindre espace, devient plus dense que l'atmosphère dans laquelle il s'écoule bientôt. Un second coup de piston produit le même effet, et élève davantage le niveau de l'eau dans le tuyau d'aspiration. Enfin plusieurs courses successives amènent le liquide jusqu'au piston, pourvu que celui-ci ne soit pas placé à plus de $10^m,33$ (hauteur de la colonne d'eau qui fait équilibre à la pression atmosphérique) au-dessus du niveau du liquide L. L'eau finit par passer au-dessus du piston, qui à chaque course élève une masse de liquide égale à peu près à un cylindre ayant le piston pour base et sa course pour hauteur.

Fig. 16.

Fonctionnement des pompes.
Fig. 13.

Dès que le liquide passe au-dessus du piston, la pompe est dite amorcée ou allumée. Dans beaucoup de pompes cet effet ne peut être produit que si l'on emplit préalablement le corps de pompe d'eau jetée au-dessus du piston.

Le levier qui sert à manœuvrer le piston se nomme bringuebalte.

639. Dans les pompes foulantes, le piston P se trouve au-dessous de la surface du liquide à élever L ; celle-ci, tendant à reprendre son niveau dans le corps de la pompe ABCD lorsque le piston descend (figure de droite), soulève la soupape S pour rétablir l'égalité de pression au dehors et au dedans. Lorsqu'on élève ensuite le piston, cette soupape S se ferme par l'effet de son poids et de celui de l'eau qui est au-dessus. Le liquide, poussé de bas en haut, soulève la soupape S' et passe au-dessus. En continuant le jeu du piston, on fait monter l'eau à toute hauteur, pourvu que la force soit suffisante.

640. La pompe aspirante et foulante offre la réunion des deux pompes décrites déjà.

Elle est aspirante quand on élève le piston P (figure de droite), ce qui fait monter l'eau dans le tuyau d'aspiration R en levant la soupape S, et fermant la soupape S' ; elle est foulante lorsqu'on fait descendre le piston qui ferme S, soulève la soupape S', et refoule le liquide dans le tuyau d'élévation K. Dans cette pompe il y a encore deux soupapes, mais le piston P est plein et les soupapes sont fixées, l'une à la naissance du tuyau d'élévation, l'autre au haut du tuyau d'aspiration.

La fig. 15 montre deux dispositions pour la pompe aspirante et foulante ; dans la pompe de gauche il y a trois soupapes, dans celle de droite deux seulement. L'inspection seule de la figure fait comprendre la nécessité de la troisième soupape S'', qu'on trouve dans toute pompe aspirante et foulante qui a le tuyau de refoulement au-dessus du piston. Si la soupape S'' n'existait pas, le liquide qui remplit la partie supérieure du corps de pompe et le tuyau de refoulement pèserait de tout son poids sur le piston quand il descendrait, et gênerait le mouvement de la soupape S'.

Dans la pompe de droite cet inconvénient ne se présente pas, le piston est plein et le tuyau de refoulement part du bas du corps de pompe.

641. Dans la pompe rotative, le mouvement n'est plus un mouvement de va-et-vient, mais bien un mouvement circulaire continu.

A A est une pièce annulaire qui reçoit un mouvement de rotation autour d'un axe qui correspond à son centre ; elle tourne ainsi dans un espace également annulaire B B. L'anneau A A présente quatre échancrures, traversées librement par autant de pièces C C, destinées à diviser l'espace B B en compartiments n'ayant entre eux aucune communication. L'espace B B, dans lequel se meuvent l'anneau A A et les pièces C C, n'est pas limité par une surface exactement cylindrique ; son enveloppe se rapproche du centre de l'anneau A A, dans la partie qui est à droite, de manière à venir tangenter le contour de l'anneau A A.

Cette forme de l'enveloppe de l'espace B B oblige les pièces C C à glisser dans les échancrures de l'anneau A A de manière à se rapprocher et à s'éloigner alternativement de l'axe de rotation ; un ressort D fait toujours appuyer les pièces C C contre l'anneau extérieur B B.

Il en résulte que les compartiments qui existent tout autour de l'anneau A A, et qui sont séparés les uns des autres par les pièces C C, n'ont pas toujours la même capacité ; ces compartiments augmentent de grandeur quand les pièces C C qui les terminent s'éloignent du centre du mouvement, et diminuent, au contraire, de grandeur quand les pièces C C se rapprochent de ce centre. Deux ouvertures E E sont pratiquées dans le contour extérieur de l'espace B B, et correspondent, l'une à un tuyau d'aspiration G, l'autre à un tuyau d'élévation H. Lorsque, pendant la rotation de l'anneau A A, l'un des compartiments limités par les pièces mobiles C C augmente de grandeur, il y a aspiration produite sur le liquide à élever, et ce liquide vient combler le compartiment. Lorsque ensuite ce compartiment vient à se rétrécir, il se trouve en rapport avec le tuyau de refoulement H par la seconde ouverture ; l'eau qu'il contient est comprimée et, par suite, obligée de se rendre dans ce tuyau à mesure que la capacité du compartiment devient plus petite. Ainsi la pompe rotative est à la fois aspirante et foulante, et de plus elle remplit l'objet d'une pompe à double effet. Car le mouvement qu'elle donne à l'eau dans le tuyau de refoulement est évidemment continu.

On a adopté bien des formes différentes pour les pompes rotatives, mais ce que nous venons de dire suffit pour faire comprendre leur manière de fonctionner.

Elles sont peu employées dans la marine, les inconvénients qu'elles présentent empêchent de généraliser leur usage. Elles sont d'une exécution difficile et ne fonctionnent bien que quand elles sont en parfait état. Enfin leur mode d'action les expose, quoi qu'on fasse, à une usure très-rapide.

Hauteur du piston au-dessus du niveau de l'eau à élever.

642. Nous avons dit que le piston élevait avec lui, à chaque ascension, un volume d'eau égal à la capacité de la partie du corps de pompe qu'il parcourt; mais, pour qu'il en soit ainsi, il faut nécessairement que, depuis le niveau de l'eau à élever jusqu'à la limite supérieure de la course du piston, il y ait moins de $10^m,330$ de hauteur, ou, ce qui est plus juste, une hauteur qui ne dépasse pas celle de la colonne d'eau faisant équilibre à la pression la plus basse de l'atmosphère dans le lieu où l'on se trouve, car c'est la plus grande hauteur à laquelle la pression atmosphérique puisse faire monter l'eau dans le vide.

Hauteur du tuyau d'aspiration.

643. Il est une autre considération qui est encore un obstacle au mouvement ascensionnel de l'eau dans le tuyau d'aspiration d'une pompe, c'est l'impossibilité de raréfier au delà de certaines limites l'air contenu sous le piston.

Le piston, dans sa descente, ne vient jamais toucher le fond du corps de pompe; l'espace qui existe entre ce fond et la base du piston, lors de son plus grand abaissement, est un espace nuisible. Or la hauteur à donner au tuyau d'aspiration dépend du rapport qui existe entre l'espace nuisible et l'espace compris depuis le fond du corps de pompe jusqu'au sommet de la course du piston. Supposons, par exemple, que ce rapport soit égal à $1/6$; l'air contenu dans l'espace nuisible (dont la force élastique, au moment où le piston est au bas de sa course, est égale à la pression atmosphérique) aura encore une tension égale à la sixième partie de cette pression, quand le piston sera parvenu au haut de sa course. Par conséquent, l'air contenu dans le tuyau d'aspiration ne pourra jamais être raréfié au delà de cette limite; l'eau ne pourra donc être élevée qu'aux $5/6$ de $10^m,30$ ou $8^m,31$; par conséquent, le tuyau d'aspiration ne devra pas dépasser cette hauteur. Si le rapport avait été égal à $1/5$, l'élévation de l'eau dans le tuyau d'aspiration ne pourrait dépasser les $4/5$ de $10^m,33$ ou $8^m,26$.

Pour que l'eau puisse s'élever jusqu'à la naissance du corps de pompe, il faut donc que le tuyau d'aspiration soit toujours plus court que cette limite calculée, en ayant bien soin de prendre pour base la hauteur d'une colonne d'eau correspondant à la hauteur du baromètre, lors de son plus grand abaissement dans le lieu où l'on se trouve.

On conçoit, d'après ce qui vient d'être dit, combien il importe de laisser entre la limite inférieure de la course du piston et la soupape placée à la naissance du tuyau d'aspiration le moins d'espace possible.

644. La force nécessaire pour faire fonctionner une pompe, à quelque système qu'elle appartienne (*sans compter le frottement*) égale le poids d'une colonne d'eau dont la base est le piston (*la surface de l'aile dans la pompe rotative*), et la hauteur la différence de niveau entre le réservoir d'alimentation et l'orifice d'écoulement.

En effet, appelant P la pression atmosphérique, H le poids de la colonne d'eau qui est au-dessus du piston, h le poids de la colonne d'eau qui est au-dessous, la partie supérieure du piston supportera, de haut en bas, un poids égal à $P + H$; la partie inférieure sera soumise à un poids égal à $P - h$, agissant de bas en haut, et la différence de ces deux quantités $(P + H) - (P - h)$ ou $P + H - P + h$ ou $H + h$ sera la force qu'il faut vaincre.

Ainsi, l'effort à faire, sans tenir compte du frottement, sera égal au poids de la colonne d'eau ayant pour base celle du piston et pour hauteur la distance verticale qui sépare le niveau de l'eau à élever du point d'écoulement.

La hauteur à laquelle une pompe aspirante peut élever l'eau est indéfinie, ou du moins elle n'a d'autre limite que celle de la puissance dont on peut disposer pour faire manœuvrer le piston.

Les pompes généralement employées sont mues à bras par une bringueballe, ou bien à l'aide d'une manivelle à excentrique et à volant. La force qui meut le levier se transmet au piston dans le rapport du rayon des arcs de rotation. Il faut d'abord proportionner ces rayons au diamètre du piston et à la hauteur de la colonne d'eau soulevée, pour que la puissance transmise puisse suffire à l'ascension du liquide. L'arc décrit par le court bras de levier, ou le diamètre du cercle décrit par l'excentrique, est la course du piston, c'est-à-dire la hauteur du cylindre d'eau que soulève chaque coup de piston.

645. Théoriquement, la quantité d'eau fournie par une pompe, dans un temps donné, devrait être égale au produit des trois facteurs suivants : la surface du piston, sa course et le nombre de coups donnés par lui. Mais l'effet pratique, ou le volume d'eau qu'elle produit réellement pendant le même temps, est toujours plus petit que l'effet théorique. La différence qui existe entre ces deux quantités provient du passage du liquide entre le piston et le corps de pompe et de celui de ce même liquide par les soupapes, qui ne ferment pas exactement au moment du

Force nécessaire pour faire fonctionner une pompe.

Produit d'une pompe.

changement de direction du piston. Ces pertes, plus ou moins grandes, suivant que la pompe a été plus ou moins bien exécutée et qu'elle est plus ou moins bien entretenue, s'estiment, en général, au 1/5 du débit de l'appareil. Ainsi, connaissant la vitesse donnée au piston d'une pompe, sa course et le diamètre du corps de pompe ou celui du piston, ce qui est la même chose, on pourra toujours connaître la quantité d'eau qu'elle peut fournir dans un temps donné, et l'énergie de la force capable de porter cette eau à telle hauteur que l'on voudra.

646. La pompe aspirante se compose d'un corps de pompe, le plus souvent cylindrique et alésé, dans lequel se meut un piston suivant l'axe. Ce piston, entouré d'une garniture d'étoupe ou de cuir graissé, produit une adhérence suffisante sur les parois du corps de pompe et s'oppose ainsi au passage de l'air ou de l'eau. Le piston est percé d'un ou deux trous fermés par des clapets à charnières s'ouvrant de bas en haut. Une tige de fer, reliée d'un côté avec le piston et de l'autre avec la bringueballe, sert à manœuvrer le piston. Au bas du corps de pompe prend naissance le tuyau d'aspiration. Au haut de ce tuyau est un autre clapet semblable à celui du piston, et s'ouvrant aussi de bas en haut. Mais, pour pouvoir visiter ce dernier clapet sans démonter la pompe, on a adopté une disposition particulière. Ce clapet tient à une espèce de boîte portant une anse ; cette boîte, nommée heuse, un peu conique et garnie de cuir, repose dans un trou conique semblable qui termine le corps de pompe à sa partie inférieure. Pour retirer la heuse, on sort d'abord le piston du corps de pompe, et, au moyen d'un long crochet de fer, on saisit la heuse et on l'attire à soi.

Si le vide produit par l'aspiration du piston dans le corps de pompe et le tuyau d'aspiration était parfait, l'eau pourrait monter à une hauteur de $10^m,33$; nous avons vu plus haut les causes qui empêchent d'atteindre cette limite ; on doit encore considérer que l'eau contient de l'air qui s'en échappe dans le vide, et qu'il se forme ensuite une certaine quantité de vapeur ; enfin le piston ne joint pas rigoureusement les parois du corps de pompe. Aussi dans la pratique ne compte-t-on jamais sur une hauteur de plus de 8 à 9 mètres ; il faut donc, pour que la pompe puisse élever l'eau, que le point le plus haut de la course du piston soit à une distance moindre que de 8 à 9 mètres de la surface du niveau du réservoir qui alimente la pompe aspirante.

Quant à la hauteur de la colonne d'eau au-dessus du piston,

elle n'a de limites que celles des forces à employer ; il y a des pompes aspirantes qui, d'un seul jet, portent le liquide à plusieurs centaines de mètres de hauteur.

Il y a toujours avantage à avoir la plus longue course possible de piston ; les orifices qui donnent passage à l'eau doivent être assez larges pour qu'il n'y ait pas de contraction produisant des obstacles sensibles. La vitesse du piston doit être comprise entre $0^m,16$ et $0^m,25$ par seconde. La surface ou l'air des ouvertures fermées par les soupapes doit être environ la moitié de la section du corps de pompe.

Le diamètre du tuyau d'aspiration et celui du tuyau d'ascension doivent être les 2/3 de celui du corps de pompe. La course des grandes pompes doit être de 1^m à $1^m,50$.

POMPES A DOUBLE PISTON EMPLOYÉES DANS LA MARINE.

647. Dans le même corps de pompe sont deux pistons P et P′ ayant chacun deux soupapes ; la tige du piston inférieur P′ traverse le piston supérieur P, et glisse dans un fourreau en cuir gras ou en étoupes. Les deux tiges sont courbées en haut et percées d'un œil pour recevoir l'axe, autour duquel elles se meuvent en basculant, afin de conserver leur parallélisme. Au bas du corps de pompe est la heuse H portant aussi deux clapets. Toutes les soupapes s'ouvrent de bas en haut quand la pression s'exerce dans ce sens : celles de la heuse ne sont pas nécessaires à l'effet ; mais, quand la pompe se repose, elles la maintiennent allumée, c'est-à-dire pleine d'eau. Lorsque l'on imprime un mouvement oscillant à la navette qui réunit les deux tiges, l'un des pistons monte quand l'autre descend ; les soupapes du premier piston sont fermées, tandis que celles de l'autre sont ouvertes, et cela tour à tour ; le piston ascendant aspire l'eau et la soulève pour la faire sortir par l'orifice d'écoulement. Ainsi, lorsque P descend, P′ monte et soulève l'eau qui est au-dessus, en la faisant passer par les soupapes ouvertes de P ; celles de P′ sont alors fermées, mais, quand P′ redescend, ses soupapes s'ouvrent pour laisser passer l'eau ; P remonte et soulève à son tour l'eau qui est en dessus de lui, ses soupapes étant closes.

La pompe à double piston est aspirante et à double effet.

648. Cette pompe ne diffère pas des autres pompes aspirantes, seulement le piston est libre et ne tient au corps de pompe que par un cuir qui l'entoure. Lorsque le piston est au haut de sa course, il développe tout le cylindre de cuir et aspire l'eau; lorsqu'il descend, il replie le cylindre de cuir au-dessus de lui pour le développer de nouveau en dessous, et l'eau passe en dessus du piston. Cette pompe peut être construite facilement et promptement, le corps de pompe pouvant être une barrique ou un prisme fait en planches.

649. La fig. 18 représente les deux dispositions que l'on donne ordinairement à la pompe foulante. Dans tous les cas, le corps de pompe est plongé dans l'eau de telle sorte que toute la course du piston s'effectue sous la surface du liquide à élever. Dans la pompe de gauche, la tige du piston passe en dessus dans l'intérieur du corps de pompe; dans la figure de droite, la tige est reliée à un cadre en fer A B. La hauteur à laquelle cette pompe peut porter l'eau est limitée seulement par la force dont on peut disposer. Cette force doit être théoriquement égale au poids d'une colonne d'eau ayant pour base la section du piston et pour hauteur la distance verticale de la naissance du tuyau à son orifice d'écoulement, augmentée de la pression atmosphérique qui s'exerce sur la section du tuyau. Dans la pratique cette force serait insuffisante, il faut tenir compte des résistances occasionnées par le frottement du liquide dans le tuyau d'ascension, résistance d'autant plus grande que le parcours est plus long et que les coudes sont plus nombreux.

650. Comme nous l'avons dit plus haut, la pompe aspirante et foulante est la réunion de la pompe aspirante et de la pompe foulante.

Si dans la pompe aspirante ordinaire on suppose le haut du corps de pompe fermé, la tige du piston passant dans un presse-étoupe, et si en outre la partie du corps de pompe située au-dessus du piston, lorsque ce dernier est à la partie la plus élevée de sa course, communique avec un tuyau d'ascension fermé par une soupape s'ouvrant de bas en haut comme toutes celles de la pompe, le liquide aspiré et passé au-dessus du piston sera refoulé dans le tuyau d'ascension quand le piston monte, et la pompe deviendra aspirante et foulante.

La pompe aspirante et foulante, ayant un piston portant des soupapes, diffère peu de la pompe aspirante seulement.

Le clapet placé à la naissance du tuyau d'ascension a pour but d'empêcher l'eau poussée dans le tuyau d'ascension de suivre le piston dans sa descente.

Ordinairement, cependant, le piston des pompes aspirantes et foulantes est un piston plein, comme on le voit dans la pompe de gauche de la fig. 18.

Alors la naissance du tuyau d'élévation part du bas du corps de pompe. Dans tous les cas, le fonctionnement de la pompe est le même, avec cette différence que le piston repousse l'eau dans le tuyau d'élévation en descendant, et que le corps de pompe n'a pas besoin d'être fermé à sa partie supérieure. La pompe de droite représente une pompe aspirante et foulante à piston plongeur. Dans cette pompe, employée de préférence dans les machines à vapeur, le piston est remplacé par un cylindre d'un plus petit diamètre que celui du corps de pompe ; ce piston passe dans une garniture ou presse-étoupe situé à la partie supérieure du corps de pompe. En sortant du corps de pompe, le piston plongeur y produit le vide, et le liquide aspiré remplit le corps de pompe ; mais, lorsque le cylindre y est enfoncé, il chasse l'eau et la repousse dans le tuyau d'ascension. C'est donc une pompe aspirante et foulante dans laquelle le frottement est très-diminué. Avec cette disposition, il est inutile que le corps de pompe soit alésé et que le piston soit exactement moulé sur son calibre, condition qu'il est difficile de bien remplir. Souvent l'air, lorsque la pompe est verticale, s'accumule sous le piston plongeur et diminue de beaucoup le volume d'eau que peut fournir la pompe ; pour remédier à cet inconvénient, le piston est percé d'un petit trou fermé par un robinet. De cette manière, il suffit d'ouvrir ce petit robinet, quand le piston descend, pour faire sortir l'air.

Toutes les pompes aspirantes et foulantes peuvent être indifféremment verticales ou horizontales.

651. Dans la pompe de gauche de la fig. 20, le piston plein P, en montant, aspire de A l'eau du réservoir où plonge le tuyau d'aspiration. Cette eau lève la soupape H et remplit le corps de pompe sous le piston ; la soupape D se ferme. En même temps l'eau qui est au-dessus du piston, refoulée par le haut, ferme la soupape E et ouvre la soupape K, et le liquide monte dans le tuyau d'écoulement B. Quand le piston descend, les soupapes K et H se ferment, et E et D s'ouvrent. L'aspiration est faite par la soupape E, l'eau remplit le corps de pompe au-dessus du piston, et l'aspiration de l'eau contenue sous le piston a lieu par la soupape D.

Dans la pompe représentée à droite, les choses se passent de

Pompe aspirante et foulante à double effet.

Fig. 20.

la même manière, avec cette différence, qu'il y a deux cylindres.

652. Lorsque la pompe est à double effet, l'écoulement de l'eau aspirée a lieu d'une manière continue; mais dans les pompes aspirantes et foulantes à simple effet il n'en est pas ainsi, aussi faut-il un réservoir d'air pour leur procurer cet avantage.

C'est ordinairement une espèce de cloche en fonte ou en tôle remplie d'air, qui communique avec le tuyau d'ascension **H**, et dont l'objet est de régulariser le mouvement de l'eau, qui serait nécessairement interrompu chaque fois que le piston descend. Cette intermittence dans le mouvement du liquide aurait l'inconvénient de perdre une grande quantité de force motrice, en mettant dans la nécessité de vaincre l'inertie de toute la colonne d'eau contenue dans le tuyau d'ascension à chaque coup de piston. Lorsque l'eau s'élève, poussée par le piston, elle entre dans le réservoir d'air; mais l'air résiste à cette introduction, et l'eau le comprime et accroît son ressort. Bientôt le piston cesse de pousser le liquide dans le tuyau d'ascension; alors l'air, comprimé en **C**, restitue, par sa tension, l'effort qui a été dépensé pour introduire l'eau dans le récipient, et le liquide continue à monter. Ce récipient est un magasin de force qu'on amasse pour la dépenser pendant le temps de l'intermittence.

Le réservoir d'eau accompagne presque toujours les pompes foulantes et les pompes aspirantes et foulantes.

653. M. Letestu a apporté aux pompes une amélioration considérable; son piston et sa heuse sont formés d'un cône renversé ou d'une pyramide, suivant la forme du corps de pompe. Ce cône ou cette pyramide est percé de beaucoup de petits trous. La heuse repose, comme à l'ordinaire, au fond du corps de pompe. Quant au cône servant de piston, il est fixé, par son sommet, à la tige. Dans ce cône, dont la base ne fait qu'approcher les parois du corps de pompe, est un autre cône en cuir ou en toile qui déborde le premier et qui s'applique de toute part contre les parois du corps de pompe, quand la pression de l'eau agit dessus; alors ce sac est collé contre le cône formant piston et bouche exactement ses ouvertures.

Quand le piston descend, ce sac se replie en quelque sorte sur lui-même, et laisse toutes les ouvertures libres pour le passage du liquide au-dessus du piston. Ces pompes, très-faciles à confectionner, perdent peu d'eau et ont moins de frottement que les autres; le corps de pompe n'a pas besoin d'être alésé, pourvu qu'il soit uni, et elles s'engorgent rarement. Leur démontage est facile, et le changement du cuir ou de la toile qui forme le sac intérieur du piston ou de la heuse se remplace très-promptement.

Ce piston est non-seulement employé pour les pompes aspirantes, mais encore par celles aspirantes et foulantes ; pour ces dernières le piston est formé de deux calottes en cuir embouties et réunies par leur sommet.

Fig. 22.

TABLE N° I.

Température. — Tension. — Pression. — Densité. — Volume et poids des vapeurs.

TEMPÉRATURE en degrés centigrades.	TENSION en millimètres de mercure.	TENSION en atmosphères.	PRESSION sur 1 centimètre carré.	DENSITÉ.	VOLUME.	POIDS de 1 mètre cube de vapeur saturée en grammes.
	mill.		k.			
— 20	1,333	»	0,0018	0,00000154	650688	»
— 15	1,879	»	0,0026	212	470898	»
— 10	2,631	»	0,0036	292	342984	»
— 5	3,660	»	0,0050	398	251358	»
0	5,059	»	0,0069	540	182323	5,3
5	6,947	»	0,0094	727	137148	7,3
10	9,495	»	0,0129	974	102670	9,7
15	12,837	»	0,0170	0,00001299	77008	13,10
20	17,314	»	0,0235	1718	58224	17,30
25	23,090	»	0,0314	2252	44411	22,70
30	30,643	»	0,0418	2938	34041	29,70
35	40,404	»	0,0549	3809	26253	39,00
40	52,998	»	0,0720	4916	20343	49,90
45	68,751	»	0,0934	6274	15938	63,70
50	88,742	»	0,1206	7970	12546	71,00
55	113,710	»	0,1545	0,00010054	9946	102,20
60	144,660	»	0,1965	12599	7937	126,10
65	182,710	»	0,2482	15668	6382	159,20
70	229,070	»	0,3112	19335	5167	196,40
75	285,070	»	0,3963	23789	4204	238,80
80	352,080	»	0,4783	28889	3462	293,60
85	431,710	»	0,5863	34916	2864	355,70
90	525,280	»	0,7136	41891	2387	426,10
95	634,270	»	0,8617	49886	2005	507,40
100	760,000	1,	1,03253	58955	1695	590,00
106,36	950,00	1,25	1,29300	72391	1373	728
111,74	1140	1,50	1,51100	85539	1161	860
116,43	1330	1,75	1,809	98324	1007	993
121,55	1520	2,00	2,066	0000111665	896	1122
124,36	1710	2,25	2,326	123923	799	1251
128,25	1900	2,50	2,582	136636	721	1377
130,97	2090	2,75	2,842	149056	665	1503
134,00	2280	3,00	3,099	161453	619	1628
136,66	2470	3,25	3,360	173739	570	1753
139,24	2660	3,50	3,618	185886	533	1875
141,68	2850	3,75	3,876	198020	506	1998
144,95	3040	4,00	4,132	210067	476	2119
149,15	3420	4,50	4,648	223938	428	2239
153,30	3800	5,00	5,165	257360	389	2598
156,70	4180	5,50	5,881	280827	356	2834
160,00	4560	6,00	6,198	304651	328	3066
163,25	4940	6,50	6,714	326828	306	3299
166,42	5320	7,00	7,231	349393	286	3529
169,41	5700	7,50	7,747	371783	269	3756
172,13	6080	8,00	8,264	294110	254	3981
174,79	6460	8,50	»	416123	240	»
177,40	6846	9,00	9,207	438111	228	4430
179,89	7220	9,50	»	459873	217	»
182,00	7600	10,00	10,333	481690	208	4873

TABLE Nº I (Suite).

Température, tension et volume des vapeurs de 10 atmosphères à 50.

Tension en atmosphères.	Température.	Volumes en litres.
10	181º,6	207
11	186º,0	199
12	190º,0	176
13	193º,7	164
14	197º,7	153
15	200º,5	144
16	203º,6	136
17	206º,6	129
18	209º,4	122
19	212º,1	117
20	214º,7	111
21	217º,2	107
22	219º,9	102
23	221º,9	98
24	224º,2	95
25	226º,3	91
30	236º,2	78
35	244º,8	68
40	252º,5	60
45	259º,5	54
50	265º,9	49

TABLE N° II.

Chaleurs spécifiques ou capacités pour la chaleur.

Quantité de chaleur nécessaire pour élever de 1 degré centigrade la température d'un corps pris sous l'unité de poids (1 kilogramme), 1 représentant la quantité de chaleur nécessaire pour élever de 1 degré la température de 1 kilogramme d'eau.

Eau	1,0000
Bois de pin	0,6500
Bois de chêne	0,5700
Charbon de bois	0,2415
Soufre	0,2026
Charbon d'anthracite	0,2014
Coke de houille	0,2008
Fonte blanche	0,1298
Acier	0,1185
Fer	0,1138
Zinc	0,0955
Cuivre	0,0951
Laiton	0,0939
Étain	0,0562
Antimoine	0,0508
Plomb, 1 ; étain, 2. *(Alliages)*	0,0450
Bismuth, 1 ; étain, 2. *(Alliages)*	0,0450
Plomb, 1 ; bismuth, 1 ; étain, 2. *(Alliages)*	0,0448
Plomb, 1 ; étain, 1. *(Alliages)*	0,0407
Bismuth, 1 ; étain, 1. *(Alliages)*	0,0400
Mercure	0,0333
Plomb	0,0314
Bismuth	0,0308

Les capacités ou les chaleurs spécifiques contenues dans cette table, dues aux observations de MM. Mayer, Pouillet et Regnault, ne se rapportent qu'à des températures qui ne dépassent pas 150 ou 200 degrés de chaleur ; au delà de cette limite, les capacités augmentent de plus en plus à mesure que la température s'élève.

Fer de 0° à 100°	1,1098
— 0° à 200°	0,1150
— 0° à 300°	0,1218
— 0° à 350°	0,1125

TABLE N° III.

*Température de l'ébullition de différents liquides, sous la pression
de 0^m,76 de mercure ou 1 atmosphère de pression.*

Éther sulfurique	37°,8	centigrades.
Sulfure de carbone	47°,9	—
Chloroforme	61°,0	—
Alcool	78°,4	—
Eau distillée	100°,0	—
Essence de térébenthine	157°,0	—
Acide sulfurique	310°,0	—
Huile de lin	316°,0	—
Mercure	360°,0	—

TABLE N° IV.

Ébullition de l'eau à différents degrés de saturation.

	Poids du sel contenu dans 100 parties d'eau.		Température de l'ébullition.
Eau distillée		0	100° centigr.
Eau de mer	$\frac{1}{33}$ ou 3,03 de sel pour 100.		100,7
—	$\frac{2}{33}$	6,06 — —	101,3
—	$\frac{3}{33}$	9,09 — —	102,2
—	$\frac{4}{33}$	12,12 — —	102,6
—	$\frac{5}{33}$	15,15 — —	103,2
—	$\frac{6}{33}$	18,18 — —	104,0
—	$\frac{7}{33}$	21,22 — —	104,6
—	$\frac{8}{33}$	24,25 — —	105,2
—	$\frac{9}{33}$	27,28 — —	105,8
—	$\frac{10}{33}$	30,30 — —	106,5
—	$\frac{11}{33}$	33,34 — —	107,2
Eau de mer saturée.	$\frac{12}{33}$	36,37 — —	108,0

Tous les autres sels exercent une influence plus ou moins grande
sur le point d'ébullition ; les liquides qui se mêlent à l'eau produisent aussi des effets analogues ; ceux qui ont un point d'ébullition plus élevé qu'elle retardent son point d'ébullition ; le contraire a lieu pour ceux qui ont un point d'ébullition moins élevé
que l'eau. La nature du vase exerce aussi quelque influence ; ainsi
l'eau qui bout dans un vase de verre prend 1° ou 1° $^1/_2$ de plus
que celle qui bout dans un vase de métal.

TABLE N° V.

Coefficients de dilatation de 0° à 100° ou augmentation du volume des corps pris à zéro et chauffés ensuite jusqu'à la température de 100 degrés.

Métaux.	Coefficient linéaire.	Dilatation pour 1 mètre.
Acier non trempé.	$0{,}001079 = \frac{1}{927}$	$1^{mm}{,}08$
Acier trempé recuit à 65°.	$0{,}001239 = \frac{1}{807}$	$1^{mm}{,}24$
Fer doux de 0° à 100°.	$0{,}001182 = \frac{1}{840}$	$1^{mm}{,}19$
Fer doux de 0° à 300°.	$0{,}001468 = \frac{1}{681}$	$1^{mm}{,}47$
Cuivre rouge recuit de 0° à 100°. .	$0{,}001718 = \frac{1}{582}$	$1^{mm}{,}71$
Cuivre rouge recuit de 0° à 300°. .	$0{,}001883 = \frac{1}{531}$	$1^{mm}{,}88$
Cuivre jaune ou laiton.	$0{,}001867 = \frac{1}{536}$	$1^{mm}{,}87$
Soudure de cuivre (cuiv., 2 ; étain, 1).	$0{,}002058 = \frac{1}{486}$	$2^{mm}{,}06$
Soudure d'étain (étain, 1 ; plomb, 2).	$0{,}002505 = \frac{1}{399}$	$2^{mm}{,}51$
Étain fin.	$0{,}002283 = \frac{1}{438}$	$2^{mm}{,}28$
Plomb.	$0{,}002867 = \frac{1}{348}$	$3^{mm}{,}13$
Zinc.	$0{,}003108 = \frac{1}{322}$	$3^{mm}{,}10$

La dilatation superficielle est le double de celle linéaire.

La dilatation cubique est le triple de celle linéaire.

Tous les gaz se dilatent de 0° à 100° de $\frac{11}{30}$ ou 0,3666 de leur volume.
(Expériences de M. Regnault.)

L'eau douce de 0° à 100° voit son volume varier de $\frac{1}{22}$; 1.000 litres occupent 1.045 litres environ.

L'eau de mer éprouve, à peu de chose près, les mêmes variations de volume.

TABLE N° VI.

Pesanteurs spécifiques ou densités de différents corps à zéro tempé-rature, et en prenant pour unité la densité de l'eau.

Acier.	Écroui et non trempé.	7,840
	Écroui et trempé.	7,818
	Ni écroui ni trempé.	7,833
	Trempé sans être écroui.	7,816
Anthracite.		1,800
Antimoine fondu.		6,712
Argent à $\frac{951}{1000}$ fondu.		10,175
Buis de France.		0,912
Chêne.	Aubier.	0,540
	Cœur.	1,170
	Sec.	0,740
	Vert.	0,850
Gaïac.		1,333
Sapin.	Femelle.	0,498
	Mâle.	0,550
	Rouge.	0,657
Borax.		1,720
Caoutchouc.		0,933
Charbon de bois	Fait en tas.	0,250
	Fait en vase clos.	0,150
Cuivre.	En fil.	8,878
	Fondu.	8,395
	Laiton fondu.	8,395
	— en fil.	8,544
Eau de mer.		1,026
Étain.	De Cornouailles écroui.	7,299
	— non écroui.	7,291
	De Malacca écroui.	7,296
	— non écroui.	7,207
	Fondu.	7,207
	Forgé en barres.	7,788

Houille.	Bitumineuse.	1,256
	— mesurée à l'hectolitre.	750
	Compacte.	1,329
	— mesurée à l'hectolitre.	800
	Sèche ou maigre.	1,308
	— mesurée à l'hectolitre.	780

Huile de lin.		0,940
— d'olive.		0,916
Mercure..		13,598
Or à $\frac{833}{1000}$ fondu.		15,709
Palladium..		11,308
Pierre..	Ordinaire.	2,168
	Meulière.	2,483
Platine.	Écroui.	23,000
	En fil.	21,042
	Forgé..	20,337
	Laminé.	22,670
Plomb..		11,352
Poix-résine.		1,072
Poudre de guerre.		0,858
Sable.		1,343
Soufre natif..		2,033
Suif.		0,942
Tourbe sèche.		0,444
Zinc fondu.		6,861

TABLE N° VII.

Frottement.

INDICATION des SURFACES EN CONTACT.	ÉTAT DES SURFACES.	RAPPORT DU FROTTEMENT à la pression quand l'enduit est renouvelé.	
		A la manière ordinaire.	A la manière continue.
Fonte sur fonte..........	A plat et sans enduit mais les surfaces onctueuses.	0,16	
Fer sur fonte............	*Id.*	0,19	
Fer sur fer.............	Parallèles et sans enduit.	Les surfaces se rodent.	
Fer sur fonte et sur bronze.	*Id.*	0,18	
Fonte sur fonte et sur bronze.	*Id.*	0,15	
Bronze sur { bronze.......	*Id.*	0,20	
fonte.......	*Id.*	0,22	
fer.........	*Id.*	0,16	
Fer forgé sur fer forgé....	*Id.*	0,69	
Tourillons en fer sur coussinets de gaïac.........	Enduites d'huile, de saindoux, etc..............	0,11	»
	Onctueuses...........	0,19	»
Tourillons en fer sur coussinets en bronze........	Enduites d'huile.........	0,10	»
	Enduites de saindoux......	0,19	»
Tourillons en bronze sur coussinets en fonte......	Enduites d'huile ou de suif.	»	0,45 à 0,52
Tourillons en gaïac sur coussinets en fonte......	Enduites de saindoux......	0,15	»
	Onctueuses..	0,15	»
Tourillons en gaïac sur coussinets en gaïac.....	Enduites de saindoux......	»	0,07

Note : dans la colonne « ÉTAT DES SURFACES », l'accolade portant la mention « Les surfaces un peu onctueuses. » groupe les lignes « Fer sur fonte et sur bronze » à « Fer forgé sur fer forgé ».

INDICATION des SURFACES EN CONTACT.	ÉTAT DES SURFACES.	RAPPORT DU FROTTEMENT à la pression, quand l'enduit est renouvelé.	
		A la manière ordinaire.	A la manière continue.
Tourillons en fonte sur coussinets en fonte.........	Enduites d'huile d'olive, de saindoux, de suif ou de cambouis mou.........	0,07 0,08	0,054
	Avec les mêmes enduits et mouillées d'eau.........	0,08	»
	Enduites d'asphalte........	0,054	»
	Onctueuses et mouillées d'eau.................	0,14	»
Tourillons en fonte sur coussinets en bronze........	Enduites d'huile d'olive, de saindoux, de suif ou de cambouis mou.........	0,07 0,08	0,54
	Onctueuses et mouillées d'eau.................	0,16	»
	Très-peu onctueuses......	0,19	»
Tourillons en fonte sur coussinets en gaïac.........	Sans enduit.............	0,18	»
	Enduites d'huile ou de saindoux.................	»	0,09
	Onctueuses d'huile ou de saindoux..............	0,10	»
	Onctueuses d'un mélange d'huile et de plombagine.	0,14	»
Tourillons en fer sur coussinets en fonte.........	Enduites d'huile d'olive, de suif, de saindoux ou de cambouis mou.........	0,07 0,08	0,064
Tourillons en fer sur coussinets en bronze........	Enduites d'huile d'olive, de saindoux ou de suif.....	0,07 0,08	0,054
	Enduites de cambouis ferme.	0,09	»
	Onctueuses et mouillées d'eau.................	0,10	»
	Très-peu onctueuses......	0,25	»

TABLE N° VIII.

Table de réduction des échelles thermométriques.

CENTIGRADES.	RÉAUMUR.	FAHRENHEIT.	CENTIGRADES.	RÉAUMUR.	FAHRENHEIT.	CENTIGRADES.	RÉAUMUR.	FAHRENHEIT.
+140	+112,00	+284,00	+89	+71,20	+192,20	+35	+30,40	+100,40
139	111,20	282,20	88	70,40	190,40	37	29,60	98,60
138	110,40	280,40	87	69,60	188,60	36	28,80	96,80
137	109,60	278,60	86	68,80	186,80	35	28,00	95,00
136	108,80	276,80	85	68,00	185,00	34	27,20	93,20
135	108,00	275,00	84	67,20	183,20	33	26,40	91,40
134	107,20	273,20	83	66,40	181,40	32	25,60	89,60
133	106,40	271,40	82	65,60	179,60	31	24,80	87,80
132	105,60	269,60	81	64,80	177,80	30	24,00	86,00
131	104,80	267,80	80	64,00	176,00	29	23,20	84,20
130	104,00	266,00	79	63,20	174,20	28	22,40	82,40
129	103,20	264,20	78	62,40	172,40	27	21,60	80,60
128	102,40	262,40	77	61,60	170,60	26	20,80	78,80
127	101,60	260,60	76	60,80	168,80	25	20,00	77,00
126	100,80	258,80	75	60,00	167,00	24	19,20	75,20
125	100,00	257,00	74	59,20	166,20	23	18,40	73,40
124	99,20	255,28	73	58,40	163,40	22	17,60	71,60
123	98,40	253,40	72	57,60	161,60	21	16,80	69,80
122	97,60	251,60	71	56,80	159,80	20	16,00	68,00
121	96,80	249,80	70	56,00	158,00	19	15,20	66,20
120	96,00	248,00	69	55,20	156,20	18	14,40	64,40
119	95,20	246,20	68	54,40	154,40	17	13,60	62,60
118	94,40	244,40	67	53,60	152,60	16	12,80	60,80
117	93,60	242,60	66	52,80	150,80	15	12,00	59,00
116	92,80	240,80	65	52,00	149,00	14	11,20	57,20
115	92,00	239,00	64	51,20	147,20	13	10,40	55,40
114	91,20	237,20	63	50,40	145,40	12	9,60	53,60
113	90,40	235,40	62	49,60	143,60	11	8,80	51,80
112	89,60	233,60	61	48,80	141,80	10	8,00	50,00
111	88,80	231,80	60	48,00	140,00	9	7,20	48,20
110	88,00	230,00	59	47,20	138,80	8	6,40	46,40
109	87,20	228,20	58	46,40	136,40	7	5,60	44,60
108	86,40	226,40	57	45,60	134,60	6	4,80	42,80
107	85,60	224,60	56	44,80	132,80	5	4,00	41,00
106	84,80	222,80	55	44,00	131,00	4	3,20	39,20
105	84,00	221,10	54	43,20	129,20	3	2,40	37,40
104	83,20	219,20	53	42,40	127,40	2	1,80	35,60
103	82,40	217,40	52	41,60	125,60	1	1,00	33,80
102	81,60	215,60	51	40,80	123,80	0	0,00	32,00
101	80,80	213,80	50	40,00	122,00	—1	—0,80	30,20
100	80,00	212,00	49	39,20	120,20	2	1,60	28,40
99	79,20	210,20	48	38,40	118,40	3	2,40	26,60
98	78,40	208,40	47	37,60	116,60	4	3,20	24,80
97	77,60	206,60	46	36,80	114,80	5	4,00	23,00
96	76,80	204,80	45	36,00	113,00	6	4,80	21,20
95	76,00	203,00	44	35,20	111,20	7	5,60	19,40
94	75,20	201,20	43	34,40	109,40	8	6,40	17,60
93	74,40	299,40	42	33,60	107,60	9	7,20	15,80
92	73,60	197,60	41	32,80	105,80	10	8,00	14,00
91	72,80	195,80	40	32,00	104,00	11	8,80	12,20
90	72,00	194,00	39	31,20	102,20	12	9,60	10,40

TABLE Nº IX.

Vitesses maxima qu'on peut faire prendre à certaines roues.

Rayon moyen de la jante.	Nombre maximum de tours par minute.
$0^m,10$	5087
$0^m,15$	3301
$0^m,20$	2543
$0^m,25$	2034
$0^m,30$	1695
$0^m,35$	1453
$0^m,40$	1271
$0^m,45$	1130
$0^m,50$	1017
$0^m,75$	678
$1^m,00$	508
$1^m,25$	406
$1^m,50$	339
$1^m,75$	290
$2^m,00$	259
$2^m,25$	226
$2^m,50$	203
$2^m,75$	184
$3^m,00$	169
$3^m,25$	156
$3^m,50$	145
$3^m,75$	135
$4^m,00$	124

TABLE DES MATIÈRES.

——

ARITHMÉTIQUE.

TABLE EXPLICATIVE DES PLANCHES.

GÉOMÉTRIE.

MÉCANIQUE.

I.

Modérateurs du mouvement.
Figures 53 et 54, n° 552.
Régulateurs du mouvement.
Fig. 55, n° 553.

PHYSIQUE.

Pesanteur de l'air.
Fig. 1, n° 576.
Dilatation et contraction des corps.
Fig. 2, n°ˢ 595 et 596.
Thermomètre.
Fig. 3, n° 604.
Formation des vapeurs.
Fig. 4, n°ˢ 614 et 620.
Ébullition.
Fig. 5, n° 616.
Travail de la vapeur.
Fig. 6, n°ˢ 619 et 620.
Propriétés générales de la vapeur.
Fig. 9 et 10, n° 620.
Manomètres.
Fig. 7, 8 et 11. Texte du n° 625 au n° 631.
Indicateurs du vide.
Fig. 10, n° 634.
Des pompes.
Fig. de 13 à 23. Texte du n° 637 au n° 653.

ERRATA.

Pag.	Lign.	Au lieu de	Lisez
XIII	12	La créature de la création,	la créature du Créateur.
—	17	Depuis hui mois,	depuis huit mois.
8	32	Lire de droite à gauche,	lire de gauche à droite.
19	24	A faire des multiplications,	à faire que des multiplications.
19	26	Les produits des deux nombres,	les produits de deux nombres.
43	4	$21 + \dfrac{19}{20}$	$21 + \dfrac{19}{30}$
43	8	De même que, pour l'addition,	de même que pour l'addition.
60	35	Les dixièmes sont des hectogram.,	les dixièmes sont des décagram.
		Les centièmes des décagrammes,	les centièmes des hectogrammes.
66	8	Les racines carrées,	la racine carrée.
69	3	Composé de deux chiffres,	composé de plus de deux chiffres.
71	11	Ou chiffre trop fort,	ou un chiffre trop fort.
77	15	Et le quotient 75 par 27,	et le quotient de 75 par 27.
78	4	Aurait été recommencé,	aurait été recommencée.
79	7	Carré de dizaines,	carré des dizaines.
82	29	$\sqrt[3]{\dfrac{512 \times 1}{8}}$	$\sqrt[3]{\dfrac{512 + 1}{8}}$
88	21	Dont les deux,	donc les deux.
104	32	Et B C,	et A C.
114	7	Au n° 452 et suivants.	au n° 447 et suivants.
114	34	Pied de l'oblique F I,	pied de l'oblique E I.
117	31	A la rencontre de D C,	à la rencontre de B C.
119	4	Mais A B = B D,	mais A D = B D.
120	6	Parallèle à A C,	parallèle à A B.
120	12	Si A C est la telle partie que ce soit de A B, A C' sera la même partie de A C,	si Ae est la telle partie que ce soit de A B. Ae sera la même partie de A C.
122	22	Et un point C un angle,	et au point C un angle.
123	4	Des côtés extrait,	des côtés entraîne.
124	17	B C $\times$ (B D + D E),	B C $\times$ (B D + D C).
126	8	A B : A E : : B C : D H,	A B : A E : : B C : B H.

      ERRATA.

Pag.	Lign.	Au lieu de	Lisez
129	13	Par la moitié de l'arc A D C,	par la moitié de l'arc D C.
130	9	Le renvoi à la fig. 75 a été oublié.	
131	2	Surface du triangle,	surface du trapèze.
137	8	Ces parallèles composeront,	ces parallèles décomposeront.
138	24	Une longueur A C,	une longueur A B.
138	26	C comme centre,	B comme centre.
138	27	Le premier en B , joindre A et B, C et D,	le premier en C, joindre A et C, B et C.
143	5	Valant 1/3 d'angle droit,	valant 2/3 d'angle droit.
150	18	Des places parallèles,	des plans parallèles.
151	1	De surfaces qui,	des surfaces qui.
154	16	Les places A B D E,	les plans A B D C.
154	29	Qui se rencontre,	qui se rencontrent.
156	33	Ces places,	ce plan.
158	7	Fig. 133,	fig. 132.
170	26	A B : E B : : B D : A E,	A B : E B : : B D : A C.
185	3	Perpendiculaire à B C,	parallèle à B C.
185	15	E F représente,	E K représente.
185	29	Les triangles A B G et E K G,	les triangles A B C et E K G.
188	5	Machines faibles en force,	machines faibles ou fortes.
191	41	Circulaire combiné,	circulaire continu.
193	41	Sur O B',	sur O G.
194	14	Des cames O,	des cames C.
195	9	Le renvoi à la fig. 39 a été oublié.	
199	23	Dans la seconde partie des roues,	dans la seconde partie du cours.
202	18	a est le pas de l'engrenage	(a été oublié).
203	14	Perpendiculaire G H,	perpendiculaire G K.
206	38	Porte sur deux roues,	porte deux roues.
221	21	Et un censeur,	et un curseur.
222	38	Chaudière que produit,	chaudière qui produit.
235	22	Et très-aiguë,	et très-aigre.
237	30	A la trempe d'acier,	à la trempe de l'acier.
240	8	5 C = 4 R = 9 F — 32,	5 C = 4 R = 9 F + 32.
245	27	Il a manqué des degrés,	il a marqué des degrés.
256	13	Par le tuyau P,	par le tuyau D,
269	8	La surface ou l'air,	la surface ou l'aire.
271	3	De la fig. 18,	de la fig. 19.
271	39	Et l'aspiration de l'eau,	et le refoulement de l'eau.

PARIS. — IMPR. DE MADAME VEUVE BOUCHARD-HUZARD, RUE DE L'ÉPERON, 5.